ラクダの文化誌

アラブ家畜文化考

堀内　勝

法蔵館文庫

本書は、一九八六年三月二十五日にリブロポートより刊行された。

文庫化にあたって、口絵は割愛した。

なお、本文中に、今日においては不適切とされる表現が一部にあるが、当時の社会および宗教等が有してきた歴史的事実を明らかにする意を込め、そのまま掲載した。

はじめに

本書は定住民と遊牧民の重層する伝統的アラブ社会の中にあって、基層文化を保持した遊牧社会の基本的家畜であったラクダに視点をあてて追究したものである。もちろん、「文化誌」としての領域にも、生態学的、生物学的観点は混入している。本書でも随所に触れられているが、こうしたラクダの自然科学的側面、その発生から進化・棲息分布等については、概説的に「動物」「家畜」関係の類書に触れられているし、和書では特に加茂儀一著『家畜文化史』に詳しい。考古学的知見、発生論、進化論はすべてその書に譲ろう。

本書ではアラブのラクダ観を通して家畜文化、遊牧民文化、アラブ文化の個別文化としての特殊性と普遍性を追ってみた。「ラクダ」という動物と最も深いかかわりを持ったアラブの、人間と動物との文化的対応と諸層を、アラブの内側からの視点で探ろうと心懸けた。ラクダを通してのアラブ民族固有の価値観、認識の仕方の分析、思考の型の抽出に意を注いだ。具体的にはアラビア語のコーパス（資料体）の言語分析を主に、現地人・西洋人の旅行記、さらに筆者の現地調査による聞き書きとをつき合わせて追究したものである。

資料体は巻末に記したように数多くあるがそれでも、本書の利用に供したものは筆者の能力不足から、まだまだ少ない。またアラビア半島の現地調査とはいっても二つの大きな制約があって思うにまかせないのが現状である。一つはサウジアラビアをはじめとする湾岸諸国は調査を受け容れずビザをくれないこと。特に遊牧民の調査となると不可能である。他は車の普及にともなってラクダの価値がほとんど無きに等しくなり、ラクダ遊牧民が急速に解体してしまってきていることである。従って本書に供した筆者の現地の知見は、アラビア半島の遊牧民といってもイエメン、シリア、ヨルダン、パレスチナ、ネゲブ、エジプトといった半島周辺の砂漠地帯の調査行に基づくものである。

スーダン南部ヌエル族の牛と人間の深いかかわりは、エヴァンス・プリチャードの名著『ヌエル族』によってつとに名高い。人間のあらゆる生活様式を牛の属性に喩え、また意味付ける発想は、牧畜生活を基盤におく文化地域ならある程度推察はつくであろうし、プリチャードのように長期に深く現地調査をすれば、その具体例から分析できよう。アラブ遊牧民の場合は家畜の用途の中に、本書でも比重をおいた乗用、競争用の訓育が加わり、用途の一層の広がりのあることは特記せねばならない。中央アジア、アナトリア、サハラ以南のアフリカにおけるラクダ遊牧民とはこの点が相違しよう。

またもう一点、ラクダを中心として他の家畜との重層構造が多層的に展開できることも牧畜文化の深層を探る上では重要なポイントとなろう。本書でもいくつかの章の中で、ラクダと他の家畜、動物についての比較を試みているのもこうした構造化を探り得るとみたからにほかならない。

本書を一層理解していただくためには、筆者の前書『砂漠の文化』(教育社、歴史新書〈東洋史〉B2)を併読されたい。アラブの基層文化としての理念的遊牧民像・遊牧民社会を追究したものであり、この中にもラクダ遊牧の伝統的姿とその価値観についてある程度言及しており、透かして読みとり得るはずである。本書は前書の内容的基盤に立って、もっぱら家畜にスポットをあてたものなのである。

目次

ラクダの文化誌——アラブ家畜文化考

第1章　アラブのラクダ観

1　ラクダはひとコブ

「アラブ世界にもともとラクダはいたのだろうか」。こう質問をぶつけられるアラブ人は例外なく自信を傷つけられた素ぶりを見せる。我々が家畜といえば牛馬を連想するように、アラブはラクダを結びつける。旅に出かけるにも、物を運ぶにも、群れを意識するにも、戦いを想い描くにも。預言者ムハンマドの伝承や聖者の伝記を聞き及ぶにも。古典詩の砂漠行を暗唱するにも。北米を祖地としてアラスカを経て中央アジア・西アジアに移動し生息したことなど思いも及ばず、彼らはアラブ世界に太古の昔から存在していたものであることを疑わず、おのれの系譜を遊牧部族の一つに帰すようにラクダをアラブ固有のものと考えている。無理からぬことである。ラクダを可能な限り乗用に、旅用に、競争用に、そして戦闘用に訓育して世界史の舞台に登場していった彼らにしてみれば。

現今では、アラブは「ラクダ」という時、ジャマル jamal と一般表現する。しかし「ふたコブラクダ」ブフト bukht と対置させると、イラーブ ʿirāb という語がはねかえってくる。これらの語の使い分けは非常に興味深い。jamalとは、西洋語camelの語源であるが、「雄ラクダ」を指示する。そして日常の使われ方、数的存在では「雄」は稀であり、圧倒的に「雌ラクダ」nāqahである。辞書をひもとくと「(雌ラクダが)〜する」、「〜する(雌ラクダ)」という説明が多くあり、奇異に感ずる程「雌ラクダ」に関係づけられた表現が目立つのはそのためである。にもかかわらず「ラクダ」の総称語がnāqahではなく、jamalとなっているのは、女性特有のものを除いてはすべて男性で表現される、アラブの民族的思考様式と見てとれよう。この平行現象はアラビア語の文法概念にも反映されている。「性の扱い」に関して複数の女性(雌)の中に男性(雄)が一人(一匹)でも混じれば男性複数の扱いにされる、という(理不尽な?)規則である。

また「ふたコブラクダ」ブフトbukhtに対して用いられるイラーブ'irābとは「ひとコブラクダ」を指示しているが、それは「アラブ種」、より厳密には「アラブとしての純血を保つもの」である。「ひとコブ種」の分布は、アラブ世界に限ったことではなく、東はアフガニスタンから西はアフリカ西岸まで、北はロシアと国境を接する地域からサハラ以南のサーヘル地方、ケニヤ辺りまでの広大な地域であるにもかかわらず、それを「アラブ種」と規定してしまっている。ラクダに関して「ひとコブ種」を「アラブ種」と見做してしまうように、アラブは良きにつけ悪しきにつけ多くの点で自己中心主義を表わしているが、これもその一例と言えよう。自己中心主義は、「他」を劣ったもの、卑しいものとみ

図1　立ち姿のラクダ。前方、後方から。

なす。「ふたコブ種」に対してのアラブの観念には、明らかにそれがある。「ふたコブ種」をアラブがどう概念化しているかは、第24章4節「夢判断」の中で端的に観られるので、参照されたい。

「ひとコブラクダ」はアラブ固有のものだと信じて疑わない彼らは、またこうしたラクダを周辺地域に広めたのも自分達だと思い込んでいる。エジプト以南のヌビア・スーダンベルト地帯に、西サハラのベルベル地域に、小アジア及びスペインからルーム（南ヨーロッパ）に、そしてシンド・インド地方に、ラクダ文化を導入して普及させたのはアラブだ、というわけである。そしてアラブを中心としてその東、西、南の周辺地帯にはラクダの伝播が成功したのに、北にだけ成功しなかったのは、彼らが家畜化に努力したにもかかわらず、非砂漠的気候に合わずラクダが死んでしまうためだとしている（『動物の書』Ⅲ四三四参照）。アラブはヨーロッパにラクダを持ってゆくとラクダは腐って死んでしまう、と今でも信じている。

2　野生ラクダ

家畜化される前は、どの動物も野性であった。アラブ世界のラクダは現在では「野生種」は存在しないといわれる。しかし家畜化されてアラブ史に登場する頃には、まだ野生のものは多く存在しただろう。こうした「野生種」は未知な部分が多く、また野性味に富んでいるところから、神秘性を帯びたものと解され、「ジン」と関連付けられていた。野生種の一群、及びその子孫は、それ故、他のラクダと異なり、超自然的な性格を持ち、魔性を帯びていると考えられた。この「野生種」は原語でフーシー hūshī またはワフシー waḥshī といわれる。後者は「野生の」という直義だが、前者は、明らかにジンと関係付けられた呼称である。なぜならば、フーシーとは「フーシュ産の、またはフーシュに由来する」の意味であり、これには三通りの説があり、いずれにも「ジン」と関係付けられるからである。①ジンの住む地方の名前であって、それは人里離れた無人地帯のヤブリーン yabrīn という砂漠を越えたところにある。②ジンの子孫にフーシュと呼ばれる一族があり、この一族の居住地域をフーシュの国 bilād al-ḥūsh という。③ジンの所有する種雄ラクダで、しばしば人界の雌ラクダに番《つが》いに出かける。これらの、いずれの説を採るにしても共通して「ジン」がかかわっており、従ってフーシーとは①フーシュ地方産の、②フーシュ家所有の、③フーシュ種雄からの、の意味となる。そしてそのいずれにも「ジンの」という形容詞がかかわることになる。

ラクダの性格として、人間が接近しても意に介さない悠揚迫らぬところがあるが、こうした超然とした気風を持つラクダはこの「野生種」の血をひくものとされている。フーシュ種は特に雌のマフリー種と交尾するのを好み、従ってマフリー種にはこうした気風と、野生種ならではの忍耐力・屈強さを兼ねそなえており、普通ラクダではへこたれてしまう長旅や重量運搬、速度においても容易には屈することはないといわれている（マフリー種については次章の2節参照）。

こうした超自然能力を発揮するラクダは、名前までもジンから採られた。シウラーウ si'lā' といえば砂漠の真只中に住む悪鬼グールの仲間であるとも、女性グールの名称であるともされているが、この名前を己《おのれ》の乗用ラクダに付した人物もいるわけである。有名な例としてウマイヤ朝時代の詩人イブン・マッヤーダ Ibn Mayyādah がいる。

／我を背にして愛するラクダシアラーは／鞍当てを揺すり揺すり／蛇さながらに足伸ばしては引きつけて／荒れ果てた砂漠地帯を分け入りて進む。（『歌の書』Ⅱ三三五）

三節目は「蛇さながらの手綱をゆるめつ引きつけつ」と解釈する説もあるが、いずれにせよこの三節目と二節目で常足ではなく、速足か駆足かで砂漠行を急いでいることを表わしている。鞍当てを左右に揺すり、四肢の運びを速めて、その中に砂漠中を速足歩態で持続している魔性具えた己のラクダを謳いこんでいる。

ただでさえ巨大な体をし、体つきも異様な感じを与えるこのようなラクダのイメージは、驚き、すごさ、異常感を人間に与える。こうした異様、異常感の方向性はジンと結びつけられた時その極に達する。アッバース朝の博学者ジャーヒズ al-jāhiz（西暦八六八年歿）はその著『動物の書』の中で「ラクダ（そのもの）はジンとかけ合わせて作られた血管を持つもの」（同書I一五二）として、その近縁性を唱える説を紹介しており、また別な箇所では「サタンの属性を保持したものとして創造された」（同書I二九七、VI二二三）として、ジンよりもさらに魔性の激しいサタンの申し子説をも記している。こうした魔性を強調する方向性は、ラクダを信仰概念においては、負の方向に向かわせることになる。即ち「ラクダの座っていた場所、蹲《うずくま》っていた場所は礼拝の場所にふさわしくない」というのだ。イスラム教徒の礼拝場所は清浄にすれば何処でも可能であるのだが、ラクダが座っていた、または蹲《うずくま》っていた場所のみはそれを禁止している。同じ放牧家畜の羊や山羊の座っていた場所は許しているのにである。この理由は、ラクダが「ジン」と深くかかわっていると信じられている俗信が宗教的概念の中に反映されたためである。ジンとの相関はラクダの創造時において、野生種の概念において、またジンの乗り物としての概念の中においても看取できる。

次節で述べる名高いラクダのいくつかはこのような野生種とかけ合わせたものとされている。優秀な雌を、冬の交尾期が近づき、そうした徴候を見せた時に、砂漠中に余り遠くへ行かないよう枷《かせ》をかけて放ち、交尾を期待するのである。人を寄せつけない砂漠の中には、時代が古いほど野生種は存在したであろうし、放牧中ないしはキャラバンからはぐれて、砂漠の奥深く入り込み野性味を帯びた迷いラクダも多々いたことは想像に難くない。中央アジアにいるふたコブの野生種も後者の例だというのが最近の説である（ラクダとジンの関連は他に第24章2節参照）。

3　ラクダの異称

我が国には、ある状況下ではその物を直接意味しない間接表現を行なう風習があった。例えば「スルメ」を「アタリメ」と言わねばならなかったり、「塩」は夜には「浪の花」と言わねばならなかった。また山の中では「熊」は「山おやじ」、「猿」は「エテ公」（山言葉）と、また海の上では「鯨」は「エビス」（沖言葉）などと呼ばねばならなかった。これらを忌《いみ》言葉と称して、そうした状況下にある時、名指された対象物がある呪力・威力あるものと解され、それを避ける風があった。

アラブは牧畜も狩も生活に密着しているため、動物に対して受動的であるより、積極的働きかけを行なっている。山言葉としてだけでなく、トーテミズムとの関連、愛称なども絡んでアラブは馴染みの動物に、その属性や特徴、習性などを巧みに利用して「～のお父《とっ》つあん」「～のおっ母《か》さん」「～息子」「～娘」という別称を持っている。「～の」のところが、言わば換喩表現になるわけである。これら四種の命名法はきわめて恣意《しい》的であって、明らかな法則はみられないようであるが、性に関しては（語形態の性も含めて）男性概念ならば「父または息子」が、また女性のそれならば「母または娘」のどちらかが選ばれる。またその指示対象を創り出す原因である場合、父・母が、逆に作り出された結果である場合には、息子・娘が選ばれる傾向は看取できる。以下二〇例を列挙するが、何の動物か当ててみられたい。

①おどろかす者の父　②斑点の父　③子羊の父　④子沢山の父　⑤労苦の父　⑥跳躍の父　⑦砦の父　⑧移り気な父　⑨目覚しの父　⑩涼しさの父　⑪トゲの父　⑫四四の母　⑬卵の母　⑭豊かさの母　⑮迅速さの母　⑯夜道の母　⑰土の息子　⑱吠える息子　⑲円蓋の娘　⑳水の娘

①カラス（おどろかすとはその鳴き声）、②ヤモリ（斑点とは体の表皮の特徴）、③狼（子羊を狙って襲う）、④豚（一腹から沢山の子が生まれる）、⑤ロバ（労役として酷使さ

れる)、⑥ガゼル(跳びはねて走る)、⑦キツネ(巣穴をいくつも砦のように作る)、⑧サギ(餌探しにすぐ顔をよそに向ける)、⑨雄鶏(早朝に鳴く)、⑩カメレオン(いつも太陽と向かい合い、体を温めている)、⑪ハリネズミ(体のハリがトゲ)、⑫ムカデ、ヤスデ(アラブは足の数を四四とする)、⑬駝鳥(鳥の卵の中では最大)、⑩雌牛(乳量の豊かさ)、⑮セキレイ(一か所に留まらず、すぐに素速く飛び立つ)、⑯ハイエナ(夜、居住区の近くをうろつく)、⑰アダム・人間(土から創造された)、⑱ジャッカル(よく吠える習性から)、⑲カメ(甲羅の形は丸型の覆い)、⑳ツル・コウノトリ(絶えず水の上にいる)。

さて「ラクダ」の異称としては三種知られている。「滑らかな石のとっつあん」、「ヨブのとっつあん」、「夜の娘達」である。「滑らかな石のとっつあん」Abū safwān と呼ばれるのは、ラクダの歩む蹄跡の形状が safwān(大きく滑らかな石の連続)であるためである(第7章3節の図12を参照)。また「ヨブのとっつあん」Abū Ayyūb のヨブとは『旧約聖書』の預言者ヨブのことで、このヨブはイスラムにおいても預言者に名を列ね、「サタンからさまざまな不幸な身に陥されるが、敬虔さと正義とから受難を克服した人物」として崇拝されており、人名アッユーブは彼にちなんだイスラムの信者名である。ラクダがヨブと関連付けられているのは、人間の役畜として「厳しい環境に酷使される」のが、ヨブの受難と克苦の連続に見たてられてのことである。「ヨブのとっつあん」は「忍耐あるもの」と解されている。「夜の娘達」banā tal-layl とラクダが異名をとるのは、ラクダの

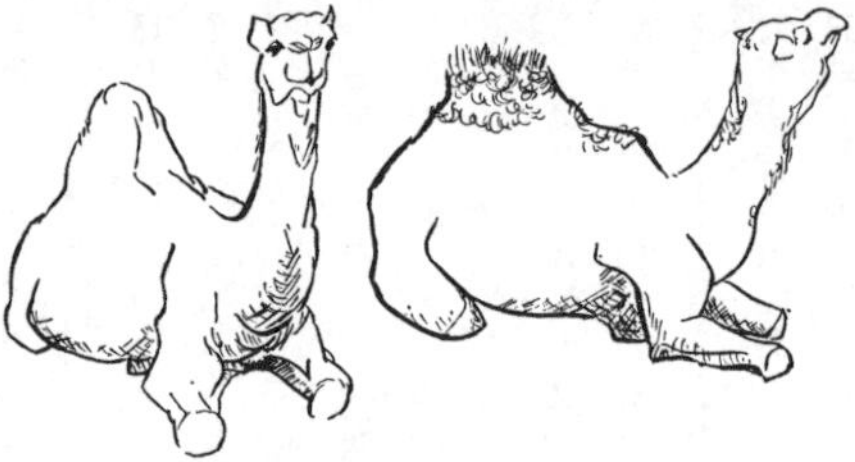

図2　座るラクダ。肱の部分はきれいに丸く見える。

夜間行動を指してのことである。旅においては夜旅が、放牧においても夜間放牧がラクダの使われ方として一般的であるためである。ただしラクダが昼間より夜間行動を好むわけではなく、人間が己の暑さしのぎに、勝手にそう利用しており、勝手に命名したにすぎない。「娘達」であるのは、「群れ」として、そしてその群れはほとんどが「雌ラクダ」から構成されるのが普通だからである。前二者が男性形単数「〜のとっつあん」であるのは、ラクダが全体の種として統合概念扱いされていることによる。

ある生活事象をラクダに絡めていう発想は、さらに他の動物を言い表わすことにも及んでいる。他の物、他の動物を「〜（の）ラクダ」という考え方である。例えば「海のラクダ」とは海の中で最も大きな魚である「メカジキ」ないしは「鯨」を指していうし、また「(淡) 水のラクダ」とは「ペリカン」のことをいい、それは湖や河の中でその嘴《くちばし》や体格がラクダの形象に似ていることからそう呼ばれている。これらは共に〈巨大な〉というラクダの属性が反映していようが、他の属性から連想されたものもある。「ユダヤ人のラクダ」とは「カメレオン」のことを指すが、これには二つの理由から合成した由来付けがなされよう。「ユダヤ人」であるのは、カメレオンは周囲の色に体の色を紛らわす保護色をとるため、ユダヤ人の状況の順応の仕方、良くいえば「臨機応変」悪くいえば「移り気または信頼の無さ」と同一視されており、一方「ラクダ」であるのはカメレオンの背中は少し丸みをおびており、それをアラブはラクダと同じ「コブ」と意識していること、これらがその由来とされる。また「ヤツガシラ」はジュマイル（小型ラクダ）という別称を持つが、これは共に「可愛らしさ」が連想のもとにある。子ラクダの姿はまことに可愛らしいが、小型のラクダの中にも美しいものや可愛らしいものがおり、珍重され、贈答用、鑑賞用にされているものもあった（第8、9章参照）。

4　ラクダと交わってできた動物

ラクダがどのような動物かという理解のされ方として、キリンと駝鳥が深くかかわっている俗信がある。いわば「民間語源」の類としてのものであるが、こうした理由付けは何らかの属性をついているわけであって、アラブのラクダの概念を探る上でも面白い。放牧家畜及び駄用、乗用家畜を持って動物と近接した生活を送っているアラブは、何という動物は何と何とがかけ合わされたものという異類出自話、「トカゲは税金徴収人のなれの果いわば変化《へんげ》ものの話、「蛇はジンの化身」というような生まれ代わり話、というようなメタモルフォシスの世界が広く深く観察できる文化圏である。ラバという種間雑種を早くから作り出しており、動物の種間がはっきり区別されず、さらに獣姦という水面下の日常行為が存在しているところでは、ラクダの種間概念も当然存在している。そしてラクダの間《あい》の子は、キリンと駝鳥だというわけである。現今ではキリンはアラブ世界ではスーダンベルト地帯にしか見られないが、古くはアラビア半島内にも、またサハラ砂漠にも生息しており、タッシリの岩壁画の中にもその図像があることで証明されている。そしてキリンの欧名ジラフ Giraffe はアラビア語に由来しており、その原型は zarāfah である。

さてこのキリンは「ラクダと豹がつがってできたもの」とも「ラクダと野生牛とハイエナから生まれたもの」ともアラブは信じている。前者の説では、体の大きさ、首と足の長さ、顔の外観はラクダに、毛皮その肌色、尾は豹から受け継いだ特徴、というわけである。ジャーヒズの『動物の書』の中にも「jamal（雄ラクダ）と雌の豹との間の子がキリンである」との記述が見える（同書Ｉ一四二、Ⅶ二四一）。後者の説では、頭部、体型はラクダに、角、足、蹄は牛に、その皮膚はハイエナに遺伝体質をもらっている、というわけである。そしてこれら三者が関係するキリン出生話には二説あり、①雄のハイエナが雌ラクダにつがい、それから生まれた間の子が雄ならば、それが雌牛とつがってキリンが生まれる説、②乾期に水場に集まった動物達の中で上記の三者が発情して交互につがい、この三者の精液がミックスされてキリンが生まれるとする説。そしてこれを補強するかのように、『動物の書』もダミーリーの名著『動物誌』も、キリンの別名ushtur gāw yalankを紹介し、ushtur（ラクダ）、gāw（牛）、yalankまたはbolank（ハイエナ）のかけ合わせでキリンが生まれたという説を紹介している（『動物の書』Ⅰ一四三、『動物誌』Ⅱ九）。この合成語は実はペルシャ語であり、ペルシャ人達は当然この俗信を持っているわけである。

駝鳥もまた時代をさかのぼればのぼる程、アラビア半島には多数いた。その軽快な走りは、詩の中で乗用動物の駿足さに古来喩えられてきたものである。またその羽は飾りとして珍重されてきた。ターバンや乗用動物、女性用乗り駕籠を往時は飾ったものである。現今のシリアやヨルダンでは自動車や単車のヘッドライトの先にその往時の「粋《いき》」の残存を垣間見ることができる。この駝鳥をアラブは「ラクダと鳥とのかけ合わせ」と俗に信じている。特異な鳥であるだけに、この俗信にはうなずけるところがあろう。翼・羽毛・嘴・尾の形状及び卵を生むことは鳥の特徴だが、砂漠に住み、快足で走り、足の裏、前脚のもの細い部分、鼻孔の形状はラクダの特徴が反映されている、と信じられているのだ（『動物の書』Ⅱ六二三、Ⅳ三二一）。そして、上の両引用書とも、上に続けてキリンと同じようにペルシャ人も同じ考えをしているとして、駝鳥はペルシャ語ではushtur murghといい、それはushtur（ラクダ）とmurgh（鳥）との合成語である、と記している。この考えを首肯させるさらに興味深い事実は、ラクダの幼獣も駝鳥のヒヨコも同じ語が用いられ、区別がされていないことである。ハッファーン haffān という語だが、雌雄にかかわりなくコドモ期までのラクダ、及び駝鳥を指す特称である。もちろん、この概念の中には、コドモ期特有な寸づまりな矮《わい》性の類似した形態の連想作用もあろうが、この両者の種としての類縁性が民俗語彙として形成された背景もあったことは確かである。

5 「ラクダ飼育はユダヤ人から」の伝承

アラブの遊牧民の間には、太古からラクダを飼育していたわけではない、という伝承が残されている。遊牧諸部族は、古くは馬の放牧を行なっていたのであり、ラクダはユダヤ人の飼育になっていたものを、彼らを襲撃することによって得て以来、ラクダ飼育に転ずるようになったという。

最も古くはベドウィンはラクダを持たず、またユダヤ人は馬を持たなかった。ユダヤ人はヒジャーズ（アラビア半島西岸）のハズブ地域にあり、ほとんど近寄り難い山岳地帯にキャンプ生活を行なっていた。ベドウィンは、道に迷ったり、岩場にころげ落ちるのを恐れて、誰も彼らを訪れようとはしなかった。しかし、ある襲撃行で彼らの先導にあたった馬の乗り手は、その辺り全地域知らない道はないと主張したものであったが、いざとなるとこのヒジャーズの岩場の中で道を失ってしまった。出撃したベドウィンの騎士団にとっては、何の恵みも与えないこの地域に大いなる危険を感じ、神に祈った。こんな折に自分達への罰として最もおぞましい敵の攻撃に晒されて死ぬようなことがないように、と。騎士団は一つの溶岩台地から次のそれへと這い登って越えていったが、この荒々しい岩地から脱け出すことはできなかった。襲撃で得たあらゆる食糧を食べ尽くし、何頭かの馬を殺して、その肉を料理して飢えをしのいで過ごしたが、未だ平原への道を探し得なかった。しかしようやく一人の旅人に出会い、最も近いキャンプはどこか尋ねると、この近くにユダヤ人キャンプがあるとの返事。それからこの旅人は騎士団を導いて、曲がりくねった狭い道を辿って、山峡《やまあ》いまた山峡いと続く孤立した険しい岩山を次々と越えて行った。そして遂にいくつもの山の斜面に囲まれた大きな峡谷に行き着き、そこにユダヤ人の黒いテント群を見出した。そしてそのテント群の前や間に、かつて目にしたことがない奇妙な動物を見出した。「あれはラクダというものだ」と旅人は説明した。騎士団は丘陵地に身を隠し、日の出の後、馬の手綱を引いて峡谷を下ってゆき、ユダヤ人を襲撃しようとした。しかしユダヤ人達は、見慣れない連中が見たこともない動物に乗ってやって来るのを目にすると、恐ろしさから逃げ去ってしまった。彼らの白ラクダは騎士団の前を横切ってさえ逃げたのである。ワドハーウ（雌の純粋な白ラクダ）はどれも進行方向に邪魔なテント・ロープを切断して、近くの峡谷に逃げ込んだが、一方、ザルカーウ（黒毛、またはほとんど青い毛が混じった雌の芦毛ラクダ）は、ベドウィン達や馬を興味深そうに眺めていたために簡単につかまってしまった。ベドウィンの隊長はザルカーウに向かって「神はお前達

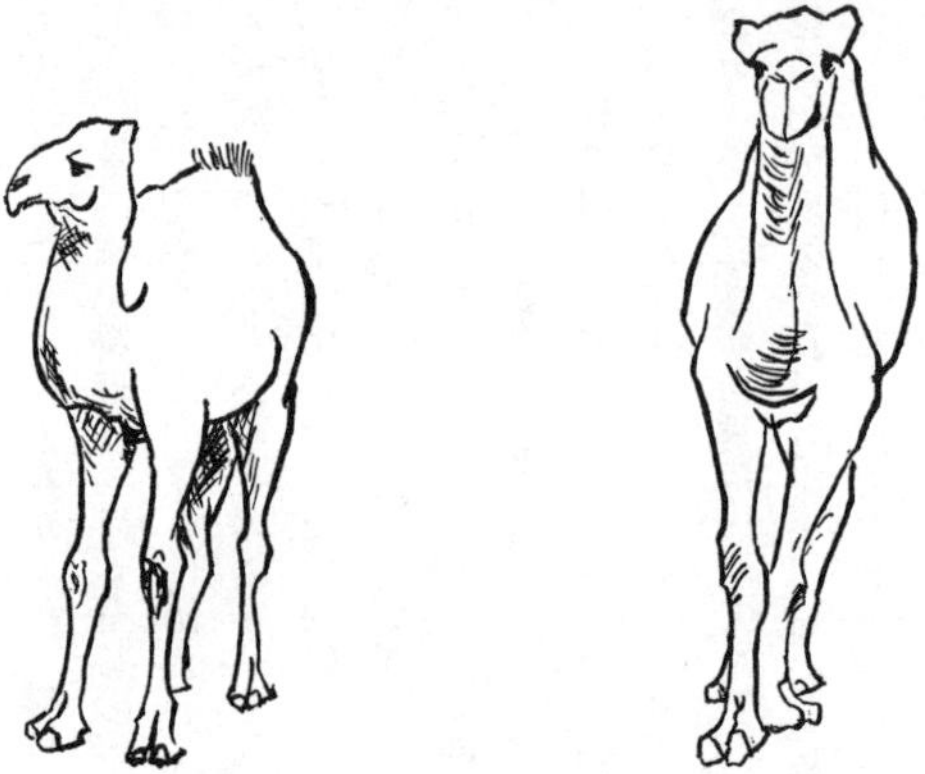

図 3　立ち止り、歩く姿。足の運びは側対歩で後脚―前脚―反対の後脚―前脚の順。例えば右後脚で立止った場合、次の始動は右前脚からになる。

を祝福しはしない！」と叫びを上げ、部下に向かってキャンプに見られる幼ないものも含めザルカーウをすべて殺してしまうよう命令を発した。そして再び旅人の導きでベドウィン騎士団はユダヤ人達が逃げ込んだ場所を取り囲むや、まだ彼らの所有していた雌ラクダ達をことごとく奪い去った。それ以来、ユダヤ人はラクダを飼うことはせずに、羊や山羊で必要を満たさねばならなくなった。しかしユダヤ人とて雌ラクダ達が再び自分達のもとに戻ってくることを待ち望んではいた。飽きもせずに水飼い用の井戸つるべや飼葉《かいば》桶を皮で作り続けて、金曜日毎に水を満たし、そのフチを叩いてはラクダ達が現われるのを期待したが、無駄であった。（『ルワラ』329–30）

アラブの部族ではない民がラクダを飼育しており、その回りに住んでいたアラブがその民からラクダを奪って飼育をはじめたのだ、というこのルワラ族の伝承は示唆に富むものである。まずエスノセントリズム（自文化中心主義）の激しいアラブは、(1)棲み分けの問題　アラブは平原、砂漠に住み、ユダヤ人は山岳地帯に住んでいた、という点、(2)家畜の相違　アラブは馬を飼育しており、ユダヤ人はラクダを飼育していたという点で、ユダヤ人より自分達を上位においていることを読みとれる。次にラクダ飼育の開始が遅れたという点は、ルワラ族を含めた半島北西部の事情によると考えられる。というのもラクダの名産地・主産地はこの一帯ではなかったのである。次章で明らかにするように、半島の南、イエメン、オマーン、及び半島北東メソポタミアが名高いラクダを産み出し、また主産地であった。同じ遊牧民であっても、北西部のそれは後発であった点が、この伝承の背景になっているように思える。なおユダヤ人はラクダを古くは飼育しており、例えばヨブは六千頭も所有していた（『旧約聖書』ヨブ四二：一二）記述もあるが、ヤコブの頃を境にラクダは放牧家畜ではなくなり、駄獣利用としてのみになり、やがて「ラクダ肉」の食用禁止にまで変化している。ヨブの災難・試練の話と前述のルワラの伝承とは何か相関があるように感じられる。

第2章　名高いラクダ——アラブ種の名種、名産地

1　アラブ種について

ひとコブは、アラブのエスノセントリズムを反映してか、イラーブ ʾirāb という。イラーブとはアラブ ʿarab と語根を同じくするもので「アラブとしての純血さを保つもの」の意味で用いられる。アラブ種ラクダは、アラビア半島以外にも広くサハラ砂漠一帯やスーダン、エチオピアを越えて中央アフリカの方にまで飼育されている。アラブはアラビア半島内に名産地を持っており、それは地名や人名と結びつけられて呼ばれていた。イスラム期以降のアラビア半島においては、南東部のオマーン、及び中央のナジュド高原がラクダの産地として名高かった。オマーン産のラクダはオマーニッヤ ʿumāniyyah と呼ばれ、砂地に適し、しかも姿、形が優美なものとして知られる。そしてオマーンの一地域バーティン産のそれはバーティニーヤ bāṭiniyyah と呼ばれ、背が高く、優雅であって、往時としては支配者間の贈答用と珍重され、晴れの場には飾り立てられ王侯首長のパレード用とされた。一方ナジュド高原のラクダは頑丈であって、夏場に強い体質を持つアルスィッヤ

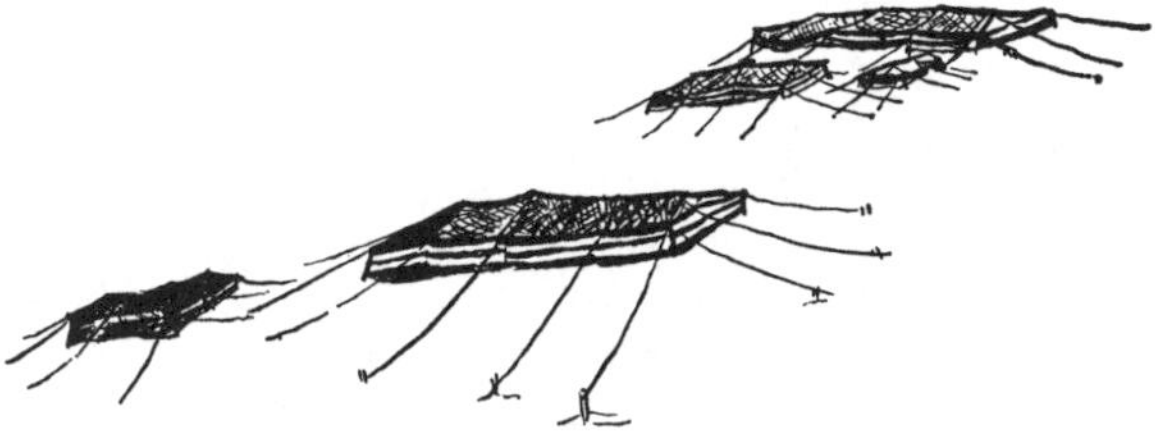

図 4　アラブ遊牧民のテント。ヤギとラクダの毛で編まれ、羊毛はアクセントに用いられる。

arthiyyah、アティッヤ attiyah、フッラ hurrah などの名で知られているが、最後者は、足も強く岩場や石の多い地域にも向いており、また渇きに強く夏場にも向いているため、実用に最適とされていた。

前述の産地は、ごく最近までその評価は変わらなかった所であるが、古くは半島南西部イエメン、半島北東部メソポタミアもまたラクダの名産地であった。アラブが歴史の上に登場する前後、幾多の血統種を生み出し、ラクダの質を高めたのもこの両地方である。

以降、イエメン種、次いでメソポタミヤ種で名称の残ったものを順次記してゆくが、アラビア半島内の北と南でもラクダの地域差があることに触れておこう。第一にイエメン種はオマーン種と同様、半島の南部に生息して環境適応したためか、北方のラクダ種に比して全体に小柄である。小型であることは同時に動きが軽快であることに通ずる。この軽快さは機敏さ、快速さといった乗るのに適した属性を引き出すのに向いていた。これゆえにこそオマーン種、イエメン種が乗用ラクダとして訓育されたのであった。

第二に、これら南方アラブ種は北方種よりも体毛が少ないし、毛の伸びが見られない。首筋、アゴ、肩、コブの周辺、脚の上部などには北方種は冬期には相当毛を深く垂らし、それが遊牧民のテントや衣服、もの入れの材として役立っている。南方種の体毛が少ないことは、その毛が北方種ほど利用できなかったことになる。これは住生活の差異となって表われている。半島南部の遊牧民が堂々としたテントを張らずに、木や岩を利用した僅かな毛地製の半テントであったこと、もしくは全くテント生活を送らず、アフリカの遊牧民の間に見られるような枯木、枯草を組み立てる小屋生活であったことは、アラブ遊牧民としてイメージ化されているテントとは著しい対象を示しており、その一端はこうしたラクダ毛の利用ができなかったことによると思われる。

第三に毛色の相違がある。北方系には赤毛に近いもの、黒毛といってよいものまで混在しているのに、南方系は白毛か黄色毛のみになり、それも北方種のものよりずっと淡い色になる。これらの南北の相違点は、生物の生態環境、生態適応とを考え合わせると非常に興味あることがらである。

2　南方系ラクダ(1)――魔性のラクダ　マフリー種、イード種

現在のオマーンと南イエメンにまたがってマフラと呼ばれる人名から採られた地名があ

る。シバの女王で有名なサバア王朝の最大の輸出品、没薬《もつやく》と乳香を産出する有名な地域である。この地域にそのスピードでは馬にも負けず、しかも容易には疲れも見せない耐久力のあるラクダがいた。このラクダを育てあげた人物がヒムヤル王朝時代の族長マフラ・イブン・ハイダーンであった。マフラは、アラブのアンサーブ（系譜）を信ずれば、サバア王朝の祖サバアより十代下ったハイダーンの息子であるとされる。また彼より八代下ったズハイル・イブン・キルディムはムハンマドと同時代人であり、預言者のもとに使節を送り、イスラムに改宗している。マフラの生歿年代は定かではないが、西暦三〇〇年頃サンアーを王都に第二ヒムヤル王朝が興り、栄え、イエメンの大部分を治めていた時代であったらしい。彼の属する部族もヒムヤル一族であったから、ヒムヤル王朝に何らかの地位を占めていたに相違ない（ヒムヤル王朝は五七二年ペルシャの征服軍により滅亡）。

ルブウ・ル・ハーリーの大砂漠の中には、人跡の稀な所も多く、その一つにイブリーンと呼ばれる秘境があった。そこにはもともと野生であったり、あるいは人間の管理から放れ、迷い込んだ野生ラクダがいた。そしてその中でも特にフーシュと呼ばれる狂暴な雄ラクダ（前章2節参照）は荒野の魔精ジンの飼い物と信じられた。マフラは交尾期が近づくと、地理的にも近いこのイブリーンに自分の所有する雌ラクダを連れていき、足枷をつけて余り遠くにいかないようにして、夜毎、フーシュの交尾を誘うようにして戻った。そして何日かしてそれらを連れ戻しにいき、妊娠したラクダは大事に扱って翌年の出産にそなえた。こうして半ばラクダ離れした、駿足でしかも疲れを知らないラクダの一群を作り上げ、マフリー種として知られるに至ったのである。マフリーラクダといえば「駿足と耐久力ある立派なラクダ」を意味し、砂漠の旅においては最上の乗り物となった。であるから、旅行記や巡礼記の中でしばしば「マフリーラクダの背中の上で」とか、「マフリーラクダに乗って」というような表現が散見できる。『リサーン』（Ⅶ三六）の中にルウバという詩人の詩の一節が引用されている。

「我々と共にあるは／頼り甲斐あるマフリー達
旅の余り長きにわたり／痩せ細りて疲れてあり、
されど我ら背中《せな》に乗れば／四肢伸ばし急ぎ足、
いかな傾斜《かたむき》持つ危険な／大砂漠なれどためらわずと！」

詩中の「マフリー達」とは原語ではマハーラー mahārā といい、マフリーの複数である。複数は他にマハーリン mahārin、マハーリッユ mahāriyyu もあるわけだが、それは同時にマフラ一族の言語以外の複数名称も混入してのことであり、このラクダの価値の高さを示す一証拠といえる。別な視点からすればこのラクダは、乗用ラクダとしては最も優れていることから、どの地域でも需要が多く、商品価値も高く、それゆえに地域の相違による

図5　座ってしばらくすると、よくとるポーズ。はた目には非常にだらしなく見える。

複数名称の並存が可能ともなったと考えられる。預言者の伝記で知られるイブン・ヒシャームの『預言者伝』の中でも明らかだが、ムハンマドもこのラクダを欲しくてたまらず、バドルの戦で勝利を収めた後は、その戦利品を代価としてマフリーラクダを購入したことは御存知の方も多かろう。ウマイヤ朝期のカリフ達はベドウィン気風を残し、折を見ては砂漠に出かけ、純粋アラブの気風・倫理と言語との修得をはかったものだが、彼らの愛用したラクダもマフリー種であった。このため、イエメン総督に任じられた者は、常時マフリー種を育成し、確保しておき、首都のダマスカスや各地の都の総督のもとに送り届けることがその主要な任務でもあった。

マフリー種の並外れた能力の出所については異論がある。マフラは海にも接しており、この付近一帯は漁業も盛んで、それを生業としている者も多い。この地を訪れた有名な旅行家イブン・バットゥータの『旅行記』にも記されているように、干した魚は内陸部に運ばれ、物々交換の商品とされたし、また飼料として家畜にも食べさせた。マフリー種が他の種に比肩できない能力を持つのは、そうした干し魚を、ラクダが好きでもないのに無理やり食べさせられるためだ、と主張する者もいる。
　もう一つのイーディー種とは、マフラ種の改良種であり、その中でもさらに駿足と忍耐力があるラクダを指して言われるのが有力な説である。その根拠として、このラクダを種として改良して広めたのが、マフラの孫、即ちアル・イーディー・イブン・ナダギー・イブン・マフラであって、彼の名前がこのラクダの品種名とされた、とするからである。また他の説ではアード・イブン・アード、またはアード・イブン・アディーの手がけたラクダの子孫だとする。この説だとイード種は、イエメンからハドウマウトにかけて栄華を極め奢《おご》る余り、敬神の念を忘れ、神罰により民族すべてを滅ぼされた伝説の民アード族のラクダのエピソードの一端を担うことになる。さらに他の説では、半島中央高原に勢力を持つアーミル族の一氏族イード族の訓育したラクダである、とする。いずれにせよ、イード種の語源をもととしての説であり、前二者はイエメン及びオマーンとかかわった南アラビアのラクダと関連があることは確かである。またイードという名称は、血統高い種ラクダの名前であって、それから生まれた子孫をイーディッヤと呼ぶとする説もある。

　我が愛するラクダよ、灰色の体毛持つものよ、
気高きイード種の混り気なき子孫なる汝《なれ》

汝なればこそ知って耐えて欲しきもの、
携えし皮袋の中に水既に少なく、
渇癒す水場いまだ遠きことを！

（『ルワラ』三五八）

半島北西部ルワラ族に最近まで語り継がれていたキャラバン・ソングの一節である。このようにイード種はつい最近まで乗用種として北方アラブにまで重用されていた。

3　南方系ラクダ(2)——アルハブ種他

(1)　アルハブ種（al-Arḥabiyyah）

イエメンラクダでもっとも名の知られたラクダがこのアルハブ種である。アルハブは部族名であって、ワーディー・ジャウフを領土とするアルハブ族はイエメン北部に勢力を持ったハムダーン族の一氏族である。ハムダーン族は、サンアーから北、ナジュラーンより南、マアリブから西一帯を領土とし、南部イエメンに王朝を築いたヒムヤル族のライバルであった。アルハブ族はハムダーン族の有力支族バキール族のそのまた分かれた一族である。現在でもこのバキールとその兄弟部族であるハーシド族とは、イエメンの北部の首都サアダを境に、前者は西部地域を後者は東部地域を支配し、現イエメン最大の有力部族となっている。イエメン共和国政権のサーレハ初代大統領も、このバキール族出身である。

図6　座る時の蹄は前後脚共、身体の下に折りたたまれる。

アルハブは、現在ではその数を減じているとはいえ、その黄色い体毛と優美な姿はバキール族の誇りとなっている。

(2)　マジュド種（al-Majdiyyah）

ダミーリーの『動物誌』によれば「イエメンに見出されるラクダで、その祖先より継承される誇りと栄誉を所有するもの」（同書I一二八）とあるだけで、詳しい説明が見出されないが、majd の語そのものが「誇り」とか「栄誉」を指示しており、majdiyyah とはその形容名詞である。地名辞典でこれをあたると、イエメンの南部、タイッズより西に降った丘陵地からティハーマ平原にかけて、マジュドの地名がある。この辺りの遊牧民が育成した優良種であるとも思われる。また動詞マジャダ ma-jada は、ラクダが牧草豊かな放牧地で飽食する程に十分に食べることを意味しており、この動詞の意味する観念も反映していよう。

(3)　ジュラシュ種（al-Jurashiyyah）

『リサーン』の中では、「ジュラシュ」の項でアラビア半島北西部に勢力を持っていたアサド族の詩人ビシュル・イブン・アビー・ハージムの詩の一節を引いている。詩人は、去ってゆく恋人に一人涙する情景を次のように謳っている。

「吸み上げては流し込み／耕地を一つまた一つと潤す／ジュラシーラクダの引く皮つるべか／我が涙とめどなく流れ止まず」

イエメンのジュラシュ族といえば、ヒムヤル族の中でも高貴な血筋を引く氏族であった。その祖ジュラシュは、アラブの『アンサーブ（家系伝）』に従うと、有名なサイフ・イブン・ジー・ヤザンと兄弟にあたるとされる。後者はイエメンを支配したエチオピア総督を追い払い、ヒムヤル王国を再興した半ば伝説化された人物であって、その数奇な運命とイエメン、エチオピア、スーダン、ビザンチン、ペルシャを文字通り艱難辛苦の旅をしたあげくの祖国復興の一代記は、シーラ（英雄物語）となって、現在に至るまで語り継がれている。

一方、その兄弟にあたるとされるジュラシュその人については、その生涯についての記述が手もとの資料にはない。

筆者が知り得る範囲では、預言者ムハンマドの妻にマイムーナという女性がおり、彼女の母がジュラシュ族出身であったことだけである。マイムーナは、母と共にメッカに移り住んで、イスラム暦七年のムハンマドのメッカ巡礼の際、彼の叔父アッバースの仲介により結婚した。アッバースの父アブドル・ムッタリブは、ジュラシュの兄弟サイフ・イブン・ジー・ヤザンが五七〇年頃ヒムヤル王国の再興に成功した折、イエメンに出かけ、その武勲を讃えた演説を残したことが知られており、この歴史事実がジュラシュ一族とムハンマド一族とを結ぶものと考えられる。もう一点は、メッカの商人達は毎年冬になるとイエメンに隊商団を派遣していたのだが、この関係からも両者の結びつきは考えられよう。

さてジュラシュ族については後世に残したラクダのことに関してのみ知り得るだけである。ジュラシュ一族は農業に従事し、そのラクダを農業用に使用した。特に灌漑用に用いていたというから、体が頑丈で力の強いラクダだったのであろう。従ってジュラシュラクダとは主に「使役・駄用ラクダ」の意味としてアラブに広く知れわたったようだ。

(4) シャダニー種（al-Shadaniyyah）

シャダニー・ラクダについては、イエメンに生息するラクダであること以外は余り定かではない。この語根$\sqrt{\text{sh.d.n}}$は「羚羊類が歩行可能となり、力強くなること」の意味であり、これがこのラクダの特徴を言い当てたものとして流用されたものか明らかでない。シャダニー種はヤークートによれば、「シャヤダン」に「シャダン」という語に由来し、この語の意味については二説あるという。一説ではイエメンに「シャヤダン」という地名があり、その地の産のラクダの意味とする。他の説ではイエメンに「シャダン」というファフル（種ラク

ダ）がおり、それから生まれ出た後裔を指していわれるとする。（『諸国誌』Ⅲ三二八）

(5) ダルーウ種（al-Darūʿiyyah）

この種名が頻繁に聞かれるのはアラビア半島の中央から南方にかけてであって、それ以外には余り知られていない地方種である。広くいえば、これもオマーン種の一変種といえる。オマーンのジャバル・アフダル（緑の山、標高三、一七二メートル）の山脈の西斜面からルブウ・ル・ハーリー砂漠にかけての一帯にダルーウ高原がある。そしてこの砂漠に連なる一帯を領土としているのが遊牧部族ダルーウ、及びそれに北接するアール・ブー・シャミス族である。これら両部族の飼育になるのがダルーウ種である。ダルーウ種は典型的なラムリーヤ（砂地用ラクダ）であって、砂漠に適応を見せており、ほとんどが砂で埋めつくされている巨大な「空虚な四分の一《ルブウ・ル・ハーリー》」砂漠を渡るのに最も適したラクダであるとされている。サウジの王室顧門官B.Philbyのルブウ・ル・ハーリーの大探険もこのダルーウ種を連ねて行なったものであった。

4　北方系ラクダ(1)——ヌウマーン王とラクダ

ラクダを文化要素として資料的に調べていくと、いくつかのアラブならではの祖先志向、血統重視の特徴が、こうした動物に関連した領域にまで及んでいることがわかる。こうした動物に盛り込まれた血統・血筋の尊重志向の中に、人名と関連を持ったラクダの種類があることに注目せざるを得ない。

アラビア半島にイスラム教が興る前に、半島北部の東、現在のイラクを中心にラフム朝が、西の現在のヨルダン、シリアを中心にガッサーン朝が、前者はササーン朝ペルシャ帝国の、後者はビザンチン帝国の庇護のもとに緩衝国として栄えていた。ラフム朝はイスラム勃興期前に消滅するが、ガッサーン朝はイスラム軍によって壊滅せられる。そして前者の最後の王となったのがヌウマーンⅢ世といわれた、ヌウマーン・イブン・ムンジル王であった。ユーフラテス河の東岸ヒーラの地に優美な宮廷を築き、文化の華を咲かせていた。暴君ではあったが、反面文化人でもあった。宮廷には多くの詩人達を招き、手厚くもてなした。特に高く評価されていた、かの大詩人ナービガが詩人仲間のざん言に会い王の不興を買って逃がれ、身の潔白と王への追慕を何度となく詩に託し、王の信頼を回復し、許されて宮廷に戻った話は有名である。

この王は同時に砂漠を愛し、折ある毎に砂漠の中に出かけたものである。一望に視界が広がり、心を解放させる野外での宿営、ガゼル鹿やアンテロープを射止める狩、春期の草花に彩どられる砂漠行ときのこ狩り。こうした砂漠の魅力にも増して王を砂漠に駆り立てたのはこの上ないラクダへの偏愛であった。ラクダの鑑識眼を持つ王はその飼育を好み、父ムンジルⅣ世とともに多くの優秀なラクダを育て、その子孫の繁栄にことのほか意欲をそそいだ。そして今日に至るまで、この王の名とラクダ名とは切っても切れぬ程に関連付けられており、ラクダを駆使してのアラブの戦法はこの王のラクダの子孫の活躍無くしては語られない。

イスラム期以前のこととて真偽の程は定かではないが、この王に由来するラクダの種類、というより品種といった方が良いラクダがあり、そのこと自体アラブの文化史上稀有なことであり、特筆すべきことと言わねばならない。筆者の調べた範囲内では六種の名称が知られている。いずれも優秀で血統高い「種ラクダ」を祖とするものである。「種ラクダ」はアラビア語ではファフル faḥl といい、この語感は男ないし雄が持つ「丈夫さ」、「頑強さ」、「精力旺盛さ」、逆にいえば「不実」即ち「実のならないこと」の両義性を持つが、ここではもちろん前者の意味で用いられる。

さて下記六種のうち前の五種の名称はジャーヒズ著『動物の書』（V一二三）、最後のそれはダミーリー著『動物誌』（I四二）に記されているものである。①ウスフール（アサーフィール）、②アスジャド、③シャーギル、④ダーイル、⑤ズー・アル・カブライン（またはキブライン）、⑥シャズカム。この中でも特に①は良く知られており、これについて少し長く言及し、他については簡略に触れるにとどめる。

①ウスフール ʿuṣfūr：この種ラクダは他の種ラクダよりやや小型ではあったが、軽快で飛ぶように走ることからウスフール ʿuṣfūr、即ち「雀／小鳥」と名付けられた。王はこの軽快さと駿足さとを生かして、これと同じ出自の雌の中から特に同じような点が秀《すぐ》れたも

のを選び、交尾させ、子を作り、雑種の混じらないよう係官を配して厳重な管理のもとに置いた。こうして純粋交配して育っていったラクダ達は、アサーフィール・アル・ヌウマーン、即ち「ヌウマーン王の雀達」と呼ばれた。これらの雀達は王の下賜《かし》するさまざまな贈与品の中でも最高級品に選ばれていた。また後世の王侯、族長達もこれを所有することを最高の栄誉と考えた。

アル・イスバハーニー著『歌の書』（Ⅺ八五）の記す所によれば、名高い詩人ナービガ・ズブヤーニーはこのヌウマーン王の宮廷に仕えていた。王はある時、彼に王妃ムタジャッリダを詩に謳ってくれるよう頼んだ。そこで詩人は王妃の魅力を巧みに叙した。ところがこの詩の描写が余りに微に入り細に入り王妃の具体的な点に触れているために、王は詩人と王妃の関係を疑った（前述のように詩人の敵対者達のざん言説が有力）。詩人は一旦は王と敵対関係にあるガッサーン王のもとに身を寄せるが、ヒーラの宮廷を懐しむ余り、自分の潔白なこととヌウマーン王を讃えた望郷の詩を使いに託した。ヌウマーン王はこの詩にいたく打たれて詩人を許し、その報償として、己の訓育した雀達アサーフィールを百頭献じたという。

また、プレ・イスラム期の黒騎士と異名をとるアンタラは、時代を超越して十字軍の時代の救世主としてまで大ロマン化され、中世『アンタル物語』として巷間に広まった。この物語の中で、恋人アブラの父により、「婚資」としてウスフールラクダ、それもムンジル王によってのみ育てられたもの一千頭を差し出すよう難題をふっかけられ、イラク、次いでイランへ旅立ち、数々の辛苦の末にその難題をやってのける記述がある（『アンタル物語』一〇八以降）。

さらに、第四代カリフ・アリーはウスフールラクダを持ちたいあまり、二〇頭のバイール（オトナ期ラクダ）と交換した話を『動物誌』（Ⅰ四九八）は伝えている。

②アスジャド ʿasjad：「珍重なるもの／宝石／金」との意味の名を持つこの種ラクダから出た子孫達は、アスジャディッヤと呼ばれた。この育て親はヌウマーン王の父、ムンジルⅣ世であった。このラクダは大型で、堂々とした体軀をしており、ヌウマーン王もまた祝祭日の乗用としていた。面《おも》がい、首当、鞍、鞍敷、鞍覆いにそれぞれきらびやかな飾りをつけて、晴れの行列の中心となったわけである。アスジャディッヤは、この由来にかかわらず、後世には、「王侯の乗る着飾ったラクダ」から「王侯の乗るラクダ（または馬）」、「装飾をきらびやかに着けたラクダ（または馬）」「黄金を運ぶラクダ（または馬）」の意味にまで拡大されて用いられるようになった。また「大型」の意識が反映してか、離乳期ラクダのうち、大型のものをアスジャド（雌アスジャディッヤ）と呼んでいる。いずれにせよ、①のウスフール種とは体型的にも、用途的にも全く対照的である。

③シャーギル shāghir：「後肢を上げるもの」の意味で、この種ラクダは雄犬が小便する際片足を上げるように、習性として後肢の一つをあげる癖から名付けられたものと考え

られる。イブン・マンズールのレキシコン『リサーン』の伝える所によれば、ヌウマーン王が、マーリク・イブン・アル・ムタタッフィクなる人物（手許の資料ではどんな人物か不詳）の所有になる高名な種ラクダから出た雄仔を譲り受け、手ずから育てあげ、立派な種ラクダとしたとされている。これから出た子孫はシャーギリッヤと呼ばれる。

④ダーイル dā'ir：「不従順なもの／みだらなもの」の意味であって、この種のラクダの気性の激しさを言い当てたもので、これもこのラクダだけが持つ習性を名前としたものである。気性は荒いが優良種であることには違いなく、これから出た子孫はダーイリッヤと呼ばれる。なお、これには異説があり、ダーイリッヤはヌウマーン王との関連はなく、ダーイリッヤという名前の部族があって、優良なラクダを持つその部族の名前から由来しているとも説かれている。

⑤ズー・アル・カブライン（またはキブライン）dhū al-kablayn（kiblayn）：カブルまたはキブルとは足にはめる「枷」のことであり、カブラインまたはキブラインとはその双数形である。それゆえ⑤の呼称は「二つの枷を持つもの」の意味である。この種ラクダは元気が良く、はつらつとしており、前肢につける枷だけでは足りずに後肢にもつけたが、それでもまだ跳びはね回っていたという驚異の特性を名がよく表わしている。

⑥シャズカム shadhqam：この語自体には何の意味もなく、従ってその由来も知られていない。ただヌウマーン王の所有になる高貴なラクダの名前であり、この種から出たラク

ダ達をシャズカミッヤという記されているだけである。

これらのラクダの子孫達は、ラクダが乗用、旅用、駄用の主たる担い手であった最近までは、珍重され、高価なものであった。しかし、運搬、輸送の主体が自動車にとって代わられた昨今では、その名すら現地では知るものがほとんどいなくなってしまった。アラブの歴史上、ヌウマーン王ほどラクダの種と関連して記され、語られる人物はいない。ラクダの種の起源は古いため、伝説的要素が強く、歴史的に確かめる手段はない。しかしヌウマーン王は実在の人物であった。紀元前四千年とも三千年ともいわれているラクダの家畜化は、紀元後六世紀このヌウマーン王の頃から、アラブ特有の生活と文化とを徐々に形造りながら世界史の中にその全容を明らかにしてゆくことになる。

5　北方系ラクダ(2)——マーリク種（Mālikiyyah）

北方系アラブ種の名のあるラクダは多くヌウマーン王と関連付けられているが、このマーリク種だけはヌウマーン王とは無関係である。このラクダはマーリクという人名に由来し、半島北東部に勢力を持ったバクル族のマーリク・イブン・サアドなる人物が手がけた優良なラクダの子孫とされている。古い時代には、北東部の砂漠地帯では優れたラクダとしてマーリキーラクダが好んで選ばれた。特にバクル族（現トルコのディヤール・バクルも含めて）及びその周辺では絶大な人気があった。

マーリクが属するバクル族から不世出の大詩人が出た。その名はタラファ。奔放な生活を送り、自説をまげなかったために二十歳代で殺害されてしまった人物である。もっと長命であったなら、もっと多くの詩篇が残されたであろうことは間違いない。彼は同じバクル族の娘ハウラ khawlah を愛した。彼女を叙した詩の中に、共に過ごしたキャンプ地を去って恋人を乗せてゆくヒドジュ（ラクダの上に四角く垂れ幕を設ける女性用乗轎《のりかご》、本書四九四頁図52参照）を見送る様を悲しくも次のように謳っている。女性であるにもかかわらず、マーリキー・ラクダを用いるくらいであるから、恋人ハウラはよほど品位があり、部族のプライドを背負った女性であったのであろう。

「ああ、あの別離《わかれ》となれる朝／マーリキーの雌ラクダの上には／乗轎《のりかご》のしつらえられて／我が恋人を運び去りき、
ダドの地の広き涸《ワーディー》川の／中程を次第に遠ざかる／さながらその轎は海原を／進み行く舟を想わせて！」
（ムアッラカ、第三詩行）

6　並のラクダと高貴なラクダ

どこから見てもひとコブ種であり、アラブ種であると思われるラクダにも、両親の血筋や種ラクダの子孫が明別されているものと、そうでないものがある。種名や地域別名称の

中には、ラクダの血統が特に重きをなしていることは既にみた通りである。こうした血統高いラクダとそうでないラクダとの認識も特別な語をもって顕在化させている。この区別化の発想は、人間のそれと平行させているところに特徴がある。即ち、血統高い、選ばれた、高貴なラクダ、これはフッル ḥurr といわれる。ḥurr とは「何も拘束されない自由な」ラクダの意味である。この ḥurr の要件は「両親ともに血筋が辿れる」ものであることである。

これに対して、同じアラブ種であっても、雄親は血統高いのは知られているが、他方雌親の素姓が分からないこうした両親から生まれたラクダはハジーン hajīn（雌はハジーナ）と呼ばれた。ハジーンはいわば雑種という観念で捕えられている。ハジーンとはラクダのみでなく、人間でも父親が自由人であるが母親が奴隷であったりした場合に、また馬についても血筋の知れた雄馬と素姓の知れない雌馬との子であったりする場合に「混ざり物」の意味でこう呼ばれる。ハジーンとは「出身の卑しいもの」、「奴隷女を母としたもの」というような意味がこめられているわけである。このハジーンと同じく「並ラクダ」、「雑種ラクダ」の意味でアジッユ ʻaziyy という語があるが、これは半島北部の特にルワラ族の方言であるように思われる（『ルワラ』三三二参照）。

第3章　ラクダを崇める——サムード族伝説と神聖ラクダ

1　伝説のアラブ族（古アラブ族）

アラブは、ムハンマドが預言者としてアラブ民族に遣わされる前に、既に何人かの預言者が遣わされたことを知っている。これらの民の名も遣わされた預言者の名も、『旧約聖書』には何ら記されることのない、アラブ固有の伝承の中に存在しており、クルアーンの中にも何箇所かの言及がある。アード族、サムード族、ジュルフム族、タスム族、ミデヤン族、ジャディース族等こうした有史以前の消滅してしまった民族は、アラブ・バーイダArab al-bā'idah（遠く古きアラブ）と称しており、現在の自分達をアラブ・バーキヤArab al-bāqiyah（現存のアラブ）といっているわけである。アラブ・バーイダにもそれぞれ預言者を送って、神への服従を説かせたが、おごり高ぶって預言者を裏切ったために、天罰が降って滅亡させられた、というのである。

サムード族もこうしたアラブ・バーイダであり、アラビア半島北西部を領土としたと思われる。シナイ半島からヨルダン、半島の北西部にかけては、Thamūd とか Ṣāliḥ とかサムード族伝承に関する謂《いわ》れや地名の由来が未だ濃厚に残っている地域がある。このサムード族をここでとり上げるのは、他のアラブ・バーイダと比して「ラクダ」との関連が深いと思えるからである。サムード族に関しては、その神兆として下された「神聖ラクダ」との関係を抜きにしては語れない側面を持っているからである。「サムード族伝説」に関しては他に論稿がある（『古代アラビアの二民族――アードとサムード』前嶋信次、『アラビア研究論叢』日本サウディアラビア・クウェイト協会出版所収）ので、その論稿が触れていない内容を主に進めてゆくことにする。

2　サムード族について

サムード族は権力《ちから》と尊厳《おごり》とを、
　ふたつながら保持せる人々なりしに。
人間界であればいかな隣国たりとも、
　サムード族を迫害《きず》つけること無かりしに。
されど彼らあの雌ラクダを殺したり、
　彼らの主に属す神聖ラクダをば。
大事に扱うべき警告は受けたるに、
　かくてサムード族罪深き人とぞなりける。

この詩はアル・シャリーシーという文学者の書の中で、サムード族のことを謳ったハッバーブ・イブン・アムルー Habbāb ibn"Amrū の詩の記録されたものである。この詩人のことについては、どの資料にも見当らないので、何時代の人か分からないし、また一流の詩人ではないように思われる。詩の内容から分かるように、サムードは周囲の民族と極立った特徴として、巨人ぞろいであった。そのため腕っ節も強く、武力でこの民族を制圧するところはどこにも無かった。そのためにまた誇り高くまた威丈高であり、傲慢でもあった。この不遜の態度が昂じてそれが結局あだとなり、民族の破滅の原因となる。

神を崇めることをおろそかにしたサムード族に、アッラーは預言者サーリフ Ṣāliḥ を遣わす。人々はサーリフが預言者ならばその神兆を見せよと説いて、奇蹟を求める。どんな超人でも不可能と分かりきっている岩の中から雌ラクダを出せ、と言ってサーリフに迫ったわけである。サーリフは祈りに祈った。そして遂に神から選ばれたものの祈りは通じたのだ。堅固な岩山の一部が突如として裂けて、人々の要求通りのラクダが人々の見ている前で出現したのである。不信の輩の驚がくは恐怖に変わった。人々はこの異常に出現したラクダを神の徴《しるし》として、神聖ラクダと見做さざるを得なくなった。こうして神聖ラクダは自由に放たれ、一日おきに水を飲むよう定められる。

しかし、サムード族はもともと敬神の念が篤い民族ではなかった。神の臨在感も時と共に稀薄のものとなっていく。預言者サーリフを信じなくなったばかりではない。あの神兆であったラクダをも殺してしまう。神からの容赦はもはやなかった。神罰は下り、住居を瓦礫の山と化し、不敬の輩すべてを亡ぼしてしまう。サーリフを預言者と信じた人々のみが神罰から免れ、サムードの領土を後にして、他の民族の保護民となり、やがて混じり合ってサムード族は地上から消え失せて、否、抹殺されてしまったのである。

3　神聖ラクダの特徴

(1)「雌ラクダ」について

神聖ラクダは子ラクダ saqb を後に従えて、人々の前に顕われたという。この神聖ラクダは単に「雌ラクダ」というだけで別に特称をもっていない。先の詩の「神聖ラクダ」と訳出したのも原義は「彼ら（サムード族）の主に属するもの」である。プレ・イスラムの時代にラクダは既に多目的に用いられ、また生活に密着した家畜であり、なによりも財産としての「動産」であったわけであるが、それだけに特別に扱われたラクダもあった。こうした特別視されたラクダは、また特別な印付けと名称を持って呼ばれていたことに注意を喚起しておきたい。

例えば十頭以上の雌ラクダを孕ませた種ラクダはハーミー ḥāmī, 雌の子ラクダを十回出産した雌ラクダはワスィーラ waṣīlah, ラクダの頭数が千頭目に達した時のラクダはサーイバ sāʾibah などと呼ばれた。こうした特別なラクダは、身体に特別な刻印がされた。もっ

図7　英雄アンタラ物語より。アンタラの雄姿をラクダの輿に乗って見る恋人アブラ。

とも一般には耳の一部が切られて、一見してそれと分かる切れ込みを入れられ、（七九頁図8参照）「耳そぎラクダ」の意味でバヒーラ bahīrah とかザニム zanim とか総称的に呼ばれたのである（前者バヒーラは既述サーイバの子との説もある）。こうした特別なラクダは、駄用や乗用、また搾乳が禁じられ、放牧地に自由に放任され、また水を飲むのも自由であって、誰もそれを禁ずることができない慣例であった。

　こうした意味でも、サムード族に神兆として下されたラクダには特別な名称があっても良さそうであるが、資料には「雌ラクダ」を意味するナーカ nāqah に定冠詞を付した形か、預言者サーリフが奇蹟をもたらせた意味も含めて「サーリフの雌ラクダ」nāqah Ṣāliḥ と呼ばれるだけである。

(2)「黒毛ラクダ」とは

サムード族の不敬の輩が神兆として要求したラクダは、さらに「黒毛色」で、「妊娠十か月」で、「たてがみを持った」ものであらねばならなかった。「黒毛色」のラクダ、ということであるが、原語サウダーウ sawdāʾ はアスワド aswad の女性形であり、まさに「黒色の」を指示する色彩形容詞なのだが、ラクダに黒毛のものがいるかと訝《いぶ》かる人もおられるかと思う。もちろんこれはラクダの毛色の中でもっとも黒色に近いものを言う。

ラクダに親しく接している人にはこの黒色の意味が分かろうと思うが、よく見ると全くの黒毛ラクダというのは存在しない。遠目でまっ黒に見えても、近くでよく見ると、黒毛そのものは量的にはそう多くない。むしろ濃く暗い黄色系統の毛の方が全体の体毛色となっていることが分かる。普通のラクダは「白」「灰色」「黄色」系統のものが多いから、そうした群れの中にあっては目立つ存在になる。

しかしアラビア半島のネジュドからネフードにかけて遊牧していた最強の部族ムタイルの誇りとしていたのは黒ラクダであった。有名な事例として、一九三〇年のイフワーンの反乱で最後の処遇をめぐって紛糾したのも、この部族と共にクウェイトに逃げ込んだこうした高貴なラクダ達であった。この「ムタイルの黒ラクダ」は今ではサウード家の管理になり、その子孫は現在に至っても大切に保存飼育されているはずである。

ムタイル族が神聖視した「黒ラクダ」が遠い祖先のサムードのそれと関連があるかは資料的に確かめられない。時代的には問題はあっても、しかしながら地理的にはサムードの支配した地域とムタイルが領土とした地域とは、重なるところが多いことだけは述べておこう。

(3)「孕みラクダ」とは

その「黒毛ラクダ」は「妊娠一〇か月」のものとの条件が付されていた。「妊娠一〇か月」のラクダは既に臨月を迎えている。ラクダの妊娠期間は一二～一三か月とされており、早産の場合一〇か月で出産するラクダもある。そのため一〇か月以上経った孕みラクダは臨月を意味するウシャラーウ〝usharā〟と呼ばれる。文字通りには「一〇（か月）目の」の意味である。ウシャラーウ、即ち「一〇か月目」の表現が、遅ければ一三か月で臨月を迎える孕みラクダをもカバーして特別な名称となっているわけである。実は孕みラクダにも妊娠の徴候が現われた時期から臨月にまで達する時期別名称があり、ウシャラーウもそうした一つなのである。

ほぼ二か月を一時期とした「孕みラクダ」の特称があり、それらは別稿で論じたので省略するが、注目すべきは数値と何ら意味的関連を持ったものではないことである。数字からの転用は、ここで述べたウシャラーウの場合だけであり、それが孕みラクダの時期別名称として最後の段階に当たるわけである。このウシャラーウのラクダはテント近くに監視され、胴と腹にかけて、言わば腹巻きをかけられて非常に大事にされるから、神兆としてサムード族が要求したのも無理からぬことである。

(4)「たてがみ」を持ったラクダ

神聖ラクダは、「黒毛」で「妊娠一〇か月」、さらに「たてがみを持った」ラクダであらねばならなかった。ラクダのたてがみとは、馬がそれを持つ典型的な動物なので馬から連想されて良いのであるが、ふたコブラクダに見られる天辺から胴に連なる長い首の上部に生えている毛のことである。たてがみは原語ではウルフ ʿurf と言い、「たてがみを豊かに持っている動物」、それは主にライオンや馬類を指すわけであるが、それらをアアラフ aʿraf（女性形アルファーウ ʿarfāʾ と称している。

ひとコブラクダの場合、寒い冬期に毛が増え、毛の利用も行なわれる〈第20章2節〈毛〉器――荷袋の項参照〉。冬には多少体がふくれるようになり、豊かな瘤が見事に張った立派な体調のものになる。それは何よりも自然の恵みからであり、日本の冬と異なり、アラブの冬は降雨があり、牧草が豊かになり、その牧草を存分に食べることが可能なためなのである。しかし毛は豊かでも「たてがみ」まで持つラクダは稀らしい。従って先程のアアラフがラクダを指して言われる場合「豊かなたてがみを持つラクダ」という本来の語義の他に、「瘤の高い、または脂肪のついた、または肥満したラクダ」の意味をも派生させ、その義でも用いられる。

「神聖ラクダ」が冬場に出現したものかどうか明らかではないが、たとえ冬場であってもはっきり「たてがみ」を持っているラクダというのは稀であって、そうしたこともあってサムード族の不信の輩はサーリフにそれを奇蹟の一条件としたわけである。

4　預言者サーリフの人物像

預言者サーリフがいかなる人物であったのか、その人物像が資料から浮かび上がってこない。換言すれば、どれ程民族を神の道に導く個性を持っていたのか、宗教心の推移も辿れないことになる。サムード族がサーリフを預言者としてどうみていたのか、一つの資料がある。ダミーリーによれば、イスラムの正統四法学派の一派を築いたアフマッド・イブン・ハンバル（八五五年歿）は、その著作の中に『ズフド（敬虔さ）の書』を残しているが、そこに次のような話を伝えているという。

「（預言者）サーリフの民族に一人の男がいて、人々を何かと苦しめていた。そこで人々はサーリフのところへやって来て、「おおアッラーの預言者よ、アッラーに彼のことを何とかしてくれるよう頼んでくれ！」と願い出た。（ややあって）サーリフは、「さあ行くが良い！　彼のことで苦しむことはもうないだろうから！」と答えた。さて、この男は毎日薪拾いに出かけるのを業としていた。その日彼はパン二切れを持って出かけた。そしてその一切れは自分が食べ、他の一切れを他人に喜捨したのだ。薪を集めて、それを持って帰って来たのだが、何事も起らず無事であった。そこで人々がサーリフのところに押しかけて言うには「奴は薪を持って帰ってきたじゃないか、何の厄難もなかったじゃないか」と。サーリフはこの男を呼び出して、「今日どんなことをしたのかね？」と問い直した。この男は、「俺は今日パン二切れ持って出かけ、一つは自分が食べ、もう一つは人にくれてやったのさ」と答えた。サーリフは次に「お前の薪束を解いてみなさい」と命じた。命じられるままにこの男が薪束をほどくと、どうだろう、その中にナツメ椰子の乾いた幹程もある黒い毒蛇がいて、かなりの薪の一つをかみついていたのだ。これを見てサーリフは言った。「お前を救ったのは、その行為だったのだな……」。その行為とは喜捨をしたことを指している。

（『ダミーリー』）

5 「神聖ラクダ」の殺害者

(1) クダールという人物について　ところでサムード族を直接的に滅亡に導いた人物がいた。この悪事の首魁《しゅかい》となった人物の名前も知られている。その張本人はクダールという名であった。さらに資料を探るともっと詳しく分かり、本名はクダール・イブン・クダイラ Qudār ibn Qudayrah がフルネームとある。クダールとは「料理人 ṭabbākh」と同様なのだが、普通の「料理人」としてではなく、特に「ラクダや他の動物を屠殺して料理する人」、即ち「屠殺者」ないし「肉料理人」を意味した。この名前が彼本来のものであったのか、神聖ラクダを殺してしまったことにより、後世こうした理由により呼ばれるようになったかは確かめる術がない。何分にも歴史以前の伝承記述なので、おそらく後者の方が有力であろう。

またクダールに続くイブン・クダイラとは「クダイラの息子」の意味だが、クダイラとは母の名前であり、父の名前はサーリフ Sālif であった。ということはニスバ（家系）が母方であったことになる。このニスバは古代のアラビア社会が父系制社会ではなく、母系制社会であったことを示すものとしても注目されよう。もっとも、イブン・カスィールの『預言者物語』はクダール・イブン・サーリフとして、父系の名前で記述している（同書一一九）。

(2)　クダールの身体的特徴　悪人クダールについては、その容貌まで知られている。彼は紅毛 ashqar の若者であったという。「紅毛」と言っても、原語アシュカルは馬で言えば「栗毛」に近い色で、もっと赤味の濃いアシャック ashaqq 程ではないし、また後述するように、後世アフマルまたはウハイミルと綽名《あだな》される程「紅毛」ではなかったようだ。またクダールは碧眼 azraq でもあったとある。アラブでも我が国と同様、近代以前までは紅毛碧眼は嫌われており、美の基準は長く黒い髪であり、大きな円《つぶ》らな黒い瞳であった。

クダールの場合は巨人族の間にあって、さらに短軀であったというわけであるから、外見上良いところがないことになり、それらの点でもさらに性悪さを増す属性を上塗りしていることになるが、どれ程真相を伝えているものであろうか。少なくとも事実らしく思えるのは「紅毛」であったことであろう。そしてそれが大分目立ったのであろう。なぜならば、彼は本名クダールとしてよりは、後世ではその綽名である「赤毛 aḥmar ないし uḥaymir」として知られるからであり、また後述するように、この綽名でも諺の中に記されて一般人の知るところとなってしまっているのであるから。

(3) クダールの仲間達　クダールが神聖ラクダを殺し、それが結局サムード族全体を滅ぼしてしまうことになるので、悪人の代表のようなことになってしまったのだが、実はサムード族の中には、他にもクダールと同様、組になって悪行をしでかしていた極悪人どもがいたことが知られている。その中には男もいれば女もいた。部族の者に不らちなことや悪さをしかけては面白がっている連中が九人いたとされている。こうした九人の悪人どもはアフル・アル・ファサード ahl al-fasād として記録されている。

その中でもクダールと仲が良く、いつもぐるになって悪行を重ねて、行動を共にしていた人物の名前も分かっている。こうした悪人にもかかわらず、また主役であるわけでもないのに名前が分明しているのには注意を引く。この相棒はミスダウ・イブン・ムフリジュ Misdaʿ ibn Muhrij といった。この人物についてはこれ以上明らかではない。神聖ラクダの下手人はこの二人であって、九悪人の残りの者はそれをけしかけ、殺した後のラクダ肉の分け前にあずかったとされている。

サーリフの伝えた啓示の中に「部族の水は一日は神聖ラクダに、一日は部族民に」があり、神使の敬いと信者の戒が含意されていた。一日おきにしか水場の水を使えない不便さは、日常生活を送る中で、特に女性達に痛切に感ぜられた。また神聖ラクダの飲む水量も異常で、その日の井戸の水量を飲み干してしまう程であったというから、翌日の農業用水、家畜用水、生活用水にも生活の支障をきたしてきており、不信の輩には我慢の限度を超えることになった。そのようなことから、クダール達に神聖ラクダを殺してしまうようそそのかしたのはこのような女達であった。中でも二人の美しい娘がいて、一人はウナイザ・ビント・ガナム、他はサドゥファ（又はサドゥーフ）・ビント・マジュバーといった。この二人が水無し日に水の代わりにブドー酒を飲ませ（もっとも日がたつうちに水不足から忍耐力の欠けるサムード族全体がブドー酒を飲むことにもなっていたのだが）、クダール達を破壊行に走らせたのである。

(4)　神聖ラクダの殺害　　酒気とおだてに乗って、クダールとミスダウは仲間の衆と語らって、雌ラクダのところに出かけた。そしてクダールは剣を抜き放って雌ラクダのウルクーブを一撃した。同時にミスダウは他のウルクーブを撃った（『諸預言者物語』では剣でなく矢を射こんだ）。ウルクーブ "urqūb とは、前脚のルクバ rukbah に対比されるもので、「膝からかかとにかけての腱」のことで、人間の「アキレス腱」に当たるものである。運動に際してはもっとも重要な機能を果たすウルクーブを切られたからたまらない。さしもの神聖ラクダも後脚から崩れ倒れた。

ラクダは背の高さが二メートル近くもあるから、殺すのも容易でない。倒れたラクダの前に回り、クダールは首の部分の頸動脈を掻き切った。雌ラクダと一緒にいた子ラクダも驚いて岩山の方に逃げていったが、これも簡単に殺されてしまった。そして殺した二頭のラクダの肉をより分けて、九等分して、くじ引きで順番に良い所から取り去っていった。

こうしてその四日後天罰が下り、天からの叫び ṣayḥah 即ち雷光が彼らの心臓を切り裂いてしまったのである。

6 故事、諺となった「神聖ラクダ」殺し

(1) 諺言集の中に

クダールの名は永久に残されることになった。というのも故事や諺の一つとされ、それが後世のアラブ社会において折に触れ、喩えとされて今日に至っているからである。一般には「雌ラクダ殺し」ʿāqir al-nāqah として知られるが、諺から述べておこう。アシュアム・ミン・クダール ashʾam min Qudār という諺が見出される。意味は「クダールよりも性悪な、または不吉な」である。意地悪であったり、悪行を重ねて自省がなかったり、全

体の和を乱したりするような者に対して言われる諺である。サムード族の神聖ラクダを殺した張本人ということで、この故事を知っている者は右の諺を言わないまでもクダールだけでどういう人物か分かるため、相手を中傷したり非難したりする時は、お前はクダールだと隠喩的に用いたりもしている。

クダールはまた赤毛であったことは既述したが、クダールという名前を直接出さず、その綽名で諺として言われることも多い。アシュアム・ミン・ウハイミル ashʾam min uḥaymir がそれで、「赤毛の小男よりも性悪な、または不吉な」の意味となる。ウハイミルは「赤毛」を意味するアフマルの指小辞であって、指小辞は人を指して用いられる場合愛称か蔑称かのどちらかを指示するから、ここでは後者の意味として用いられていることは明らかである。クダールが背の低いことも思い起こせば、指小辞本来の「小さな」という形容を入れて「赤毛の小男」と訳すのがより妥当とも言えよう。

なお参照した文献資料の中に、一二世紀のニシャープール出のイラン系アラブの文学者アル・マイダーニーの有名な名著『俚諺集』Majmaʿ al-amthāl 二巻本があるが、そのなかの第二〇三一番と銘打って「アシュアム・ミン・アフマル・アード」ashʾam min Aḥmar ʿĀd 即ち「アード族のアフマルより性悪な、不吉な」がある。アフマルの属していたのはサムード族ではなくアード族としており、この点については後述することにする。

(2) 詩集の中に

戦さ人々を悪へ悪へとかり立てる
　血気にはやる若者どもをそれぞれに
恰かもアード族の悪人アフマルの如く
　悪の赤児を生み、乳を与えて育てては
離乳をさせてまた生み落すくり返し！

第2節のサムード族についての項の冒頭に訳出したハッバーブの詩の他にも、右のようにより直接的にアフマルを詩中に謳った詩人がいる。ジャーヒリーヤ（プレ・イスラム）期の徳高く倫理観強いズハイル・イブン・アビー・スルマー Zuhayr ibn abī Sulmā のムアッラカ詩がそれである。訳出したのはその長詩の断片に過ぎないが、この長詩は「ダーヒスとガブラーウとの戦い」を詳しく伝える内容である。訳出部の註釈を細かく読んでいくと、この戦いの終結が一度の和睦の結果ではなく、一度休戦が成り、それが再び破られて、二度目の和睦の後であったことが分かる。ハリム・イブン・シナーン等の献身的努力で休戦にこぎつけたものの、好戦的で、仇討ちにはやっていた若者フサイン・イブン・ダムダムが敵部族の者を討ってしまう。こうしてせっかくの和睦の努力も徒労に終わってしまうことになる。右の詩行は、戦いというものが人間の心をどのように仕向けるか、特に若者に対してどのように向こう見ずの行動をとらせるかをクダールの故事を引いて詩句としたものである。注目すべきことだが、この詩行の中に引用されたのが本名ではなく、またサムードでもなく、アード族とアフマルという名前が喩えとされていることである。このことはプレ・イスラム期のこの時代に、ユダヤ教やキリスト教と全く関連の無いアラブ固有のこの民間伝承が、混乱した形で広く流布していたことを確認できる。クダールという実名ではなく、ここでもまた綽名のアフマル（赤毛）として登場しており、この詩の註釈書もアフマルとはクダールを指すと記している。

問題は先のアル・マイダーニーの諺にもあった「アード族の」という箇所である。これはアード族とサムード族との関係を知る上で興味ある情報を提供してくれる。今まで述べてきたようにクダールはサムード族人であって、アード族人ではないことは明白である。註釈書類は詩人ズハイルが右のように記したには二つの説があると述べている。一つはアル・アスマイー達の単純誤謬説でズハイルが思い違いをしていたとするもの。他はムバッラド達の簡略説で、サムード族は他にも呼ばれ方があって、先行するアード族にちなんで"Ād al-akhīrah とか"Ād al-ukhrā とか言われ（いずれも「第二のアード族」の義）であり、その後の語句（即ち「第二の」）を省略した表現であるから誤謬というには当たらない、とする説である。前説を採るにしても、ともかくクダールの向こう見ずの行動が民族の存亡の大事となったということが、イスラム誕生期直前のズハイルの時代に既に故事として広く流布していたことだけは間違いないところである。

(3) 説話の中で　中世アラブ社会においても、クダールという人物は喩えとして用いられる程知られていたようである。面白いことに文人アル・ハリーリー（al-Hariri 1054～1122）がその代表作である説話集『マカーマート』の中に、この人物を引用している箇所がある。原文を訳出すると、「そこで我々は老人を慰留《なだ》めて、食卓に戻るよう、サムード族にとったクダールのような態度をとらないよう懇願したのだった」という件《くだ》りである。

旅先の町で金持ちの商人の結婚式があり、その式には町の住人だけでなく旅人までも招待してくれるということで、主人公も語り手も同行のキャラバンのメンバーと一緒に参加したわけである。空腹の時の馳走を盛った大皿の旋回。垂涎《すいぜん》しながら食事の整うのを待ち、準備も終わり、いざ食物へと手を出す刹那、主人公のアブー・ザイド長老が席を立って、食べるのを拒んでしまったのである。清貧を旨とするイスラム教徒にとって、食物の盛られていた食器が贅《ぜい》を尽くしたものであり、なかんずく表面と内部のものとを欺く「ガラスの容器」のある場所に居合わせるわけにはいかない、というわけである。仲間の一人が食べるのを拒絶するのを見て、同席する他の者は別行動をとることができない。そこであれこれアブー・ザイド長老に食卓に戻るよう説得するのであるが、その折に持ち出された説得の一部が前述の引用なのである。

一一世紀ぐらいになると、アラブ都市社会では、口承であったものが書き留められ、学問の発達が進み、また分野や領域が細分化され、研究水準が高まっていた。あいまいであった口碑や伝説、逸話なども考証研究が行なわれ、先のズハイルの詩中に見られたようなサムード族をアード族とするような、またクダールをアフマルとするような誤謬ないしあいまいな表現はもはやなされず、はっきりとした表現でこのように喩えの中にも登場することになるわけである。

文脈からも分かるように「サムード族のクダール」とは「極悪人」という他に「全体の和を乱す者」、「独善者」の意味として、その代名詞として中世では知られ、また喩えとして用いられていたことが分かる。それだけではない。今日に至っても「紅毛碧眼」を嫌悪する折にもまた口の端にのぼることしばしばなのである。

7　サーリフ及び彼の雌ラクダの聖化

サムード族が預言者サーリフに預言者の証明となる神からの奇蹟を求めた時、なぜその奇蹟の対象物をラクダとしたのか。また第3節「神聖ラクダの特徴」でみたように、なぜラクダにいくつかの付帯的条件を要求したのか。さらにはそのラクダを大岩ないし岩山から出現させたわけであるが、岩地の多い地域であるとしたら、ラクダの家畜としてのどんな用途が可能であったのであろうか。資料を詮索してもそれには答えてくれないが、ラクダ文化を探る上でも「神聖ラクダ」の一件は、サムード族伝説とともに興味のつきないテーマである。

殺されたはずの「神聖ラクダ」も、あてどなくサムード族の地を去って姿を消した預言者サーリフも、再び姿を顕わす。地上に生を享《う》けたものすべてが蘇生される「復活の日」に、たてがみを持ち、黒毛をした神聖ラクダは、預言者サーリフとともに聖化されて登場する。サムード族の中での「神聖」は、アラブ・イスラムの中で名実ともに「神聖」なものとなる。「復活の日」に蘇生される諸々の預言者の話の中に、サーリフは必ずこの「神聖ラクダ」とともに記述され、しかもこの「神聖ラクダ」が彼の乗用ラクダとして描かれている点注意をひく。『動物の書』を書いたジャーヒズは次のような逸話を伝えている。

モーゼはヒドルに尋ねた。「あなただったらどんな動物 dawwāb を乗り物にしたいかね。またどんな動物が嫌かね？」ヒドルは答えた。「私は馬、ロバ、ラクダ baʿīr を好みます。というのもこの三種の動物は諸々の預言者の乗り物 marākib になったのですから。象、水牛、牛（に乗るの）は忌み嫌います。ラクダ baʿīr は（アード族の預言者）フード Hūd の、（サムード族の預言者）サーリフ Ṣāliḥ の、（マドヤン族の預言者）シュアイブ Shuʿayb の乗り物になったものですから」。（『動物の書』Ⅶ二〇四）

ヒドルとはイスラム伝説では緑衣を着た神秘的な聖者であって、モーゼと同時代人とされている。ヒドルの言がアラブ一般の信ずる考えを代弁しているとすれば、『旧約』には登場しないこれら三つのアラブの伝説的な太古の民には、既にその時代からそれぞれラクダが身近な存在であって、しかもそれぞれの預言者はおそらくマーク付きのラクダを乗用していたと信じていることが推察できよう。いずれにしてもユダヤ教とは無縁で、サムード族に限らずアラブ固有の伝説の民の話になると、このように「ラクダ」が介在してくることにアラブ的発想の根がうかがい得て興味深い。ダミーリーは預言者ムハンマドにまつわる「言行録」の中で以下の二つの話を記している。

(1)復活の日には、預言者達がそれぞれの動物に乗って蘇生せられる。裁きの場へと彼の信奉者達を集めるために、サーリフ殿は彼のナーカ（雌ラクダ）に乗って蘇生せられるであろう。私（ムハンマド）は視界の限りを一飛びで走るブラークに乗って蘇生させられるであろう。（『動物誌』I一九七）

(2)復活の日がきて（蘇生させられ裁きの場に旅立つ時）私にはそこから飲むことのできるハウド（貯水槽ないしは水皮袋）があり、他のアンビヤーウ（預言者達）も所望すれば飲むことができる。神は預言者サーリフ殿に対しては彼のナーカ（雌ラクダ）を送り、その乳を呑ませることであろう。サーリフ殿にも、また彼とともにアッラーを信じてきた者達にも。それからサーリフ殿は、そのラクダに乗って約束の場へと赴くであろう。約束の場に着くとナーカは一声大きくうな（って到着を報せ）るであろう。（同書I一九七）

世上のサムード族の中では、「神聖ラクダ」として自由に草を食べ、水を飲み、好き勝手にしていたラクダが、死後の世界では預言者の「乗用ラクダ」として生まれ変わったものとして意識されているのである。預言者の「乗り物」とされることが、放任される「神聖ラクダ」としてよりはるかに光栄であるということが観て察《と》れよう。「乗用ラクダ」はこのように使役される駄用のものとは、この点で意識的にも価値的にも随分異なるものなのである。

第4章　ラクダを記す——歴史に名高いラクダ

1　預言者ムハンマドとラクダ

西暦六二二年七月二八日メディナでは一頭のラクダが町のどこに止まって跪《ひざまず》くか、町民あげて注視していた。ラクダはメディナのクバーウの街区から、にぎやかなスーク街を通り過ぎて、やがて空地となっていたところで歩みを止め、突然跪いた。乗っていたのはイスラムの預言者ムハンマドで、ヒジュラ（遷都）の劇的なフィナーレの場面である。このラクダが跪いた場所が預言者の生前にそのモスクをかねた住居となり、後年現存する「預言者の大モスク」となった所であった。預言者はメディナに落ちつくに際して、アンサール（メディナでイスラムに帰依した人々）の多くの誘いを受けたが、誰の所に寄寓すべきか迷い、公平を期すべくメッカから騎乗してきたラクダに委《まか》せたのだった。己のラクダが跪く所に居を定めるとしたこの場所はナッジャール族の所有になる土地であった。空地だったのはミルバド（ナツメ椰子の実を干す所）で周囲はナツメ椰子畑であったという。「どうぞお寄りを！」というアンサール達の勧めに対して預言者はその都度「khallū sabīla-hā（彼女の道を開けてやって頂きたい）fa-inna-hā ma'mūrah（彼女は神に導かれておりますので）」と答えて先に進んだという（『預言者伝』Ⅰ四九四―五）。彼女とは、もちろん己の乗る雌ラクダのことである。

　ラクダの名はカスワーウ Qaṣwā' と言った。カスワーウとは「耳の端を切り取られたもの」の意味で、こうされるのは、ラクダなり羊なりに、その個体の何らかの意味付け及び印とする場合である。このラクダがどのような理由で「耳端を切られ」、またカスワーウと命名されたのか資料は何も語ってくれない。おそらくこのように印付けをし、またそう命名したのは預言者ではないであろう。というのもヒジュラ以前は、カスワーウは預言者ムハンマドの所有ではなかったからである。メッカからの逃避に先立つ日、同行のアブー・バクルより買い求めたものであった。アブー・バクルはラーヒラ rāḥilah（乗用専用ラクダ）を以前から二頭飼い慣らしており、十分な餌をやり、肥えさせていた。彼はメディナへの逃避行に際して、自ら他の一頭に乗って同行し、より優能なカスワーウを

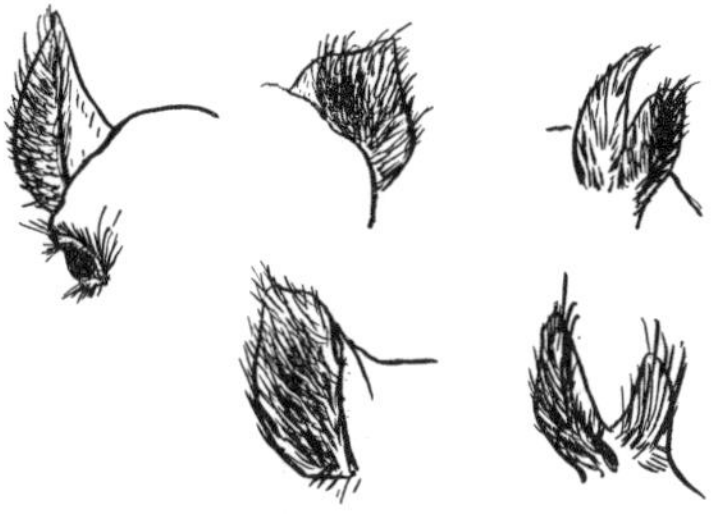

図8　ラクダの耳。毛深く小さく、風、砂の侵入を防ぐ。耳の裂き方でマーク付けを行なう。

預言者に譲ったのだった。アブー・バクルは贈り物として献じたのであったが、預言者は、「アッラーのための行為に人間の助力は要しない」と言って譲らず、その代金を支払ったという（その額は八〇〇ディルハム。当時一頭一〇〇ディルハムであったから八頭分であったとの説がある）。ヒジュラ（聖遷）のフィナーレと同時にモスク（イスラム教寺院）にまつわるエピソードが続く。先の記述を終わりの方から引き続いて訳出しよう。

khallū sabīla-hā（彼女の道を開けてくだされ）fa-inna-hā ma'mūrah（彼女は神に導かれております故）。預言者はこう言いながら多くのアンサール人の招請を辞退し先へ進んだ。やがてカスワーウはマーリク・イブン・ナッジャールの邸の所に来て、その礼拝所の前で止まり跪いた。……預言者はしかしながら降りようとしなかった。カスワーウは再び立ち上ると辺りを歩き始めた。預言者は手綱をしぼるでもなく、なすがままにしておいた。カスワーウはやがて向きを変えて、最初跪いた同じ場所に戻ってきて、そこに再び跪いた。それから体を一度ふるわせ、そっくり返った後、胸を地面につけた。そうして後、預言者はカスワーウから降りたのであった。（『預言者伝』Ⅰ四九七）

預言者は一旦カスワーウが跪いても降りようとしなかった。そしてカスワーウのなすがままに委せ、再びカスワーウが立上ると手綱もゆるめたままにして歩ませた。カスワーウは歩き回って再び元の位置に跪いたのだ。預言者はこのカスワーウが歩き回って一周した足跡を辿って、これをモスクの周囲と決めたのだった。こうしてイスラムで始めての公の集団礼拝所と預言者の家がここに建立されることになった。今に残るメディナの大寺院はいくたの拡張と改良を加えられたものだが、その礎石はラクダ、カスワーウの踏んだ足跡の辿りであったわけである。

このエピソードから察するに、カスワーウは預言者の意向を理解していたように思える。否、預言者の超能力性の一面をのぞかせているように思える。カスワーウとのコミュニケーションの成立が看てとれるわけで、ラクダ委せにした点、ラクダが突如立止まり跪いた点、跪いて預言者が降りないために再び立上って、ほぼ四隅を歩いて元の場所に戻ってきて全く同じ位置に再び跪いた点、以心伝心であったのか、預言者が言ったようにカスワーウが「神の命を下されていた」のか興味深いところである。預言者ソロモンが鳥獣の言葉を解したことで知られるように、預言者ムハンマドもその伝承の中に動物の言葉が理解できたという話がいくつか伝わっている（第13章2節「ラクダの声を理解した預言者の話」参照）。

預言者伝の中でも「カスワーウ」が主人公となる記述は後にも先にもこれだけであり、普通には預言者の足となって、メディナから遠出する際の乗り物として記されているのみである。

預言者は歿する前年六三二年三月、病いをおして最後のメッカ巡礼を行なった。「別離の巡礼」と呼ばれるものだが、この時のメッカ・メディナ間を預言者を支えて足となったのがカスワーウであった。ジャムラ（石投げ）の場では、預言者はカスワーウに乗ったまま石投げを行なった。この間、ムアッジン（礼拝呼集係）の祖であるビラールがカスワーウの手綱を握り、またウサーマは自らの衣で預言者の日蔭を作ったと語り伝えられている。また三月八日のアラファート山では、集まった信者を前にカスワーウの背の上から最後の垂訓を行なったことが知られている。

　預言者にはカスワーウの他に、もう一頭の乗用ラクダがいたことが知られている。アドバーウ ʻaḍbāʼ とかジャドウ jadʻ とかの名であるという。こちらのラクダのことは余り記述がないため、明確な像は築きにくい。非常に駿足であったが、ベドウィンのものにはかなわなかったとか、ガスワ（襲撃）行に出くわし、略奪品として奪われていったが、戦士の二人が奮戦し、それを取り戻した話などから推測すると、単なる「乗用ラクダ」ではなく、走力もある「戦闘用ラクダ」であったことも考えられる。アドバーウが走力のあるラクダであることは、天馬ブラークと同列におかれている点でも分かろう。

　復活の日には私は他の預言者と共に私の水槽から水を飲むことだろう。サムード族の預言者サーリフは彼のナーカ（雌ラクダ）から乳をしぼり、彼の信者に分け与えてから、ナーカに乗って裁きの場に赴くことだろう。そこでサハーバの一人が「我らの預言者はアドバーウに乗って裁きの場に赴くのですね」と尋ねると、「いや、私の娘ファーティマがアドバーウで行くことだろう。私には他の預言者には例外となって特に予約されて

いるブラークに乗ってゆくことだろう」と語った。（『動物誌』Ｉ二四九）

ムハンマドは預言者と召命される前は商人であり、しばしばシリア方面に隊商の一員として行ったことが知られている。これは歴史的事実であるから、隊商との関連上、ラクダの知見はもちろん、騎乗体験も豊かにあって、経験的にも良く知っていたことは間違いない。彼のラクダとの近しさは第13章2節で再び述べることにする。

2　ラクダの戦い

イスラム史には女性がラクダ轎に乗り、戦闘を指揮した戦いがある。ムハンマドの妻アーイシャ（六一三頃～六七八）は、ムハンマドの従弟アリーと不仲であったが、アリーが第四代カリフとなった時、それを認めず他の有力者と共に戦いを仕かけた。六五六年一二月イラクのバスラ近郊で生じたこの戦いは、「ラクダの戦い」と言われる。アーイシャが自らラクダに乗って陣頭指揮した戦いであったからである。この戦いは半日で終わり、カリフ側の勝利に帰し、アーイシャは捕えられ、その後メディナに蟄居《ちっきょ》させられるが、彼女の乗ったラクダについてもアラビア語の資料を探るとある程度分かる。「ラクダの戦い」が原語で yawm al-jamal（ラクダの日）と言われていることからも分かるように、アーイシャの乗ったラクダは jamal 即ち「雄ラクダ」であった。そしてこの「雄ラクダ」はタミーム族のヤアラー Ya'lā ibn Munya と言う人物がアーイシャの出陣を促すために買い求めたものだという。預言者の妻が乗るにふさわしい純血種であって、その買価は四〇〇ディルハム銀貨で購われたものとも言われている。そして名は「アスカル askar」といった。アスカルとは「軍隊または部隊」の意味である。アーイシャの乗轎を背中に付け、アスカルは戦闘用の鎖かたびらで武装させられていた。アーイシャの周囲を警固していたのはダッバ族であった。アスカルの手綱を持っていた者が次々と切り倒された。手綱を抑えていた手はおよそ八〇本に達し、その多くはダッバ族の者であったと言う。それゆえ、ダッバ族は、敗れたとはいえ、この時の勇猛ぶりを詩に誇った。

我らはダッバ族、「ラクダの戦い」の英雄。
死が我らを襲いし時、我ら死と戦かう。
戦さで死ぬことは、我が部族にとりては蜂蜜より甘きもの！

アスカルの手綱は、カリフ側が抑えた。カリフ・アリーは無用の殺戮《さつりく》を避けるべく、部下に命じてアスカルの腱を切らせた。ラクダが倒れれば敵の総大将が見えなくなり、戦いの決着はついたことになり、両陣営は剣を収めることになると思ったからである。倒される際、アスカルは"ajij"（悶絶《もんぜつ》の声）をあげたが、その声はかつてラクダでは聞かれたことのない程激しいものであったという。アスカルに乗せられていた轎は切り離され、轎中の敗者アーイシャは、カリフ側に参戦していた彼女の弟によってメディナに戻されていき、この戦いは大団円となるわけである。

アスカルが腱を切られ、地に倒れた時アーイシャは未だ轎の中にいた。カリフ（側の者）が声をかけると「malakta fa-asjih」と中から声があった。「あなたは所有した。だから許されよ。」これは、「私はすべてを失ってあなたが全権を握っている。どうされても構わないが、できれば許して欲しい」と言っているのである。このアーイシャの言葉は有名になり、以降戦っていた相手に降参する時、投降する時、また身を委ねる時の「良き取り成しを！」の意味の言い回しとなり、諺ともなった。（『諺言集』三八七九、『情報の泉』Ⅳ一三七、『動物誌』Ⅰ三三四―五）

図 9　たて長の鼻孔は開閉自由。兎唇は口の感触、開閉を補助。

3　「手綱の持主」と「大声ラクダ」

筆者の好きな詩人にズー・ルンマとい

うウマイヤ朝時代に活躍した人物がいる。ウマイヤ朝末期、西暦七三五年頃に亡くなった詩人であるが、彼はイスラム期以前の詩人達の遊牧民的気質を詩風に残した最後の詩人だといわれる。彼の名はガイラーン Ghaylān ibn 'Uqba というのが正式であって、ズー・ルンマというのは綽名で、「ルンマ（ラクダの手綱）の持主」の意味である。この綽名の由来は恋人マッヤとの出会いで知られる。

砂漠を旅していた彼は、余りの渇きに耐えかねて、折良く出会ったテントに水を所望した。テントから出てきた娘マッヤは、「どうぞ、ズー・ルンマさん！」と語りかけて水を渡した。彼がルンマを肩にかけて待っていたためにこう呼びかけたのである。彼は出てきた娘の美しさに驚き、一目惚れしてしまい、それ以降多くの詩を彼女に捧げた。恋人の彼への語りかけ「ズー・ルンマさん！」、それが綽名となって知れわたったわけである。

彼の愛用ラクダの名はサイダフ ṣaydaḥ。このサイダフの語根は「(馬などが) 大きな声でいななく」の意味で、サイダフとは「大声でいななく馬」のことである。馬の中でも特に大声のいななきの持主につけられるが、ズー・ルンマの乗用ラクダは雌であって、鳴く時には他のどのラクダよりも大声を出した。それ故ラクダではあっても、馬につけるこの名を己の乗用ラクダに付したのであった。彼がサイダフに乗ってイラクのバスラに向かっていた時、バスラの知事ビラール・イブン・アビー・ブルダ (彼は預言者の教友アブー・ムーサー・アル・アシュアリーの孫に当る) が雨乞いの行事をとり行なっており、小高い丘の上から天空に向かって祈りの声をあげていた。通りがかった彼は、その善行に感銘してサイダフに大声で鳴くよう語りかけたのだ。サイダフはこれに応じてあらん限りの大声を天に向けて放ち、この雨乞い行事に参加した。またズー・ルンマはこの時即興詩を吟じた。

我、人々の雨乞いの祈りの声を聞けり。
されば サイダフに語りかけたり、「雨よ降れ！」と。

すると知事のビラールは喜んで、「これ伴の者、あのサイダフの所有者にラクダの飼料の荷を与えてあげなさい」と命令したという（『詩と詩人の書』五三四）。「雨よ降れ」とは共示義があり、「慈悲を垂れよ」の意味もあり、ズー・ルンマはこちらの意味で作詩したのだと『詩と詩人の書』の作者は説明しており、彼の tashbīh（比喩）の巧みな例として挙げている。雨乞い行事はどこの文化圏でも共通した点がある。雲を呼び、稲光を呼ぶために、大きな音や炎・火をかかげるのである。この行事に、ラクダが主人「手綱の持主」の求めに応じて参加したという逸話になろう。

第5章　ラクダを叙す――ラクダの体の部位（1）

1　アラブ詩の主たる詩型カスィーダ *Qaṣīdah*

古今を通じアラブ文学を代表するものは詩の分野であり、なかんずくカスィーダと呼ばれる長詩であった。同一律格をすべての詩行に行き渡らせ、厳格なほど一定の押韻法ですべての行末を締めくくり、さまざまな修辞技法を駆使して六十詩行より百詩行以上からなる長詩即ちカスィーダ qaṣīdah は、挽歌 rithāʾ を除いたあらゆる詩の主題を含むものであった。カスィーダは頌詩 madaḥ とも訳され得るが、それはこの語根の qaṣada（意図する）が具体的にはパトロンに対して頌詩を献じ、その見返りを受けようという「意図」を持って作詩せられていたことによる。往時のカスィーダの多くは頌詩であったことは確かである。だがその他に、詩人や自部族を賞讃する自賛詩 fakhr、敵対する個人や部族を揶揄する風刺詩 hijāʾ 道義や倫理を訴える詩、宗教に敬虔さを示す宗教歌、その他内容によっていくつかに分かれている。

2　カスィーダ詩誕生の突然性

カスィーダの誕生は、また諸々のアラブ複合文化の突然性とも絡んだ問題を提起している。ジャーヒリーヤと言われるイスラム出現前の一〇〇年ないし一五〇年の間に、それまであいまい模糊として原始的文化の断片しか顕わにしていなかったアラビア半島の諸部族に、突如として詩人が顕われて、高度の韻律と内容を具備した詩型のカスィーダを誦し始めたのである。北はシリア、イラクに接する部族から、南はイエメンに居住する部族まで、また紅海沿岸の部族からペルシャ湾岸の部族にまで、ほとんど時を同じくして符牒を合わせるように出現して、カスィーダ詩を競い合った。しかも、この時代の最高級の作品は後世には匹敵するものがないほどに短期間に高度の発展を見せてしまった。アラブ文化を考察する際、さまざまな文化要素について言われている、生まれた時から成熟しきって、しかも最高の作品を生んでしまう突然性と意外性、この一典型をカスィーダ詩型にも観察できるわけである。この謎は依然として解明されていないが、もっともらしい説明として二説挙げられよう。一つはアラビア諸族共通の文語による発達が表立った動きが無かった状態の中で潜在的に成熟期を迎えたことにより突如と表面化して、それが言葉に有能な詩人の表現として発露したという見解。他はカスィーダ出現に先行するか、並行する時期に、より素朴な韻文があり、それが漸時発展をみ、カスィーダ詩として完成した、という見方。後者の漸時的移行として考えられるのは、一方で散文から韻文への過度的段階としてアラビア半島内で勢力をふるっていた巫師（カーヒン）の発想形態であったサジュウ（押韻散文）が、他方韻文の領域内での発展段階として、一番原初的形態とされるキャラバンソングの初歩律格となったラジャズ詩型が挙げられている。

しかし、後者の漸時的移行説を認めた場合、ジャーヒリーヤ時代の時代設定をもっと以前にずりこませねばならないし、そうだとすれば伝説の時代深く入って実証不能になってしまう。こうした理由、及びカスィーダが口承され八世紀になって書き留められた事実を論拠として、ジャーヒリーヤ時代の詩は、後の八世紀頃になって詩作をこととする一群の文人の仮託にすぎない、とする仮説を発表した学者もいるくらいである（この説はもちろん容認されていない）。

ともかくもジャーヒリーヤ時代の早い時期からカスィーダの詩作は試みられ、また早い時代にカスィーダの詩鑑とされるイムルウ・ル・カイス（五〇〇年頃～五四〇年頃）を生んでいる事実はそれなりに認めなければならないし、本稿もその前提に立って論を進めてゆくことにする。

3　詩作における砂漠的発想

成熟した形での出現と短期間に最高の詩人を生んでしまうというカスィーダ詩の意外性は、二重にも三重にも「砂漠的なるもの」と結びついている。これは①ジャーヒリーヤ時代の詩人のほとんどがベドウィンであったこと。②詩人はジン（精霊）からインスピレーションを受ける者とされ、ジンのたむろする砂漠に出かけること。③カスィーダの冒頭の内容が砂漠を友と連れ立って旅している前提に立っていること。④冒頭に砂漠でのキャンプ地跡が叙され、次いで砂漠行そのものと乗っているラクダや馬、砂漠の動物達の叙景を持つこと等のゆえである。

①に関し、ジャーヒリーヤ詩人は大別して㋑砂漠詩人か㋺宮廷詩人かに分類される。純粋なベドウィンの詩人は当然として、自部族から何らかの理由で追われ盗賊となっていながらも詩作で高名をはせたサアーリークと呼ばれる盗賊詩人も、また挽歌を主に歌い上げた女流詩人もすべて㋑に分類されるし、また㋺にしたところで、北方のラフム王国やガッサーン王国の王宮（実際後者は宮廷と名乗るほどのものではなかった）に出入りし、そうした王侯をパトロンとしていた宮廷詩人といえども、都や町に生まれたのではなく砂漠生まれの砂漠育ちであったし、作風もまた㋑と変わるところのない詩人達であった。それゆえ、両者とも「砂漠的なるもの」に密着していた。

②に関して、詩人はその生活の多くを砂漠中に送った。それは空漠とした砂漠に跋扈《ばっこ》するジンと交合するためであった。いかなる異常な才能を持ち、部族を代表する弁士であったとしても詩人はその詩才がおのれの能力から来たものとは考えず、おのれに憑《つ》くジンのおかげだと考えていた（一般人の詩人に対しての概念も同じであった）。

③について述べるならば、カスィーダの作詩法は、一人ないし二人の友を伴侶として、砂漠をラクダか馬で旅しており、その友に語りかける設定に立っている。砂漠に出かけたこともない人士に語りかけるに際しても、この設定は変わることがない。この発想自体、アラブの心情発露が如何に砂漠と密着したものであるかを物語っている。世界のどこの文化を見ても、詩に対しての発想を砂漠行の中途にある設定としている個別文化はないであろう。

④はカスィーダの内容構成の一部を占めるものである。カスィーダは㋑かつて恋人と過ごしたキャンプ跡を訪れ、そのキャンプ跡とその辺りの情景及び過ぎて帰らぬ恋人との悲恋を語るナスィーブ（恋歌）、㋺キャンプ地に到達するまでの旅の辛さ、この旅によく耐えて詩人を乗せてきたラクダまたは馬の描写、または砂漠に野生する獣を描く叙景歌《ワスフ》、㋩詩が作詩された目的に合わせて、頌詩《マダフ》ならばパトロンの血筋の良さ、人徳、武勇、寛大さを謳いあげ、風刺詩《ヒジャーウ》ならば憎い相手である個人や部族の出身の卑しさ、卑劣な行為をあばき、自賛詩《ファフル》ならば詩人自身及び詩人の属する部族の高貴さ、ますらおぶり、数々の勝ち戦《いく》さ、その戦いぶりなどを自己宣伝し、倫理詩、宗教詩ならば自己の内的体験を歌い上げて終わる部分とから成り立っている。従ってこの最後㋩の主題が何であるかによってこの長詩《カスィーダ》は頌詩であるとか、風刺詩であるとか分類される。そして内容的に圧倒的に多いのは頌詩であり、カスィーダはそれ故、頌詩と訳されることが多いわけである。㋑のナスィーブは

砂漠における恋を知るによい材料であり、またウマイヤ朝時代のガザル（恋愛）詩とも深いつながりがあり、興味深い領域であるが、ここではラクダ描写との関連上㋺の叙景歌《ワスフ》について述べてみたい。

4　ワスフ waṣf（叙景歌）について

叙景歌は長詩《カスィーダ》の中で導入部の恋愛歌《ナスィーブ》、及び主題にはさまれた中間の部分で、詩人が恋愛歌で聴衆を自分にひきつけた後、主題に入る準備として頃合いを見計らうまで続けられる。従って主題が頌詩ではない場合、例えば人倫の高揚を謳ったズハイルのムアッラカ詩のように、この中間の叙景歌が欠如する長詩も稀にはある。叙景歌は、原語では「述べたてる」、「叙述する」の名詞形ワスフ waṣf といい、砂漠行を字義通り「叙景する」わけである。waṣf の他にラヒール raḥil とかタハッルス takhalluṣ と称される場合もある。raḥil とは「（ラクダに）乗る」「移動、旅行する」の動詞の形容詞型で、「旅の主題」の意味で用いられ、詩人自身の砂漠行そのものが主眼となっている用語である。takhalluṣ の方は「（煩らい、困難、危機、破滅など）から逃れる、救出される」という動詞の名詞形で、砂漠そのもの、砂漠の中の旅行の辛さから解放されたり、気を紛らわしたりする意味で叙景歌に転用されている。後二者は概念上砂漠に住む野生動物達の叙述を含まないため、狭く限定されており、広義で waṣf の中に包含される用語と言えよう。

叙景歌で歌われる対象は乗っている動物であり、砂漠にいる野生動物であり、自然物であって、当然ながら植物景観は一切ない。恋人の描写も、それ以前の主題である恋愛歌とオーバーラップする形で、この叙景歌の中でその容貌、姿態、衣裳、香り、装身具など詳細に描かれる場合もある。自然景観の中では、砂漠、砂丘、ワジ、雲、稲光などが読みこまれるが、注目すべきは、例えば砂丘などの小さな地点も必ず固有名詞で出てきており（それはとりもなおさず地名となっていることを意味する）、そうでない場合は地名の間の砂丘という形で歌われることである。この表現法自体に、何の変哲もない砂丘にまでベドウィンの地理眼の行き届いていること、及び領有地の概念把握があることがうかがわれることである。

5　動物描写

叙景歌の特色は何といっても動物描写であり、異文化圏に住む我々にとってもこの長詩の中でもっとも魅力がある部分もまたここに在る。自らの砂漠行（の辛さ）を叙す場合ほとんど例外なく、ラクダか馬の描写となる。更にまた短期間の旅及び戦闘は、馬が主題となる他は、砂漠行に欠かせないラクダの描写である。砂漠行の中で、背後に立てる埃は馬やラクダが駿足であること、ないし乗り手がスピードを強いていることを、またそれらににじみ出る汗の叙述は体力以上の動きを乗り手が強いていることを、また体がやせ細っていることは長期の旅であることとその動物の忍耐強さをそれぞれ象徴している。

さらに馬やラクダの身体の個々の部分や早さ、忍耐力の具体的叙述はアラビア詩の伝統的特徴である直喩によって代置される。その際、砂漠の動物達が喩えられる。比喩の対象に過ぎない場合もあれば、独立した対象として叙景される場合もある。どちらにせよ、そこに登場するのはガゼルであり、大羚羊《れいよう》であり、駝鳥、野牛、狐、野生ロバ、ジャッカルなどである（駝鳥、野牛、野生ロバなど現在は生息していないが、イスラム以前の古い時代には未だいたようである）。注目すべきは砂漠でよく見かける飛びネズミ、野兎、アマ（大）トカゲ、それに当時はいたはずの豹といった類の動物は登場しないことである。砂漠で見慣れた特定動物が詩中に歌われない理由、これも不明であるが、形の大小とか美醜の問題というより、こうした動物に慣用的な詩的歌われ方が存在しなかったためと言った方が妥当しているようである。さらに面白いことに、ラクダないし馬の喩えとして出したこうした動物達の描写が、時として十詩行以上にも及び、主題であるラクダや馬の叙述に戻ることなく脱線したまま終わってしまうこともあることだ。また脱線の方向が、例えば狩の情景に向かうこともあれば、酒宴の場に転ずることもある。

6 ジャーヒリーヤ詩人達の waṣf の好み

数ある大詩人の中で、①アムル・ブン・ヒンドという母の名誉を守るために国王を殺した詩人は、その長詩の中で散発的ながら馬とラクダを同詩に描いているし、②アル・ハーリスの長詩では、乗っている雌ラクダを叙して、その早さを駝鳥と比較しており、駝鳥の叙述はやがて狩の場に転換され獲物として追われる情景となり、再びラクダの描写に戻り、暑い昼下がりの慰め手として描かれる。砂漠行に乗られるラクダは多く雌ラクダであることに注意しておこう。

③ラビードもまたこの砂漠行でラクダが痩せ細ってしまったこと、それでもなお体力を保ち元気のあることを述べた後、それとの比較で有名な野生ロバの、次いでさらに有名な野牛の描写に移っている。野牛は日の出とともに安全な隠れ場所を求めさまようが、やがて狩をしに来た人間共に見つかる。追われに追われ、ようやく逃げのびたと思うや、今度は狩人の放った猟犬共に追いたてられる。追いつかれて窮地に立った野牛は猟犬共と向かい合い、死物狂いの戦闘を展開する。最も勇ましい犬から次々と血祭りにあげ、窮地を脱することになる。奇異のことながら、その戦闘のシーンでは勇ましい猟犬の名前までが詩中に歌われているのである。そしてこの追手をうち負かし、戦闘に勝ったことは、詩人の属する部族の戦争での勝利が伏線として意図されていることにも、我々は留意しておかねばならない。

④武勇と奴隷上がり詩人として有名なアンタラは馬とラクダを叙している。馬がいかにこの辛い旅に忍《た》えてきたか、どれほど丈夫であるか、おのれは馬の背中で夜を過ごすこと

もあることを述べる。ついで恋人に思いを馳せる段でラクダの画像に代わり、恋人のもとへこの雌ラクダが自分を運んでくれるだろうか、と恋情を吐露する。そしてこの想念はラクダの画像を足の速く丈夫な駝鳥に喩える画像に再転位させている。

⑤長詩《カスィーダ》詩人の大成者として、また「詩人のプリンス」として、また「放浪の王子」として最も有名なイムルウ・ル・カイスは、馬の描写に終始する。その姿、形、体の各部分、前後からの描写、そして戦闘の際の勇ましさ、屈強さを描いている（付言するが、彼のワスフは嵐のシーンを導入したこと、及びその絵画的描写で一層知られている）。

⑥彼と女をめぐって恋敵となったアルカマは砂漠を雌ラクダで行く。彼の詩の、ラクダを駝鳥に喩えた部分は広く知られる。主座に据えられた駝鳥は、頭が大きく、長い足をしており、卵を抱いていた巣から離れて食物を求めに行く。食物としては砂上に僅かに生える灌木が実らせるにがい種果実にすぎないが、それを我慢して食べて一時を過ごす。やがて置き去りにしてきた卵のことを思い出し、心配して大急ぎで巣に戻ってゆく。その長く、裸の黒いすね足で。

7　*wasf* の具体的イメージ

さて最後に、こうした叙景歌の具体的イメージを浮かべる意味で、またアラブ人の動物を見る目、ないし鑑賞眼を知る意味で、タラファのラクダを描いた長い叙景歌《ワスフ》があるので、それを訳出してみることにしよう。このタラファはヒーラの宮廷に仕えたが、風刺のために王の怒りを買い落命することになるが、関心事と言えば女と酒と戦いだけの詩人であった。彼の長詩《ムアッラカート》の中の叙景歌《ワスフ》は一〇三詩行中二七詩行をも占め、しかも雌ラクダだけの描写で終始しているために、西洋詩趣の人には、冗長でうんざりするばかりと敬遠される一方、原語を解する古典的詩趣の人には、その具体的で鮮かな描写に魅惑と讃辞を表出して止まない。詩鑑とされるイムルウ・ル・カイスの長詩より優れている評価を与えている評者も多い。このような背反した評価を受けている曰《いわ》くつきの詩人及びその詩節なのである。一一詩行目から三八詩行目までの全二七詩行に及ぶラクダの描写は、前半をラクダの動的部分を専らとしており、頼り甲斐のあること、駿足さでは馬に負けない駝鳥のようであり、頑丈であること、辺りに気を配り注意と用心深いこと、雄の接近にはその尾で追い払い、自分の身を守ること等連続して述べられている。そして尾の叙述を契機にいよいよ具体的にラクダの体の各部を一コマ一コマ前後の関連なくショットしてゆく。この驚くべき具体性と細やかさは日常的接触がなければ詩的結晶するものではないであろう。

⑾悲しみの襲いし時
　我はそれを追い払う
駿足のわき腹細きラクダをば

朝な夕なに乗り廻して。
(12)この雌ラクダ頼りになること
棺の厚板の如く
ブルジュドの背中《せな》の縦縞《しま》の如き(1)
真直《すぐ》な大道を駆《かけ》りゆく。
(13)彼女《かれ》(雌ラクダ)足速《あしばや》の血統高き
雌ラクダ共と競り合うとても
すねにすねを従がわせ
踏み固め道を(負けじと)一目散。
(14)春ともなれば孕みラクダと共に
二つの小山のふもとで草をはむ
ワルユのにわか雨にそぼぬれし(2)
牧草地をおちこちとしつつ。
(15)飼い主の声には敏感《さか》く応じ
赤き群ら毛肩に生えし雄共の
嚇《おど》しや跳みかかるのには
房持つ尻尾で身を守らんとす。

(16)その尾は恰かも白き鷲の
　両翼がそのわきを包みこむ如く
かつまた突き錐《ぎり》で尾骨に
　さし込まれし如き様なる。
(17)時として彼女その房毛で
　後ろなる乗り手の背後を打ち
また時には己の枯れた
　乳房を打つ、その乳房たるや
さながら古き皮の水袋
　湿り気なぞ無く干し上りたる。(3)
(18)我が雌ラクダ、その両足の腿は
　筋肉の盛り上りて引き締まり
恰かもそれら高くそびえ
　漆喰《しっくい》で滑らかなる（城の）門の如し。
(19)互いに固く連結《むす》ばれし背骨
　その椎骨の連続は弓の如く
次々と肩の上から続く結接

　首骨しっかとくい込みてあり。
(20)そは恰かも、中のガゼルを守る
　ロートの繁みの二つの潜み場の如く
あるは補強された背柱の下で
　十分張られた弓の如くに。
(21)彼女の二つの肱は
　幅広く反り曲りて
その歩く様屈強なる水運び人の
　二つのサルム持ち運ぶに似る[4]。
(22)またその肱はビザンチン風の
　橋にも似たるなり
その建築者は公に誓う
　橋を高く建たしめん
その囲りをレンガにて
　確《かた》固く補強せるまではと。
(23)そのあごひげは赤味帯び
　背中は固くがっしりと

後脚大股なれど駿敏《はや》く
　前脚の動きまたなめらか。
(24)駆ける彼女の様は
　前脚さかさに反り上り
また支えられた胴体に
　　突き刺さるが如く
その前腕内側深く
　くい入りてはひた走る。
(25)突進して走るも良し
　向きを変えるも意のまま
また頭蓋大きくそのそびえ立つ図体に
　一段高くあるは両肩。
(26)肋骨の間に残されし腹帯の
　引掻き傷の跡はあたかも
小高き岩場の高き頂きのなめらな岩より
　　流れ落つる水路の様に似て。
(27)その傷跡の線は時に合い

時に離れる、その様はさながら
裂かれた上着に跡なまめかしき
　白き継ぎあてにも似たるなり。
(28)その首の何と長く高く延びることか
すっくともたげしかの首は
恰かもティグリスをさかのぼる
　ブースィー舟の方向舵にも似て。(5)
(29)頭蓋はと言えば鉄床《かなどこ》の如く
　骨と骨との合わさり具合また
そこから鑢《やすり》の先に結ばれる
　鉄床の固ささながらに。
(30)その頬はなめらかなこと恰かも
シリア産のキルタース紙の如くに
また上唇のその様は
　イエメン産のなめし皮にも似て
その裂け口は歪むことなく
　直《す》ぐに縦にのびてあり。

(31)両のまなこは鏡の如くに澄み
眼窩のほら穴の中におさまる
そのほら穴岩の中にあり、
その狭間より水湧き出ずる岩の中に。

(32)また両のまなこ不純なる
埃りやゴミを洗い落とす
汝それを見るや連想《おも》わん
子連れの母牛が驚ろかされしその折の
コホル粉でふち取りした
その清らな両のまなこの如きかなと。

(33)その両の耳、夜旅ともなれば
いかな音でもさとく聴きとる
甲高き声はもちろんとして
ひそやかな囁き声とても。

(34)またその耳そば立ちて
血統《ちすじ》の良さをおのずと顕わす
恰かもハウマルの地に一匹《ひとり》

草喰む野牛の耳の様にも似て。
(35)またその心臓は力強く早く
しかも規則正しく脈打つ
さながら一段高く平たい岩場に
設《しつら》えられた叩き石の様にも似て。
(36)君もし望むならば我が雌ラクダの
その頭を鞍の中程の高さにまで引上げて
雄駝鳥の疾走《はしり》にも似て
その前足で泳ぐが如く走らせもできよう。
(37)君もし疾走《はやき》を望まずば
彼女《かれ》疾走《はし》らず、またもし疾走《はやき》を望まば
意のままに彼女は疾走す
きつく縒《よ》られし皮製の鞭《むち》を恐れつつ。
(38)上唇の三つ口はなめらかに
鼻に至るまできれいな裂け目を見せ
高貴なる血筋そのままに
されば走らせんとせば

その口先を地面近くまで下げ
速度を増して走り続けむ。

注

(1) burjud：白い縦縞が入っている外套の一種。
(2) waly：春季になってから降る二番目の雨のこと。一番目の雨は wasmiyyu と言う。
(3) 乗用ラクダの乳房は、搾乳用のそれとは異なり、涸れて萎んでいた方が良いとされる。
(4) salm：取手のついた皮製のバケツ（dalw）
(5) Būsī：ペルシャ起源の舟で、メソポタミアのアラブも用いていた。

8 ラクダの観相術

この叙述を利用して、ここにラクダ美・ラクダの観相を述べておこう。タラファの詩だけでは不十分な点があるので、他の資料や現地での聞き書きで補うことにする。

頭は大きく（ただし小さい方が良いとする説もある）、鉄床のように固くがっちりしたもの（二五、二九詩行参照）。

耳は機敏に応じ、牛の耳のように槍の矛先のように小さく尖り、そばだったもの（三三、三四詩行及び本書七九頁図8参照）。

目はまつ毛を多く持ち、眼窩の中にくぼんでおり、不純な色が無く、黒く鏡のように澄み、燠《おき》のような輝きを見せるもの（三一、三二詩行及び図10参照）。

頬の外面は、紙のように滑らかで、ふっくらと曲がり気味、硬く頑丈で力強い感触を与える（三〇詩行参照）。

図10　黒目は大きくうるみ、それを二重の長く密生したまつ毛が守る。

鼻は穴の開閉がスムーズで、臭いに敏感、鼻孔は左右対称のもの（三八詩行参照）。

口は上唇のさけ目がきれいに鼻にまで伸びたすっきりとした兎唇《としん》のもの（三〇、三八詩行参照）。

首は舟の舳先《へさき》及びなつめ椰子の幹のように長く、なめらかな彎曲をみせ、固く、高く頭をもたげるもの（二八、三六詩行参照）。

背中はコブを頂点としてなめらかな弓の形状をし、固くがっしりしたもの（一九、二〇、二三詩行参照）。

肩は高く張っており、筋肉隆々としたもの（一九、二五詩行参照）。

コブについてはラクダの特徴であるので次章に詳しく述べる。

胸部はアーチ状の肋骨を持ち、広くて厚い胸板と力強い心臓の鼓動を持つもの（二六、二七、三五詩行参照）。

腹部は胸より細くくびれており、四つの乳首は乗用では干し涸れたもの、他はたっぷり張ったもの（一一、一七、二四詩行参照）。

腰は肉がのった力強そうな丸い形状をしたもの。

四肢は糸のようによじれた筋肉を浮き出し、そびえる塔のように長くて細めのもの。ただし後脚の腿の部分は削がれたような彎曲をみせているもの。前肢、後肢は各々全く同形、同質でなければならず、それは「ラクダの二つの膝の如く」（『諺言集』Ｉ四五二二）と、「瓜二つ」のものに喩えられている。立ち上がる時座らせる時、後脚がふるえるものは脚の弱さを示す（一三、一八、二一、二二、二四、三六詩行及び二八六頁図28参照）。

蹄については次々章に譲る。

尾は両側、先端に房毛を持ち、尻との連結がしっかりとしており、機敏な、また多様な動きを見せるもの（一五、一六、一七詩行及び四七七頁図50参照）。

その他、歯の形・毛色・陰部の状態（ラクダを売買する時はここを一番重視し、尾をあげて観察し、また手で触れてみる）等の観相点があり、この意味では十分とは言えないにせよ、タラファの前記の叙述の一つ一つは、ラクダの体の部分を形容する際の美点として形象化され、以降の詩作の規範となる。またこの動物描写の叙景歌《ワスフ》は、後世になるとさらに発展する。既にラビードの詩中に狩の場面が見られたように、イスラム時代になり、宮廷や支配階級の間で娯楽として狩が流行するに伴い、後世の詩人も狩猟詩《タルディッヤ》として独立した詩の領域を形造って発展させることになる。

第6章　ラクダのコブ（瘤）について――ラクダの体の部位（2）

1　ラクダのコブのイメージ

ラクダのイメージを特徴づけるものは何といっても背中のコブであろう。なじみのない我々は、コブの中には水がたまっており、携帯する水袋が空になり渇きが激しくそれで死にそうになった時は、ラクダのコブの部分を切って、中の水分を飲めば渇死せずに済む、などと信じたものである。もちろんこれは異郷に住む我々の珍しい動物に対する思い込みの一例にすぎないのだが、アラブはラクダを多目的に使役していたし、またその肉を食べていたので、当然のことながらコブの中の内容物の実体、またそれがどのような機能を果たしているのかということは経験的に知っていた。そしてこの動物が何故に砂漠地帯、乾燥地帯、水に乏しい地域に適応し、有益であるのかについても熟知していた。それゆえ「コブ」というイメージは全体的には好ましいものとされ、ラクダと他の家畜とを区別する言い方として、後述するように「コブを所有するもの」、「コブのないもの」という表現をする程である。

しかるに我が国では好ましいどころか、全く逆なイメージが定着している。「コブ」というと、漢字では病垂《やまいだれ》が冠せられた「瘤」と書かれ、筋肉の病気の一つと考えられている。身体の表面から容易に除去できないことから、転じて「コブ付き」の言い回しで知られる通り、厄介でくっついて離れない者、子供連れなどのともかく「嫌われるもの」との概念になっている。「コブ取爺」の話もこの延長線にあって発展したものである。日本人には、コブのある動物が身近に存在しなかったために、コブといえば、人間の体の一部にできる悪性の筋肉瘤との概念化しかできなかったわけである。このためラクダの背までを悪性のものと決めつけている。というのも「駝背」と称して、人間の背にあてはめて背骨が曲がった人を表わす別名としているからである。こうした意味でも、人間とラクダとの対比での「コブ」の形の相違、大小の相違、利害の相違も含めて、我が国とアラブとの概念の相違は驚く程に開きがある。

以下ではアラブがラクダに抱くそうした「コブ」観を語彙の面を主に探ってみる。「コブ」そのものを原義とするもの、それから連想させるもの、他から連想により「コブ」に転用されたもの。コブの全体を表わす総称、上部、下部、前後部、一部分、コブ中の脂肪、コブの高低、コブ無し、コブの不明等順次言及してゆく。こうした概念化した言葉をアラブは持っており、それもコブ固有の発想か、他の類似した物の連想か、日常生活における彼らとラクダの親しさが十分うかがえる好個の事例と言えよう。

2　サナーム（コブ）の結ぶ像

コブの総称として最もよく知られるのはサナーム sanām である。サナームの語は語根から派生形に至るまですべて「ラクダのコブ」に関連している。基本動詞サニマ sanima は「コブが大きい／大きくなる」であり、サッナマ sannama という動詞は「（餌や牧草地が）コブを大きく／肥えさせる」ことから「墓を凸状に盛り上げる」、「容器を山盛りに満たす」の意味を派生させ、アスナマ asnama という動詞は「（煙や炎が）コブのように高く上がる」ことを、またタサッナマ tasannama という動詞は「（人間がコブの上に）乗る」、「（雄ラクダが雌の上に交尾のために）乗る」との意味をになう。こうした動詞の類にとどまらず、サニム sanim という名詞は「大きなコブを持ったラクダ」（雌はサニマ sanimah）の意味になる。このようにサナームは「コブ」としての意味の場を十分拡げた中心概念である。

ラクダ自体アラブ圏ではありふれた動物であるので、コブといえばラクダのそれをまず連想させる。そして同時にそれは「背」とか「高さ」とのイメージをダブらせる。「砂／砂丘のサナーム」といえばその稜線、尾根のことを、「履物のサナーム」とは（その甲の部分を連想しがちであるが）靴底の土踏まずの部分を、「火のサナーム」とは炎の最上部を、「栄光のサナーム」とは高貴な人々の中でも最も誉れ高い人を指していう。さらに地名として「大地のサナーム」sanām al-arḍ とはアラビア半島中央部の高原地帯「ネジュド地帯」の別名となっている。「コブ」のイメージは他にも後述するように存在するが、アラブは一語サナームだけでこれだけの連想を行なっているのである。

それだけではない。サナーム・ナーカ、即ち「雌ラクダの背のコブ」が我々も良く知っている星の名前にもなっている。あのカシオペア座のβ星がそれなのだ。W型の右端がそれであり、そこがラクダのコブの部分になる。名称として「ラクダ」に結びつくのは、このβ星だけである。

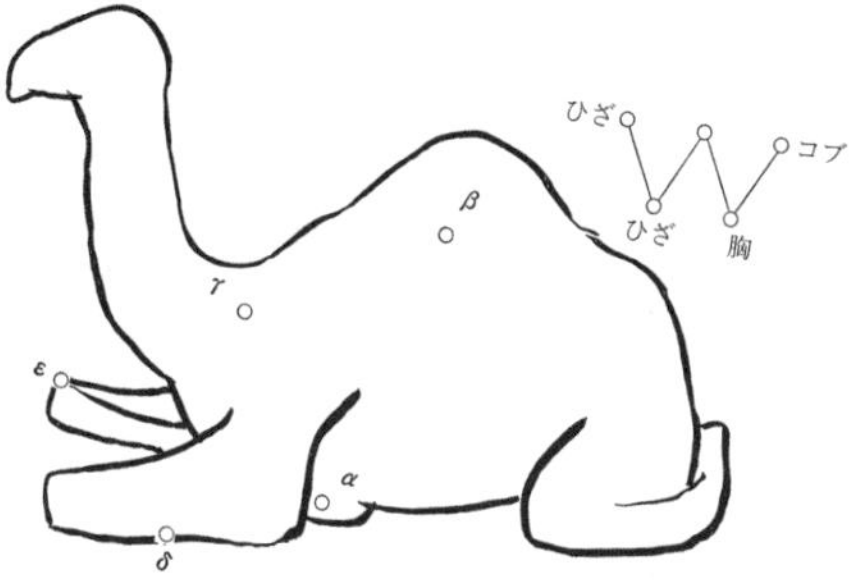

図11　カシオペアとラクダ、瘤。

しかしながら図像を描いてみると、二様のラクダに考えられる。一つは頭部からコブまでの姿、他は上のさし絵の如く座っている姿である。星座のなぞりでは前者の方が、星々の名称との結びつきでは後者の方が、より妥当性があるように思える。後者では、右端のβ星がコブに当たり、その手前の底部のα星が胸部になり、左端のδ星、ε星が座っているひざの部分になる。椅子に座る乙女の姿の「胸」及び「両ひざ」に付された名称とされるが、ラクダの方がはるかに図像を結ぶのが容易である。確かに上述の星々は星名としてラテン語になっている。α星の「胸」はアラビア語ではサ

ドル Ṣadr、星名シーダル Schedar、δ、ε星が構成する「ひざ」はアラビア語ではルクバ rukbah、星名はルクバ Ruchbah となっている。これらは乙女の像としての部分名称と今では考えられているが、アラブでは、特に砂漠の遊牧民の間では、これとは別の「ラクダ像」を描いてその部分名称としていたことであろう。ユニヴァーサルな星座名として、ラテン語化される段階で、ラテンの異文化世界ではなじみでない「ラクダ図像」が切り落とされたものとも考えられる。その残存が「ラクダのコブ」であり、アラビア語 sanām al-nāqah は、ラテン語星名 Sanam al-nakah として残っているわけである。

サナームの他に「コブ」全体を示す語としてアリーカ ″arīkah、複 ″arā'ik 及びマムブーズ mambūz がある。前者は「擦《こす》られる／揉まれるもの」の意味であり、後者は半島北東部の部族方言である。いずれも「コブ」の意味は周辺的である。

3　コブの上部

「コブの上部」といえば、当然のことではあるが「物事の最も高い所」、「頂」というイメージと結びつく。コブ部位の名称としては、上部、基部、前（後）部を指示する語彙がある。上部を指示する語としては①ジルワ dhirwah（複 dhirā, dhurā）、②ナウフ（nawf 複 anwāf）、及び③シャアフ sha″āf がある。

①ジルワは、またズルワ dhurwah とも発音されるが、「（何であれ物体の）上部」を原

義とし、それからラクダのコブ、特にその上部を指示する語となっている。上部はまた富貴にも通ずる。この語から動詞タザッラー tadharrā が作られ、「ラクダのコブの頂部に乗る」という意味を作り出し、それが同時に「富貴な者と結婚する」の意味にもなり、「玉の輿に乗る」という日本の概念と重なり合う。

②ナウフは「高いこと／超越すること」が原義で、それが「ラクダのコブの上部」の意味に転用された。当然コブが高く大きければ品評が良いはずであり、ラクダの体で最も高い部位は頭とコブであるが、頭は常に高くはもたげてはいないので巨大な動物の群れの中を見るとコブの上部だけが目立つ。こうした「背が高く大きいラクダ」のことはナッヤーフ nayyāf と呼ばれている。

③シャアフとは「でこぼこコブ」とでも訳せよう。「山の頂上」、「物の上部」と共に「ラクダのコブの上部」をも意味し、いわば位置的に「上部」を指示する語であるが、その形は滑らかなものではなく、凸凹した、またはゴツゴツした上部のニュアンスが強い。それはちょうど砂漠のキャンプ地におけるカマドに用いる三つの石の上部のようであるとか、砂漠で採れるカマエ（松露のようなキノコ）の上部のようであるとか喩えられている。ラクダのコブもよく観察すると決して滑らかな形をしておらず、アラブの観察眼がその辺りのコブの特徴を上手に捉えたものと言えよう。

4　コブの基部

コブの下部、基部を表わす語は三つを数える。①カフダ qaḥdah（複 qiḥād aqḥad）、②マフフィド maḥfid（複 maḥāfid）、③カトル katr（複 aktār）がそれである。いずれもコブの「基部」と同時に「巨大なコブ」の意味をも持つのは興味深い。というのも「基部」がしっかりとしてこそ「高く大きなコブ」ができるからであり、一見延長的、周辺的意味に思えてもそれが現実を反映しているのを明瞭に読みとり得るのである。

①カフダという語は、「コブの底部」の意味を実現しながら、語根から派生形すべてに亘って「ラクダのコブ」を中心概念とするものである。ただし、コブの部分でも基部を主として指示する語であるため、動詞も派生名詞もその数は少ない。派生名詞の中にマクハダ maqḥadah があり、カフダと同義で用いられている。また動詞カハダ qaḥada 及びアクハダ aqḥada とは、コブが無かった状態（幼年期）、ないしは長旅や酷使による体力消耗によってコブが無くなった状態から「コブの基部ができ上がる」、「コブが発育する」ことを、またイスタクハダ istaqḥada とは「（ラクダが）痩せ細ってもなお自らはコブを持っている（と思い続ける、思わせる）」ことを、それぞれ意味している。

次の②マフフィドという語は、前記のカハダの訛《なま》りと解されている。即ちこの語のアルファベットḥとfが、カハダと同義のマクハダのqとḥと文字倒置し、qがfに変化し、語尾hが脱落して一般化したものであるとされる。それ故マフフィドの語の元となる動詞も派生形も「ラクダのコブ」に関するものは全くない。
最後の③カトルは、キトルとも発音され、「コブの基部」の他に、「コブの一部」「コブ」、「大きなコブ」の意味でも用いられる。

5　コブの前後部

ひとコブラクダの場合、コブをまたぐ形で鞍を置いたり、振り分け袋をかけたりする（第19章参照）。すなわちコブが支点、つっかえ棒としての大事な役をなす。そして比重がコブの前にかかるように配慮される。というのもコブの後ろに比重がかかると前進する体位としては不経済であり、負担を増すからである。乗用鞍がトワレグ族の場合、コブの前部に、アラビア半島南部を除くアラブ全域ではコブの中央部に置かれるのは、乗るラクダの頭部に近く操作が容易であることと、コブの前に足があって、足の操作も可能で、しかも比重を前に置き、前進を容易にしてもいるわけである。

コブの前後部を表わす場合は特別な語を用いずに、クッダーム（前部）とかワラーウ（後部）というすべてに通ずる一般語を用いている。ただし特称としてラクダのコブの前部を表わす語が一つだけある。ガーリブ（ghārib 複 ghawārib）と言い、「西」を原義とする語の派生形で「山の西側」を意味する語なのだが、同時にコブを山と見たてたのであろう「コブの前部」という意味をも持つ。「西側」が「前部」と転移するのは方位観・位置観が連関している民族性を表わして興味深い。ただし「東側」が「後部」を必ずしも表わしていないこと、及びユダヤ人の方位観ではアラブとは逆に「西側（'aḥōr）」は「後方」を、「東側（qādīm）」は「前方」を指していうので、同じセム族とはいえ、異なった概念となっている。

第4章2節で触れた「ラクダの戦い」において、預言者の妻アーイシャは、主謀者ズバイルにそそのかされて、いわばかつぎ出された形で戦いに踏みきったといわれる。「アーイシャが己の要求に応じてうって出るまで彼女のラクダのジルワ（コブの頂部）とガーリブとをつねり続けた」という言い回しがあり、ズバイルが逡巡しているアーイシャの決断を促すため、乗っていたラクダのコブの上部と前部をつねって、ラクダが動き出すよう仕向けた故事をいったものである。

前部の語があり、後部の語が無いために、前部の語が後部のそれをカバーすることになる。即ちガーリバーンというと「二つのガーリブ」の意味になり、それがコブの前後部を指すわけである。コブの後部は後述するように、前部程重要性がないためにその特称が無いわけである。ガーリブもまた時には「コブ」の総称として一般化するので、「ガーリバーンを持つラクダ」と表現するとブフト（ふたコブラクダ）の意味にも用いられる。

ガーリブはコブの前部から首にかけての部分、即ち馬でいえばkāhil（鬐甲《きこう》）の部分にも拡大して用いられる。それはラクダに手綱を付す場合、乗り手ないしは導き手がラクダを自由に放置する際その手綱をコブの前部から鬐甲部に投げ上げておくためである。「汝が手綱、汝がガーリブの上にあり」との言い回しは、夫が妻を離縁する時に言われる。即ち、「手綱をひかれることなく、自由になるラクダのように、お前も自由だ。私はもう面倒をみないから、またはみきれないから、どこなりと好き勝手な所へ行きなさい」というアラビア風「三くだり半」なのである。

6 コブの脂肪

オーストラリアやヨーロッパにいる羊と、中近東にいる羊とでは尾が異なっていることは前に述べた。後者は尾が座ぶとんのように丸まってついているもの（中央アジアから西アジア・アフリカの北部一帯）と、太いすりこぎ状で地面にまで届くような厚みのある長尾のもの（西アジアの南部）とがあり、いずれもその中に脂肪分が蓄積されているのである。そしてこの脂肪は代謝水となり、乾燥地帯の羊の渇きを救う働きをしており、この点が水分の恵まれている他地域の羊とは異なるわけである。多分これが相違点なのであろう。中東の羊は肉の味もひきしまっており、臭さがなく、シシ・カバーブの名で世界に知られる美肉となっている。尾に脂肪をためこむこうした中近東の羊は、脂尾羊と呼ばれており、アラブはこの尾の脂肪のことをアルヤ alyah と言っている。

ところで羊のこの脂肪アルヤに対して、アラブはラクダのコブの脂肪は別な用語で明別している。サルハドsarhad及びサディーフsadīf（複sidāf, sadā'if）がそれである。コブの脂肪が多量であればある程、健康で力強いわけであるし、また肉用としてもそう仕向けるわけである。前記の両語とも食用のためにラクダを屠殺し、そのコブを切開することがその語義に関連している。前者の語根である動詞も、また後者サディーフの動詞化した言葉でサッダファsaddafaもそうである。そして、こうして切開されたコブの脂肪の一片、一切れが次節で述べるフィルアであり、ルウブーバである。サルハドから派生したムサルハドとは「サルハドを持つ者、持たされるもの」の意味である。「肥えた巨大なラクダの脂肪のコブ」の意味であるが、転義してこうしたラクダの所有者を指して「衣食足り人生の安寧を満喫する者」の意味にもなっている。脂肪分の多いもの↕肥えたもの↕豊かなものといった関連は動物だけでなく、人間にも適用されている。結婚後の女性観に関して肥満体を是とするアラブは異文化の我々とは全く異なった見解を持っている。

7　ラクダのコブの一片、一切れ

コブのひと切れというからには、体の部位を指していうものではなく、解体した肉の一部のことになる。大型家畜であるラクダが屠殺されると、大量の肉がでるために当然食べ切れない肉は保存食とされる。多くは細切りにし、塩をまぶして乾燥させ干肉とする。コブ肉は脂肪のかたまりであるだけに、このように処理されることが多い。こうしたコブの一片を意味する語としてフィルア、及びルウブーバがある。それぞれ特徴を表わしている言葉であり、フィルア fil"ah（複 fila"）は語根動詞「裂く／切る」から派生した形で「切り裂かれたもの」の意味であり、また後者のルウブーバ ru"būbah（複 ra"ābīb）とは「震える／身振るいする」という動詞から出た名詞である。大型動物がハエやアブがたかったり痒くなった時などにピクピクとよく体の一部をふるわせること、あるいはまたコブ自体肥満し過ぎている場合などゆさゆさ揺れるということと関連して、後者の命名がなったものであろう。前者に比して後者は長目に細切りにされたコブ肉を指すことも多く、ティルイーバとかルウバブとも言われる。また前者フィルアは後者に比して短めであるところから、女性の性器の一部（割礼の際除かれる）の換語ともなっており「お前のフィルアにアッラーの呪いあれ！」とか、「お前のフィルアなどアッラーが奇形にしてしまえ！」という卑猥な言い回しで、女性を叱りつけたり、非難、中傷する際に言われる。この言い回しは、女性を、またその性的部分を、辱しめて言う悪罵表現の一つで、「お前の母さん出べソ」と同様世界的に共通するものである。

8 「コブの高い」ラクダ

アラビア語の語彙の中には「コブが高いラクダ」だとか、「コブが無いラクダ」だとか、また「コブの有無が不明のラクダ」というような一群の語がある。日本語では前記のようにコブ＋形容詞＋ラクダという三語形成の複合語であるのに対して、アラビア語ではすべて一語でそれぞれを具体的に指示しているところが、民族間の言語文化の相違をも示してくれている。

「コブが高い」ということは、そのラクダの背中が同時にしっかりとしており、高さを支えるべき土台である部分も広いことを意味している。高さが高ければそれだけすそ野も広くなければならない。イムティハード imtihād とはこのように「(ラクダの背中のコブが) 広く高くなること」を言ったもので、この語は「(敷物を) 広げる、平らにする」という語から派生しており、これがラクダのコブに転用されたものである。

すそがしっかりしていることが高さを支えるのならば、その高さを「積み重ね」で表現する言い方もある。アクワム akwam がそれである。これは形容詞であって、「(土や石などを) 積み重ね、積み上げて高くなった」状態を言う。コブがモリモリと高くなっている様を言ったものである。この語の動詞 kawima は「(ラクダが) 大きなコブを持つ」を、また名詞 kūm はこのような「大きなコブを持つラクダの群れ」を意味する。kūm は、「群れ」という複数概念であるのに、akwām という複数形を持っている。これは「群れ」を一つの単位とみなし、「群々」の意味で用いているわけで、第10、11章でも触れるように牧民的発想が言語に反映されている。

「コブが大きい、高い」というイメージは頑丈さ、強健さにもつながる。アラート "alāh

（複"alā'alawāt）とは、もともとすべて「高いもの」を意味しているのだが、こうしたラクダを指示するだけでなく、「金床／金敷」の意味を持ち、これらとラクダのコブとは相関している概念であることは明らかである。アラートがラクダを指示する場合、「背が高く、体の大きい」を中心概念として、「体の造りが頑丈」、「足運びが速く他のラクダに先を越されることが無い」という意味成分を持ち合わせている。

「コブが大きい」ラクダを意味する語群の中で、最もよく知られ、用いられる語は先のアクワム akwam と、ここで述べるターミク tāmik（複 tawāmik）である。この語は語根からすべて「ラクダのコブ」に関係しており、この tāmik は「高く／長く／引き締まり／丸々と肥り／ふくよかで／大きく／十分に発達している」、即ち、最上のコブの要件すべてを含んだものである。語根動詞 tamaka は前記に訳出した「（ラクダのコブが）tāmik である」ことを、派生動詞 atmaka は「（飼料・牧草が）コブを豊かにする／肥えさせる」の意味になる。「美が彼女の中にタマカ（した）」という言い回しは、美しさと女らしさの成熟した女性に対して用いられるし、また「汝が栄誉はターミクである」とは、それ以上ない栄誉を受けた者に対して言われる。このようにターミクはある尺度、基準の最高度、極点（それも良い意味での）を指して転用されてもいる。

「背の高いラクダ」を表わす語として、他にアザーフィル 'adhāfir（複 'adhāfirah）及びシャナーヒー shanāḥī がある。前者には母音点の付し方によって他の読み方もあるが「広く高い背を持ち、忠実で強健なラクダ」を意味し、後者は「高く長い背をし、体の造りの完璧なラクダ」の意味である。両語とも語根となる動詞も他の派生語も持たず、従って意味の場の拡がりを持っていない孤立語である。

9 コブの無いラクダ

ラクダはその本来的形態からして、栄養状態が良ければ、コブが存在するはずである。「コブが無い」ということは、一時的にせよ、常態であるにせよ、そのラクダがまだ未熟か、病気持ちか、疲労しきっているか、栄養をとっていないかが原因である。従って「コブが無い」ラクダとは、前記の理由のいずれかの意味を反映した語が充当せられる。この種の表現で一番多いのは「痩せたラクダ」及び「疲労したラクダ」であろう。これらの語彙とその概念について述べると一章を優にとってしまうので別の機会に譲ることにして、二、三の特徴的な表現を例示しておこう。アフザル akhzal とは「背骨に異常がある／背骨が折れた」意味であるが、ラクダを指して言う場合「コブがとれた」の意味になる。即ちラクダにコブがあるのは当然で、コブが無い場合は背骨に異常があると受け取られるわけである。人間や他の動物とは、コブの有無の点では観点が逆になるわけである。「痩せた雌ラクダ」の意味でラヒーブ laḥib なる語がある。この痩せ方は、木の皮が一枚ずつはがされてやせ細ってゆく様に喩えられた表現である。同じ「痩せラクダ」でもハルフ

harf（複 hiraf）という語は、「へり、端、刀のきっ先」から転用され、痩せて背骨が浮き出てガリガリになってもなお頑張りのきくラクダの意味で、概念的には性質の良い、または高貴なものとして把握されている。

ハリーサ harīthah（複 harā'ith）は「旅によって疲れきって痩せ細ったラクダ」を表わす語である。健全なラクダならば、コブを無くし痩せ細る原因は、長旅の用に供されたことにあるのだが、この語の原義を表わす動詞haratha とは「土地を耕やす」であり、農耕用の言葉なのである。従ってハリーサの直義は「耕運用に使役させられるもの」の意味になるはずである。ところがハリーサには「農耕」とは関係のない「旅用」の意味になっている点が興味を引くところであるが、コブを無くさせた原因がそれを利用する人間の側の酷使によると考える類概念が発想のもとと考えられる。

最後に「コブ無しラクダ」の意味で用いられるムファッラシュ mufarrash という言葉について説明しておこう。ムファッラシュとは「（敷くために）広げられたもの」の意味であって、元来は「敷き物を敷く、広げる」の受動分詞である。これがラクダに適用されたのはコブが次第になくなり、平たい部分が次第に増え、ラクダ本来の背中ではなくなったためである。この語と語根を同じくするファリーシュ farish という語は注目すべき意味を持つ。というのもラクダと他の家畜を区別する概念をつくっているからである。前記ムファッラシュの語と同様ファリーシュは「背が平らである（動物）」の意味である。即ちラクダ以外の動物、家畜のすべてを指していう語なのである。同じコブを持つゼブ牛を所有する地域ではこの表現は微妙になるが、それはともかくとしてこの意味でもアラブの間では、「コブ」がラクダの換喩、即ち、部分が全体を体現している代名詞であることが分かる。

10 コブが不明なラクダ

ラクダのコブに関連してさらに興味深いのは「コブが不明なラクダ」という語彙をアラブは持っていることだ。シャクーク shakūk（複 shukuk）、アルーク "arūk（複 "uruk）がそれである。共に語形態は単複とも同一形である。前者は「疑わしきもの」、後者は「擦《こす》るべきもの」の意味が原義としてある。「コブが不明」とは、コブがあるべきはずの背の部分に体毛が豊かに茂っていて、外見ではコブが存在するのかどうか分からない、即ち前者の語義がその内容を投影しているように「疑わしいもの」であり、従ってコブの存在を確かめるためには、そのコブの部分に手で触れてみたり、さらには手で押して擦ってみたりしなければならない。後者の「擦るべきもの」とはこうして不明なコブの存在を確かめるべくとられる人間の側からの行為を言ったものである。ラクダに日常接しており、しかるべき観察眼の所有者であるアラブですら、このようにそれを打ち消すような語彙を持っていることは奇妙に感じられるが、逆に反対概念の存在こそ、その対象物の当該文化とのつながりの深さといったものを感じさせると言えまいか。

第7章　ラクダの蹄について――ラクダの体の部位（3）

1　偶蹄ゆえにこそ

ラクダの蹄はコブ程には目立たないが、他の動物に比して極立った形態的特徴と機能を持っている（一三二頁図12）。それは全体に大きく、平たく、先端に割れ目を持つハート型で丸くできている。それが砂の多い砂漠に適していることになる。即ち、他の動物では砂が柔らかくまた深いところでは、足がめりこんで動きがとれなくなるような足場であっても、ラクダはこの蹄のおかげでやすやすとこうした場所も渡り切ってしまうからである。ラクダが「砂漠の舟」と言われる所以《ゆえん》の一端がこの蹄の特性にある。

蹄を持つ動物は偶蹄類と奇蹄類とに大別される。我が国や他の多くの文化圏では牛馬がそれぞれの代表的動物になっているが、アラブではラクダが前者の、馬が後者の代表的動物ということになる。馬の蹄は五本の指のうち第三指（中指）のみが発達して、それで見事な駿足動物となったのに対し、ラクダは第三、第四指（中・薬指）のみが発達したものである。馬蹄も円形、ラクダの蹄も円形。しかしながら砂地適用に進化したのはラクダの方であった。これは駝蹄が二指進化を成し、横や周囲を一指以上に大きく平たく変えていった結果によると考えられる。奇妙なことにユダヤ人はラクダを奇蹄類とみなしている。ユダヤ人にもラクダはなじみの動物であるし、農作業や労役にも乗用にも役立っている。ただし他の家畜との同時使用は禁じられている。例えば二頭立ての一方がラクダで一方が牛というような場合。にもかかわらずユダヤ人はラクダを奇蹄類とみなし、それゆえに食肉・飲乳の禁忌の対象としてしまっている。ラクダの蹄は大きければ大きい程砂漠地に向くし、また力強さも加わり、役畜としての人間への貢献度は大きいものと考えられる。しかし美観となると別である。乗用ラクダ、旅用ラクダ、駿足ラクダなど駄用でないラクダが美観の対象の主体となるために、全体の体型が小柄な方が好まれるように蹄もまたより円型に近く、また小さいもの程良いとされている。

2　ラクダの蹄のイメージ

より小さい形のものが好まれるということの他の意味は、ラクダの蹄は「軽快なもの」と受け取られているということである。実際見てもそう感ずるし、それがふたコブの鈍重さと著しく相違した特徴となっている。アラビア語ではラクダの蹄の総称をフッフ khuff（複 akhfāf）という。体、動きの軽さ、軽快さ、さらに活発さ、素早さを表わす動詞ハッファ khaffa から由来している。

日本語にも乗用動物に関連した表現として「轡《くつわ》を並べて来る」という言い回しがあるが、アラブには「一つのフッフで来る」(『リサーン』X四二九)という類似の表現がある。前者の原義は、「馬が、横に並んで来る」ことをいうが、後者は「ラクダが縦一列に並んで来る」ことをいい、人や動物が同じ歩調で先行する人の足跡を踏んでくるかのように一列縦隊でやってくることをいう。馬もラクダも歩行の習性としては、前後に縦列になり、先行する仲間に従って歩んだり、走ったりする習性がある。従って轡を並べる方は、ある意味では馬に無理を強いていることになる。競馬がせり合いに強く仕向けられるのは、無理の典型である。身の危険を感じない限り、馬もまた先行する馬に安心して追従するのが常態なのである。

フッフと語根を同じくするハフィーフ khafif とは、「軽い・軽快な」を指示する形容詞であるが、それはそのまま詩の律動形式の名称になっている。「軽調」と呼ばれるものである。アラブ詩の律動形式は一六種あり、そのすべてはラクダの歩調から、即ち、ラクダの蹄フッフの運びから由来していることになる。軽調ハフィーフのみに触れておくと、長音節(タン)と短音節(タ)の語結合でタン・タ・タン・タン/タン・タン・タ・タン/タン・タ・タン・タン/タン・タ・タン・タンの一詩行を作り、この同じ律格の反復で詩行を連ねてゆく。前述の律格形がアラブ人の乗り手を軽快な気分にさせ、このリズムに乗せて詩作し、さらに歌へと芸術化したものがハフィーフ調と呼ばれるものなのである。

家畜を多様にまた沢山飼育している文化圏では、蹄の相違にも注目して別の名称を与えさえしている。アラブの場合には、三種ある。今まで述べてきたkhuffというのは、実はラクダのそれのみを指して言われる。これに対して馬、ロバ、ラバなどの奇蹄動物のそれはハーフィル ḥāfir と、またラクダと同じ偶蹄類ではあっても、牛や羊、山羊などのそれはズィルフ ẓilf と明別され、別な意味背景を担い、体系をつくっている。「フッフの所有者達《ザワート》」と言えばラクダの群れを、「ズィルフの所有者達《ザワート》」と言えば牛や羊、山羊などの群れを示す。家畜としての財産を持たない者は「彼にはフッフの所有者達もハーフィルの所有者達もズィルフの所有者達もない」と言われたりするわけである。

3　ラクダの蹄のより細かな名称

ラクダの蹄に関しては、その下位分類としてさらに詳しく部分的名称が存在している。まず、蹄の下半、人間でいえば甲より下の部分はフィルシン firsin（複 farāsin）という。このフィルシンという語には、その語義の由来する動詞がない。これのみで他の派生形態を持たないため、語源は不明である。フッフ即ち「蹄」の全体の意義としても用いられる。このフィルシンは蹄の筋肉及び表面を指しているわけであるが、その支えである指骨の方はスラーマー sulāmā（複 sulāmayāt）という。これもまたラクダの指骨のみを意味する特別な語であって、人間も含めた他の動物のそれを指示する anmalah と明別されてい

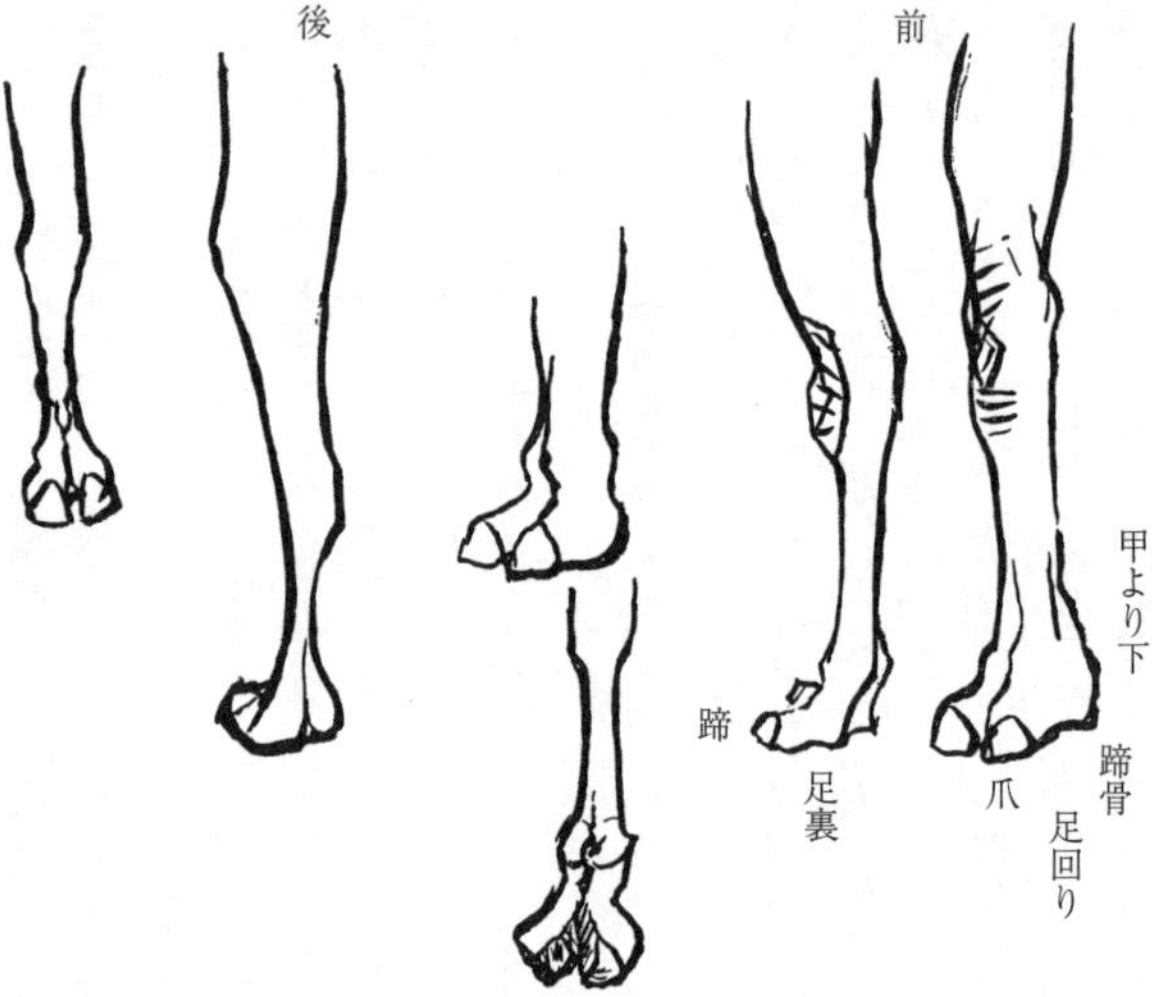

図12 脚と蹄。危険を感ずると蹴飛ばすのも武器となる。

る。

蹄の端、外縁部はハーミヤ hāmiyah（複 hawāmi）と呼ばれている。「保護すべき／されるべきもの」の意味で、地面の粗い所、岩だらけの所では、もっとも傷つきやすいためにこの名が付されている。この語はラクダに限らず馬や他の獣畜にも用いられ、馬では蹄鉄を打つ部分である。

爪はズフル ẓufr（複 aẓfār）と呼ばれる。ラクダはふた股に分かれている偶蹄であり、その前方先端に二つの爪がある。足の大きさに比して小さく、一見目立たないが、しっかりとした爪で、めり込んだように生えている。ズフルはラクダに限らず人間も含めたすべての動物の「爪」を意味する包括語である。なお既述のスィルシン及び次に述べるマンシムにも「爪」の意味を含ませる説もある。

ラクダの足の裏は、黒ずんだ色を呈し、少し盛り上がっていて猫のそれを思わせ、弾力のあるゴムのようになっている。この足裏、即ち爪掌のことはマンシム mansim（複manāsim）といい、これもまたラクダのみに、時には駝鳥のそれに流用されるのみの特称である。マンシムとは「体の部位で地面を踏む所」の意味であり、この語根√nsm「地面を踏む」の動作も、ラクダが動作主であって、人間その他が動作主である場合は khaṭā とか waṭi"a とか別の語を用いるのが普通である。さらにラクダのマンシムと対置して、馬のそれは sunbuk とか ṣaḥn とかいい（後者は「皿」の意味）、別称を持っていることも注目される。

4 ラクダの足跡

砂上に刻印されたラクダの足跡、中国では蹄窪《ていわ》といえば馬のそれを指しているが、この足跡は丸い窪みとなって点々と残される。乗せる荷や人の重みによって、その跡の深さは異なるが、遊牧民はその足跡だけでラクダの年齢・性別・疲労の具合い・妊娠しているかどうかを見分けると言われる。ラクダの蹄の大きさは、小さいものの喩えとされる。「彼はフッフ（ラクダの蹄）のような qurṣ（丸型パン）をくれた」とは予期に反して小さな

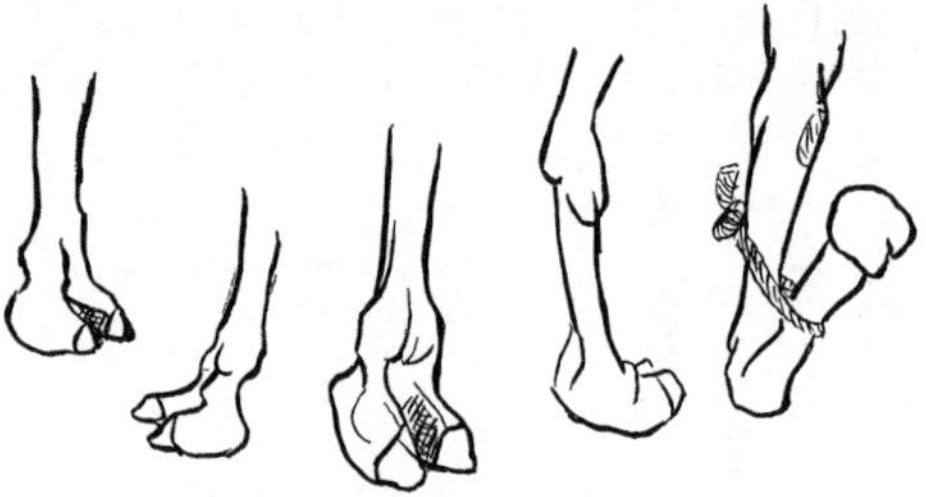

図13　ラクダの偶蹄は第２、第３指の発達したもの。右端は前脚の枷のはめ方。

パンをくれた意味で用いられる。このフッフの小ささの喩えは牛馬の足跡にたまった水のことを蹄涔《ていしん》といって、物の微少の喩えとしている中国のそれと通ずるところがある。

5　ラクダの蹄の傷と保護

暑熱、砂場に適応しているラクダの蹄も、寒冷、荒地には弱く傷つきやすい。岩地、山地などの石や岩を踏み外したり、突き当たったり、またけつまずいたりして傷を受け、出血していることが多い。こうした場合、重荷を軽くしたり、乗り手が降りて負担を軽くする配慮を行なう。このような石による外傷をラフサ raḥsah といっている。ラフサを防ぐために、乗り手や導き手はこうした足場の悪い地域にさしかかるとラクダに履物をはかせる。この履物のことをナアル naʿl（複 niʿāl, anʿul）、またはサリーフ sarīḥ（複 sarāʾiḥ）といっており、前者は人間の履く「サンダル」の、または馬の「蹄鉄」の意味

図14　ラクダの蹄の裏。濃いネズミ色で弾力がある。

で現今でも一般に用いられている。両者とも皮でできており、蹄をすっぽり覆って皮紐でそれを縛るのであるが、その皮紐のことをハダマ khadamah（複 khidām）といっている。サリーフの方は、皮紐であってそれで足首の辺りをゲートルのようにグルグル巻きにするものであり、ハダマもそれと同義であるとの説もある。こうしたラクダへの履物作業のことをラドス lads とかタルディース taldīs とかいう。ラクダを扱う者には大変な作業であった。ラクダ自体もこのような「異物」を履かせられるのを嫌がったし、またゆるみやすすり切れが早く、いつの間にか無くなっていることも多かった。

第8章　ラクダが生きる――成長段階

1　動物の「子」について

本章と次章とに亙って「ラクダの一生」を観てゆくことにする。本章ではラクダの成長段階、一生のうちの大きな節目とされていることについて、次章ではさらに一年毎、つまり年齢毎についてのラクダの位相について述べる。本章では、次章の上位分類概念として、人間の人生の節目とラクダのそれとの、アラブ民族の認識の呼応が主たるテーマである。アカンボ期、コドモ期、ワカモノ期、オトナ期、トシヨリ期との類別をアラブはラクダに対応させて概念化さえしているわけであるが、そのことを中心に観てゆくことにする。

ある動物、特に家畜のコドモ期とオトナ期とを区別し認識していることは多くの文化圏でもみられる。我が国の場合、鶏の子をヒヨコ、牛の子をベコ（方言として最も知られているわけだが）という他は、すべて以下の例のように「子」を接頭辞とする複合語で表わされ、単独語としての特称を持つことは少ない。西洋では我が国に比してそれが多いのは、牧畜文化圏で家畜との関係が密接であったためである。英語を例にとっても① whelp（子

図15 アカンボ期ラクダ。どこも寸づまりで可愛らしい。

犬)、②kitten(子猫)、③calf(子牛)、④colt(雄子馬)、⑤filly(雌子馬)、⑥lamb(子羊)、⑦kid(子山羊)、⑧fawn(子鹿)、⑨cab(狼、ライオンなど野獣の子)とある。この英語の例をアラビア語で調べると、①jarw、②hurayrah、③ʻijl、④muhr、⑤muhrah、⑥ḥamal、⑦jady、⑧khishf、⑨ṭalā となる。またアラビア語では指示したい「動物」の子の特称がない場合、指小辞型を用いればそれが可能である(②がその例、猫は hirrah という)。また雄雌の別で、雌を指示したい場合、男性形の語尾に女性形を表わす接尾辞 ah を付せば雌の形が得られる(④、⑤がその例)。しかしこうした一般形とは別に、アラブは自分達の生活範囲に属する動物達には、その子にまで独立した単語の名称を与えている。次頁にそうした例を示すが、それが何ら特別ではない例証として、一般語であり、同時に成獣をも意味する語を前に、特称であるその子を後ろに配列してみた(表には⑧⑨は省略)。

完全家畜としては他にロバ ḥimār の子は ḥajash と、また家

「動物の子」に関する三か国語対照表

	フランス語	英　語	アラビア語
犬	chien	dog	kalb
①　犬の子	chiot	whelp	Jarw
猫	chat	cat	qiṭṭ
②　猫の子	chaton	kitten	hurayrah
牛	boeuf	cattle	baqar
③　牛の子	veau	calf	'ijl
馬	cheval	horse	faras, khayl, ḥiṣān
④⑤　馬の子	poulain	foul 雄 colt 雌 filly	雄 muhr, filw 雌 muhrah, filwah
羊	mouton	sheep	ḍa'n
⑥　羊の子	agneau	lamb	ḥamal
ヤギ	chévre	goat	ma‘z
⑦　ヤギの子	cheveau	kid	jady

畜に近いものとして兎 arnab の子は khirniq、猿 qird の子は qishshah と、さらに象 fīl の子は daghfal と、駝鳥 na″ām の子は ra'l と、また蹄持つ動物の子すべてに適用されるものとして natūj 及び ″aqūq という特称がある。鳥に関しての子は「ひな」とか「ひよこ」とか、日本語でも特別な名称を持つが、アラビア語の場合 farkh といえば日本語の「ひな」と同様すべての「鳥の子」を指して用いられる。もう一つ farrūj なる語は farkh の中でも特に「鶏のひよこ」の意味になっている。

アラブの場合、成獣とそうでない段階を区別する概念は家畜に限らない。居住地域に外延的に連なる野獣にもその思考法が適用されているのである。先に英語の例⑨として挙げた「野獣の子」としては、英語の場合すべて一括してしまっているが、アラブの場合そうした包括名称の他に、次のような例が知られる。狐 tha"lab の子は mu"āwiyah（ウマイヤ朝初代カリフはこの名前）、熊 dabb の子は daysam と、ライオン asad の子は shibl と、狼 dhi'b の子は daghfal（象の子と同一語）と、ハイエナ ḍab" の子は fur"ul と、イタチ wabr の子は ḥanaṣnaṣ と、マウンテン・ゴート urwiyyah の子は ghufr と、大トカゲ ḍabb の子は ḥisl と、ネズミ fa'l の類（ハリネズミ qunfud トビネズミ yarbū' も含めて）の子は dirṣ ということは知られている。ついでに蛇 ḥayyah の子は hirbish といわれているのも加えておこう。

人間とラクダとの成長段階の対応

	人間	ラクダ
総　称（単数）	insān	ba'īr
〃　（複数）	nās	ibil
アカンボ（離乳前）	ṭifl	ḥuwār
〃　（離乳後）	faṭīm	faṣīl
コドモ（男）	walad	qa'ūd
〃　（女）	bint	qalūṣ
ワカモノ（男）	fatā	bakr
〃　（女）	fatāh	bakrah
オトナ（男）	rajl	jamal
〃　（女）	mar'ah	nāqah
トシヨリ（男）	shaykh	shārif
〃　（女）	"ajūz	shārifah

家畜における「子」は、人間にとっては、大事に育てるべき「資本」であり、同時に「肉」は食として美味の発展段階として観察され、「皮」利用の時期も視野にあり、またその母の「乳」利用に関しては競合関係にある。こうしたことから、家畜の「子」に対してのこのような特別視が名称の存在と大いに関係していようし、その概

念が家畜外の動物にも援用されたものであろう。もちろんすべての動物にこうした構造化は不可能であろうから、野獣であっても居住空間の中で把握されている類に限られよう。逆に言えば、アラビア語において動物の中で「子」としての特称を持つものは、それだけアラブ世界の中でどんな次元にせよ近接関係にある（ないしはあった）という民族生物学ないしは動物相として探ることができる。また見方を変えればこうした「子」の特別視は、人名にも適用されて生活空間に一層近い関係を結んでいたと言える。子狐 Mu'āwiyah はウマイヤ朝初代カリフの名として御存知の方も多かろうし、子象 Daghfal と言えば初期系譜学者の名前としてよく顔を出す。子猫 Hurayrah は伝承学の中に登場し、猫可愛がりとして名高いアブー・フライラ（子猫の父）がすぐに頭に浮かぶ。子ライオン shibl と言えばビザンチン軍と戦ったシリアのアレッポ将軍の名や、シーア派のバーバキーヤを興したバーバクとの関連でイランのアゼルバイジャーン大守であった人物の名前がすぐに頭に浮かぶ。子ラクダ bakr のことについては本章の4節で述べるが、Bakr もまた人名のみか部族名にまでなり、その人間との親近性は古くトーテミズム及び宗教次元にまで及んでいる。

2　アカンボ期ラクダ

人間ではアカンボ ṭifl に当たる出産したばかりの乳呑子はフワール ḥuwār（複 ḥīrān, aḥwirah, ḥūrān）という。「乳を呑む（しばしば消化不良を起こす）もの」の意味である。

乳離れするまでこの名称で呼ばれ、離乳後はファスィール faṣīl と呼ばれる。この時期のアカンボラクダは、病気にかかりやすく、弱いため、放牧のラクダ群とは別にしてキャンプ地わきで育てるのが普通であり、特に体の弱いものには麻布を背中にかけて保護してやる。その大きな麻布も、生まれてきたばかりの子にはコブはないにもかかわらず、その部分だけ穴があけてある。というのも一か月単位で次第に背中が盛り上がってゆき、コブらしきものを形造ってゆくからである。背中からこのコブの部分にかけては厚い毛で覆われているが、他は巻毛のような縮れ毛が数多く密集している。これがラクダの産毛であり、月日がたつに従い普通のラクダ毛に変わってゆく。体高は生まれたばかりでも一メートル近くはある。口先やあごは、成長しきったものほど長くなく寸詰まりで、非常に可愛い。しかし我々人間が近づいても、なかなかなつかず、親もとの回りに逃げ帰ってばかりいる。

出産は冬期であるので、草や食べ物は豊かにあり、母ラクダの乳も沢山出て子ラクダにも人間にも豊かさを与える。時には子ラクダが乳を呑みすぎて、母ラクダの乳首を求めなくなる。こうした子ラクダの状態はダカウ daqaʻ とかバシャム basham といっており、「飲み過ぎ」に当たろうが、しかしこれは時には全く逆なこともある。母ラクダの乳房に見向きもせず、乳を飲もうともしないのは必ずしも「飲み過ぎ」の時だけではなく、病気にかかって食欲が減退していることもあるのだ。飼い主はこの相違を見分けないと、子ラクダを死なせてしまうことになる。

このように乳児はまだ体の抵抗力がないためか、病気になったり、死んでしまうことが多い。前述のように母親の乳を飲みすぎると、消化不良になり、下痢を起こす。こうした消化不良を起こして病弱になった乳児はガウィー ghawī と呼ばれ、世話人もこれには特別な扱いをして囲いに入れ、看病に努める。こうしたガウィー「飲み過ぎ」を出さないためにも、授乳時以外には母ラクダにはブラジャーをする。このブラジャーはスィラール sirār などと呼ばれている。また子ラクダには歯の間に棒を入れて母親の乳房に吸いつけないようにしたり、口先に棒をしばって母親の乳房を傷めそれで母親が子ラクダを追い払ったりして乳を吸えないようにしている。こうした工夫は、もちろん子ラクダに沢山乳を飲まれてしまうと飼い主である人間の飲み分が減ってしまうことをも配慮してのことである。

生まれたばかりのもの、病弱のものはサソリの毒に対して抵抗力がなく、しばしば死ぬことがある。このため、サソリは乳児にとり最も恐いものとされている。サソリは冬期は冬眠しており、外に出てくるのは稀であるが、なかには獲物を求めて外に出て活動するものもあり、これこそ乳児の大敵である。こうした冬にも活動するサソリは、アクラブ・ヒーラーン（ヒーラーンは乳児フワールの複数）といって、飼い主も注意を要した。またサソリよりも恐ろしいのは毒蛇である。蛇に嚙まれると直接でなくとも、たとえば授乳時の母ラクダが毒蛇に嚙まれて体に異常をきたす前に、その乳を飲んでいた子ラクダの方が即死してしまうほどだと伝えられている（『動物誌』I六三）。

母ラクダは非常に子思いで、放牧に出された遠隔地でも、牧者の隙を盗んでは子ラクダの留まっているキャンプ地に戻ろうとする。また子ラクダが死んだ場合、悲しみの余り乳を出さなくなってしまう。このため飼い主は子ラクダの死体から皮をはいで、その一部を常時用意しておき、母ラクダが放牧中動かなくなり、言うことを聞かなくなったり、また人間にとっても大事な食糧源である乳を出さなくなったりした時に、その子ラクダの皮を持ち出して臭いを嗅がせ、子がそばにいるように見せかけて言うことを聞かせたり、乳の出を良くしたりする。このようなことのために作られる子ラクダの皮はバッウ baww と呼ばれ、普通ワラや干草が中に詰められている。このバッウは母ラクダを騙すところから、「騙され易いもの」「愚か者」の意味に、また「生命の無い」ことから「灰」の意味に転じても用いられている。

新生児を持つ時、親は誰もその子が男であるか、女であるか気懸かりであろうが、それが家畜であれば、「財」として結びつくため、もっと実利的観念が反映される。即ち、生まれ落ちる、まさにその瞬間と性別のはっきり分かるその直後とを、アラブは以下のように二通りの認識で行なっているのである。前者、即ち、生まれたばかりで雄か雌かもはっきりしない時期の赤児をサリール salīl と、そして後者、即ち、性別がはっきりした段階では雄の赤児はサクブ saqb 雌のそれはハーイル ḥā'il と呼ぶのである。

サリールと呼ばれる所以は二説あり、一説は「引き出されたもの」「引き抜かれたもの」の意味で、出産の際、人間が新生児をより安楽に体外に出すのを手伝ってやるところから、という説。他は「結晶／エッセンス」の意味で、それは「交尾後の雄の精液の結晶」だから、であるとする。ラクダの出産は、動物のそれの中では最も難産であり、アラブでは困難なもの、苦痛の長いものの喩えとされるほどであるが、前足が出てきてから頭がでてくるのが遅く、従って人間がその足を「引張って」頭と体とを「引き抜く」ように「引き出し」、手伝ってやるのが普通である。

また赤児が雄と判明したラクダをサクブという。サクブとは「隣接するもの／近くにあるもの」が原義であり、それは母親のそばにいて離れないことからこう名付けられた。サクブは雄であるため、所有者にとっては喜ばれない、「乳ラクダの間にいるサクブほどに情ない」(『諺言集』一、五〇四) という諺は、将来去勢でもしない限り役立たずの雄に、母乳を一杯吸われてしまうことをいったものである。サクブは、サムード族の神聖ラクダのところでも触れた (第3章参照) がこうした役立たず故に、神の奇蹟を求める際の証としても要求されることになる。なおサクブは前記サリールをも含めた「乳呑みラクダ」の意味で用いられることもある。

雌と判明した子ラクダはハーイルという。ハーイルとは「経過するもの／移行するもの」の意味で、ハウル ḥawl という言葉から由来している。ハウルとは「一年」を意味するが、それもそもそも「(太陽の)定期的変化、移行」から派生した語である。それ故ハーイルとは「ハウル(一年)を迎えるまでの当歳ラクダ」を指示しているわけである。アラブは、人間ならば男児を持つのを喜ぶのに、こと家畜に関しては逆である。ハーイルの誕生は、所有者の喜びを一層増し、「おおハーイルを産んでくれたか、めでたいことだ!」と家族、近隣の人達と語りかけ合うのが習慣であった。ハーイルが生まれた場合、その親子ともどもこのように祝福されるが、サクブであった場合、逆に親子ともどもいまいましく思われる。それ故、サクブばかり産む雌ラクダはミスカブ misqāb またはミスカーブ misqāb といって嫌われ、うとまれもしたものである、

アカンボ期ラクダの呼称として知られるものが他に二語ある。ハウリー ḥawlī 及びワービル wābil がそれである。前者はハーイルと語根を同じくし、「巡り回る一年」を意味するハウルから派生した語で、「一年以内の硬い蹄を持った動物の子」といった広い意味も持つが、普通にはラクダの一歳子を指していう。後者は必ずしもアカンボ期ラクダのみを指示する語ではない。集合名詞であって、ラクダとか羊、ヤギなどの乳呑子ないしは離乳間もない子の群れのことをいう。

アカンボ期のラクダの中には離乳後間もないものも含まれるが、それは既に「二歳」に数えられる。離乳期以降のラクダの呼称ファスィール faṣīl については次章で述べる。

3　コドモ期ラクダ

コドモ期は、ラクダでは離乳期から半年ほどたってから、三歳頃までの成長段階に当たる。人間でいえば雄はワラド（少年）に、雌はビントまたはジャーリヤ（少女）の時期に当たると考えられている。コドモ期ラクダは、未だ足腰がしっかりしていない。特に後脚がひ弱であり、従ってすぐに座りたがる習性がある。この考えは以下のこの時期の名付け方のいくつかからも推断できる。

コドモ期ラクダの呼称で、もっともよく行き渡った呼称、それは雄はカウード qaʿūd といい、雌はカルース qalūs という。雄のカウードとは「座るもの」「うずくまるもの」の意味で、そうした行為の習性を他の時期に比してもっともよく示すからであり、また飼育する方もこの習性の保持を必要とみなし、好んでこうした習性を助長するよう努める。なぜならば、人を乗せたり、荷物を運ぶために「座る」「うずくまる」ことがラクダには必要不可欠なためである。ラクダはこのような際、ひざまずかせ、人や荷物を乗せる前、降ろす前からひざまずかせたり立ち上がらせるのが可能だからである。地上の動物の中で、このように物を運んだり、人を乗せたりする際、ひざまずかせてから立ち上がる習性を持つのはラクダだけだと、かつて人から聞いたことがある。確かに使役用、乗用の動物は多くあり、牛・馬・ロバ・象などそのいずれをとって考えてみてもこれは当たっていよう。年少雄ラクダがカウードと呼ばれるのは、このように家財や荷物、また人を乗せることができるようになるまでの時期を言うからである。

「年少雄ラクダ」カウードは「座るもの」「ひざまずくもの」という意味から由来しているが、これに関連して、同じ語根から座って立ち上がれない病気、立っていて急に腰くだけになる病気、言わばラクダに起こる「腰抜け病」をクアード quʿād と言っていることも、荷物や人の上げ下ろしに「座らせる」のが可能である特質をよく表わしていることが分かろう。

年少雌ラクダの呼称でもっとも普及しているのがカルースである。雌の方のこの呼称の由来は、雄のそれがこの時期の成長段階の後期をさしていわれるのに対し、これとは逆に年少の期間でも比較的若い方の特徴をいい当てている。即ち、雄よりも先にこの雌の方から述べれば一層分かり易かったのだが、カルースとは「未だ成長が不十分で、四肢も伸びきっておらず、縮こまっているラクダ」の謂である。元来は三歳頃までの雌をさしていったもののようで、『動物の書』(VI 一一六)の中で、著者ジャーヒズはダッブ(砂漠の大トカゲ)を記す中で「ダッブの別称ヒルスとは、齢《とし》はカルースと同じ、三歳、妊娠可能となる時期までをいう」と比較の対象としてラクダのこれを引いている。このことはラクダとは余り縁の無い町中、定住地に住むアラブでもカルースが何を意味しているのか周知であることを示している。

コドモ期雌ラクダの呼称は他に二種ある。一つはイカール ʾiqāl といい、カルースと語の由来が通じている。すなわちイカールとは「アカルを持ったもの」の意味で、未だしっかりとした体つきをしておらず、後足の曲がり方が不自然で両ひざが時折りすれたり、ぶち当たる状態（これをアカルという）のラクダのことである。またエジプトでは年少ラクダのことをガーウィト ghāwit といっており、意味は「体格、背中のコブが未だ小さく低いこと」であるが、これは方言であり、アラブ世界すべてに知られた呼称ではない。

4　ワカモノ期ラクダ

コドモ期以降オトナ期までのワカモノ期ラクダのことをバクル bakr という。バクルとは「時空の、物事の初期、早期（のもの）」が原義で、ここでは「オトナになるには早い」、ないし「オトナとなる初め」の意味である。まさに「青二才」の表現があてはまる命名法である。この頃になると一見すると全くオトナに遜色ない格好をしたものもおり、一瞥《いちべつ》では区別し難くなる。

バクルぐらいに成長してしまうと、雄はほとんど屠殺されて食用とされてしまう。生き残れたものの数は多くなく、そのなかでも血統、体格、体力、外観の優れたものは種ラクダとされる。また他は去勢されて、雌よりも労働が激しく荷駄の重い運搬用に用いられるだけである。「ワカモノ期ラクダ」くらいに成長したものは、その多くは雌ということになる。従ってバクルを用いての表現や諺なども「雌のワカモノ期ラクダ」を意味するバク

図16　アカンボ期ラクダとワカモノ期ラクダ

ラ bakrah が用いられる。「彼らは自分達の父親のバクラに乗ってやって来た」(『俚諺集』九四一)とは「小人数での行動」のことをいい、まだ十分に運搬能力もないバクラの上に全員が乗れるほどの小人数のことを指していう。あるいはまたある一団全員が移動して、ないしは頼ってきたことを意味するともいう。このいわれは、一団の人々が襲撃にあい、戦士である成年男子は殺され、女、子供達が捕虜としてか近親を頼ってかしてバクラに乗って、または乗せられてやって来たことに由来するという。

バクラの中でも、特に秀《ひ》いでたものはフヌク funuq ということがある。フヌクとは、体が大きく、若さあふれ、肉付き良く肥った雌ラクダのことである。ワカモノ期で微妙になるのは、発情する冬期になって、交尾が可能となったか、雌ならば交尾した後妊娠するかどうか、の見きわめである。これも親の遺伝の影響を受け、群れごとである程度判別できるが、もちろん別に早熟なラクダもおり、その識別もしておかねばならない。もっとも妊娠したか否かは三、四か月後の腹の状態の専門的観察によって分かるわけであるから、それ以前の段階として発情期が続く限り、何度かは雄ならば種雄として雌ならば孕みラクダとして交尾されるわけで、こうした点も可能な限り所有者は認知しておく必要がある。

早熟なバクルは、しかしながらラクダに習熟した目を持った専門家でも見分けが付きにくいことが多い。「己のバクルの本当の年齢を告げてくれた」という諺がある(『俚諺集』I二、〇八三)。ラクダへの呼びかけは成長段階により異なる。ラクダの売買において、売り手がオトナ期に達したとして買わせようとしていたラクダがちょっとした隙に逃げ出して行った。そこで売り手は思わず呼び戻す掛け声を発した。それはバクル期のラクダを呼び戻す際に用いる掛け声であった。そこで、買い手にラクダがオトナ期に達していないことを分からせてしまったという故事に由来する。転じて「馬脚をあらわす」「思わず本当のことを言ってしまう」「ふとした機会に本音を吐いてしまう」ことを指して用いられる。この「ラクダへの掛け声」のことについては第13章「ラクダが鳴き語る」の中で、人間とラクダのコミュニケーションとして他の事例も混じえてもっと詳しく述べる。

ワカモノ期ラクダ、バクルは人間でいえば fatā 即ち「若者、青年」に当たるとされている。そしてそれ故に発育盛りでもあり、気力、体力がつきかかるか、それがある程度できているために「元気一杯」「溌剌《はつらつ》とした」形容が意味内容に盛り込まれ、良い意味で使われることが多い。この時期のラクダが、人間の目からも最も優美に見え、特に首が長いアウターa'tāバクルは、すらりとした美男子にまた器量の良い美女に喩えられてもいる。それ故ラクダの特称であるこのバクルが、人間を指して「若者」の代名詞としても用いられることも多く、そのように呼ばれる人間の側にも屈辱感は覚えない。人名にも実際バクルと名付けられる人が散見せられる。有名な例としては、預言者ムハンマド亡き後、初代カリフ（在位六三二～六三四）となったのはアブー・バクル（バクルの父）との尊称を持つ人物であったのは周知のとおりである。またアッバース朝第七代カリフ、マアムーンの頌詩詩人として高名を馳せたのはバクル・イブン・アル・ナッターフ（八〇八年頃歿）であった。さらにバクル・イブン・ウフト・アブド・アル・ワーヒドなる人物はアッバース朝期異端的教団の一派を作り、バクリーヤ派なる宗教教団の長となっている。

　バクルはまた部族名ともなっている。この部族の領土はプレ・イスラム朝においては半島北東部であったが、兄弟部族タグリブと四〇年に亘る部族闘争、「バスースの戦い」を展開した後、メソポタミアをチグリスに沿って北上した。そして今日でもその名を残すディヤール・バクル、即ちバクル族の領土（本拠地）として移住を完了した。この地名は、かつては遥かに広く指して用いられていたのであるが、今日ではトルコ領となっているDiyarbekr の町の名としてあるにすぎない。チグリスが北方でユーフラテスに最も近くわん曲した部分にその町がある。このバクル族の祖は、バクル・イブン・ワーイルというから、部族名もその祖の名から採られたものである。バクル族の他にも、クライシュ（鮫）、アサド（獅子）、カルブ（犬）、ジュサーム（野兎）等々動物に関連した部族名があり、これらはその部族と動物とが部族の出自伝説との関連、部族神及び守護神といったものとの関連が当然考えられ、ユダヤの子牛信仰と同様、太古からのトーテム信仰の残存及び宗教的結びつきを示すものであった。当然バクル族もラクダとの関連が考えられる。

宗教性と関連して、「バクルのうなり声のように彼らの上に降った」（『俚諺集』Ⅱ三、〇二九）との諺がある。第3章で述べた伝説の民族サムードが滅んだのはアッラーに対して再三の不敬をはたらき、宗教心を失ったためであるが、その不信の行為は、アッラーが奇蹟として下した神聖ラクダとその子を殺したことで頂点に達し、アッラーの怒りが下った。子ラクダ、バクルが殺害された時、そのうなり声が不吉の前兆となり、次々と凶事が起こり、サムード族全体が死んで地上から消え去ることになる。この諺は既に何か悪事、不吉なことが生じた際にいわれる。

5　オトナ期ラクダ

オトナ期ラクダは以降三節に亙って観てゆく。本節は、雌雄に関係ない、ないしはその上位概念となるオトナ期を、次節は雄ラクダ、次いで雌ラクダと節分けして分析する。ラクダは当然なことながら交尾、種付け、妊娠が可能となればオトナ期に入る。その意味で

図17　アカンボ期、ワカモノ期、オトナ期のラクダ。

は早熟なラクダはワカモノ期からオトナ期の名称を冠しても良いのであるが、通例は「九歳以降のラクダ」だとされる。「オトナ期ラクダ」の総称はバイール ba″īr、他に後述する如く「オトナ期雄ラクダ」「オトナ期雌ラクダ」の総称もあるが、この両者はバイールに包括される。従ってバイールは、「雌雄の性如何《いかん》にかかわらずオトナになったラクダ」という総称語なのである。人間でいえばインサーン（成人）に当たるとされる。インサーンは男女の別なく「成人」を指示するアラビア語である。この複数を示す語彙のバラツキもまたアラブのラクダ遊牧民諸族のプライドの象徴と読み取れ得よう。

　バイールの複数形は調べただけで八種ある。①ba″īrāt、②ba″rān、③bi″rān、④bu″rān、⑤bu″ur、⑥ab″irah、⑦abā″ir、⑧abā″īr。①は規則複数形、②〜④は母音変換、⑥〜⑧は接

頭辞付加とさまざまだが、こうした多様な複数の中にはかつての部族方言、多寡《たか》表示のもの、複数のさらに複数という牧畜民的発想をもうかがい知れるものも含まれている。なお半島東部に勢力を持つタミーム族では総称語はバイールではなく、ビイールと母音を異なって発音していたことが古くから知られている。

「オトナ期ラクダ」の総称バイールとは「糞ったれ」の意である。しかしそこには我々が連想する卑下するイメージはない。ならばバイールの語をもう少し詳しく説明すると、「バアル ba'r を垂れるもの」の意で、バアルとは、人間のそれをも含めたすべての「大便」という意味ではなく、我々に馴染みの動物でいえば山羊や兎など草食動物の「丸い粒々の糞」のことをいう。こうした糞は臭みや不潔感がなく、またすぐに乾燥する。こうした糞を垂れる代表としてラクダがあてはめられたわけではあるが、その大きさ（手で拾うのに）といい、有益さ（燃料としての）といい、こう呼ばれるのも無理からぬ背景を持つ。またそこには駄獣としての意味付けがあり、同じアラブ遊牧民に飼育されている「アラビア馬」の乗用のみの扱われ方との雲泥の差も読み取れるわけである。

ラクダを一か所に集め、囲う、言わばラクダ用廐舎のことをバイールから派生したマブアル mab'ar といっている。

「オトナ期ラクダ」のニックネームは多様多彩にあり、それらは「雄ラクダ」や「雌ラクダ」の方に数が多く、後述するその項で読み取っていただきたいが、バイールのニックネームで名高いのはアウラム a'lam である。アウラムとは「三つ口」のことで、我が国では兎がその代表となり「兎唇」とも呼ばれる。それがアラブではバイールであることは興味深い。勿論ここでのバイールは「オトナ期ラクダ」の義でなく、さらに広範な「ラクダとしての種」全体を指しているわけである。ラクダの「三つ口《アウラム》」は、人間でそうした唇を持ってしまった人に対してもあてはめられ、アラブを代表する英雄アンタラもまたこうした疾患を持ち、さげすまされる際にはアウラムと呼びかけられた。

マイダーニーの『俚諺集』には次のような諺が記されている。「バイールほどに思慮の浅い」(同書一、三五三)。これはラクダが機転を働かすことなく、使役者の思うままに従順に忍耐強く働き、時には自分の体調も知らずに体力の限界まで働き、倒れた時には即死していることもままあることをいったものである。また「それら両者はバイールのひざのようだ」(同書四、五二二)とは、ラクダの両ひざはほとんど同形であることから、ある二つの対象物を比較する時、その両者間に優劣のないこと、またほとんど類似したものであることの喩えとなった。他にダミーリーの『動物誌』には「バイールを所持しないラクダ先導者の如くに」(同書I二二七)がある。本業とする仕事、商《あきな》う物がなくても満足しているように見せかけている人、無理をしてまで世間体を保とうとする人をいう。我が国の「武士は食わねど高楊枝《たかようじ》」に相当するものと言えよう。

オトナ期からトシヨリ期にかけて、というよりもトシヨリ期までカバーする成長段階を意味領域とする語もある。イルワッド ʾilwadd という語がそれである（アルワッド、イルワド、イッラウドとも読まれるが、いずれにせよ語根である子音構成は同じ）。「ラクダが大きく、たくましく、強くなる」また「一旦動かなくなったらテコでも、どんな人が動かそうとしても動かない」といった意味の動詞から派生した語で「十分に成長した、成熟しきったラクダ」の意味である。そしてこの語には、人間でいうとカビール kabīr 即ち人間の体が成長しきった「大きさ」と同時に、年齢的には「年取ったトシヨリ」までが含意されるわけである。「大きい」という意味が同時に「トシヨリ」をも含む意味となるのは、人間へのカビールの語意と全く共通している点で、人間がラクダに抱いているイメージがアラブではどれほど近いものであるかを痛感させられる。なお、このイルワッドは雄を指示し、従って後述するジャマルと同義でもある。雌は女性形語尾を付したイルワッダ ʾilwaddah といい、これは後述するナーカと同義となる。

6　オトナ期雄ラクダ

「美しい」の漢字「美」は、「羊」と「大きい」とが合わさったものである。すなわち「美」とは中国では「美味」のことを言ったもので、大きな肥えた羊の肉の味がよろしい、うまいことから由来し、それが「うつくしい」の意味に拡大されたものであり、善とか義とかの意味表象もまた羊にかかわる評価的概念が抽象化されたものといえる。（『動物と西

欧思想』参照）

ところで同じように、アラビア語では「美しい」はjamīlと、そして「雄ラクダ」のことはjamalという。√jml を同じ語根とするものである。「雄ラクダ」で美しいもの、すなわち大柄で体つきよく、よく肥え、コブの立派なものが選別され「種ラクダ」とされ、数少ない「雄」として残される。この発想はアラブの「美人」の条件についても同じであって、「細身」ではダメで、ふっくらとした肉付きの良い体付きでなければならない。すなわち、ラクダにしても人間（特に女性）にしても体が大きく、肉付きよく肥えていることが必須条件なのであり、肥えていることは脂肪分の豊かさで具体的には表わされる。「美しい」を意味するアラビア語jamīlの第一義は「溶かされ集められた脂肪」であって、これがラクダにせよ女性にせよ体のつくべく部位にあることが「美しい」のである。

ラクダのことを英語でcamelということは御存知であろう。このcamel、「その語源は実はアラビア語から採られたものなのである。そしてこの事実は、同時に西洋ではラクダといえばこの家畜がアラブ世界と深く結びついた観念となっていることを物語っていよう。先に雌雄の別なくオトナ期に達したラクダという意味でバイールという語が用いられることを述べた。これに対して「雄のオトナ期ラクダ」の意味を持つ特称がある。これがcamelの語源であるジャマルjamalなのである。このjamalという語も「ラクダ」の代表語であるだけに先のバイールと、また後述する「雌」表示のnāqahと共に多数の複数表現がある。①juml ②jimāl ③jimālah ④jumālah ⑤jamālah ⑥jāmil ⑦jamā'il ⑧jimālāt ⑨jumālat ⑩ajmāl と一〇種存在する。

ジャマルという語は、「成年に達した雄ラクダ」の意味であるから、通常は「九歳」以上のラクダを指していうが、交尾が可能となる「六、七歳」から広くいう場合もある。アラブの概念では、人間との類比から、ジャマルは「成人した男」「一人前になった男」を意味するラジュル rajl と同一概念と考えられている。camel という西洋語が象徴しているように、アラブではジャマルが「ラクダ」という語を代表し、その広義の概念を形造っている。雄の成年ラクダだけでなく、ラクダはすべて反芻《はんすう》する。このラクダ属の反芻する性質をとらえて「ジャマルはその jawf（胃）から反芻するもの」（『俚諺集』九二八）という諺がアラブにはある。「人は己れの稼ぎで生きてゆくもの」ないしは「己のなしたことは己で責任をとること」、悪い場合には「自業自得」の意味合いで用いられる。我が国をはじめとする他の家畜文化圏では、反芻動物としては牛や水牛、羊や山羊がこの種の諺語を生むことであろう。

こうした人間に関することをラクダで、しかも雄ラクダの比喩で表現する発想は多々あり、例えばイスラムにおける偽信者、罪深い者達に対し律している『クルアーン』の章句「ラクダが針の穴を通り抜けぬ限り、彼らは天国に入らないであろう」（第七章四〇節）の中のラクダはジャマルの語が用いられているのであって、「雄」とか「オトナ」とかが弁別特徴となっているのでなく、大きな動物の代表として選ばれて記されたわけである。雌の方が利用価値でははるかに高いし、数の上でも比較にならぬほど多いにもかかわらず、である。ただしこうした用途には、ジャマルをもってしなければ役立たない場合も多々あるわけである。「実の収獲は井戸の中に、ジャマルの背に」という俚諺もまた雌よりも雄の力強さ、屈強さを反映したものであろう。「労多ければ益多し」「苦労すれば相応の見返りがある」ということをいった格言である。「井戸の中に」とは、乾燥地農業には灌漑が必須で、井戸から水を汲み上げては畑に流し込まなければならない。井戸は水の深さによって、百メートルにも達する。ことにアラビア半島西岸の井戸は深く、その水を吸み上げるのに駄獣を使わなければ不可能な所が多い。何回も引いているうちに、並のロバやラバ、また雌ラクダではへたばってしまうところは屈強なジャマルを使う。

ラクダのさまざまな特徴を摑んだアラブの格言もあまた存在するが、ジャマルを「雄」の特徴とする格言に次のようなものがある。「人々はジャマルのサラー(胎盤)の中に落ちた」(『俚諺集』四、三四一)ことは、「これ以上ない難局、危機に陥った」の意味である。というのは、ジャマルは雄であるから胎盤などあるはずがなく、したがってあろうはずもない想像も予想もしなかった事態にたち至ったことを指している。また「ジャマルの小便ほどに反対の」(『同書』一、三四七)、「ジャマルのスィール(陰茎)ほどに反対の」(『同書』一、三四八)とはたいがいの動物のペニスは顔の方、前向きであるのに対し、ラクダのそれは後向きになっている。後者の諺言はこのことを言っているのであり、また前者のそれは、そのペニスから排出される尿が股間から後方に飛び散る様を言ったもので、予期に反したこと、見当はずれの言行をなした折などに言われる。ジャマルが「ラクダ」の語を代表する場合、それは「巨大なもの」と意識されている。この背景には「雌」に比して体の大きい「雄」のイメージと、大きい「雄」からさらに「巨大さ」によって選別されたものとしての「種ラクダ」とのイメージが重ね合わされている。こうした「巨大さ」は、植物で言えば最も巨木となる nakhl「ナツメ椰子」に当たり、しばしばそうした語の流用がみられる。すなわち「雄ラクダ」を直義とするジャマルは「ナツメ椰子」の周辺的意味も合わせ持っている。

jamal に限らず語根 $\sqrt{jml}$ の派生形には、「雄ラクダ」の弁別的意義が多相にわたってみられ、語群の中心的意味となっていることが分かる。動詞 jamala は「集める」の一般義であるが、ラクダに関していえば「雄ラクダを集める」の意味で、それは発情期になって雌と無闇に交尾しないために、「雌のラクダから離す」という概念である。また jamala という動詞は「美しくする／着飾る」であるが、同時に「ラクダ肉を美味に食べられるようにする」という意味も合わせ持つ。動詞 ajmala は「巧みに集める、経営する」が一般義であるが、ラクダに関しては「沢山のラクダを持つ／ラクダが沢山になる」の意味になる。動詞 ijtamala は「油脂を体に塗る」の他に、「ラクダ肉を食べる」の意味がある。動詞 istajmala とは「ラクダがジャマルになる、すなわちオトナ期に達する」ことの意味である。動詞から離れて名詞及び形容詞に移ると、ラクダと絶えず関係を持つ者、すなわち「ラクダの御者／ラクダの所有者」のことを jammāl といい、これは人名にもなっている。jāmil は、いくつかの意味があり、「ジャマルを所有する者」の他に「ジャマルの群れ」、すなわち jamal の複数形の一つの意味、及び「その中に御者を含んだラクダの群れ」といった特別な意味にもなる。さらに jumāliyy といえば「ジャマルのような男」の意味で、それは体及び手足が大きく、背が高く、がっしりした体格の男のことをいう。また jamalūn とは「ジャマルのような建物」であり、それは屋根が平たい陸屋根ではなく、「棟《むね》上げを持つ、ドーム状の（すなわちラクダのコブのような）屋根を持つ建築物」のことをいう。

7　オトナ期雌ラクダ

数量の上でラクダといえば、ほとんどがこの成年雌ラクダである。人間でいえば「一人前の女」を意味するマルア mar'ah と同じ概念で、ナーカ nāqah という。群れを作る中でもその大半がブラジャーをつけたこのラクダなのだ。だがオトナ期雌ラクダの総称ナーカは、どういうわけか西洋語にはならずに、オトナ期雄ラクダ、ジャマル jamal に譲ってしまった。しかしアラブ世界ではナーカの名称はいずこも通りはよく、その複数形の数の多さ（anūq an'uq awnnq aynuq ayāniq）は、先の ba'īr（オトナ期ラクダ）、jamal（オトナ期雄ラクダ）の多様な複数表現と並べて部族方言の問題もはらんで、複数の語形の持つ意味、多寡、複数の複数といった牧畜民的発想を暗示してくれている。

プラクティカル（実用的）な意味でラクダの総体を担っているナーカ。八、九歳以降高齢化するまでナーカと呼ばれ、ほぼ十年間は使役に耐え得る。辞書を引くと「（雌ラクダ）が～する」といったような表現が多いのはこのためである。さまざまな用途に応じて、こうしたラクダを調教することを、ナーカを動詞化してナッワカ nawwaqa といったし、またこのように調教されたラクダそのものが、ムナッワカ munawwaqa といわれたのもこうした背景がある。調教に耐え、特に逞しさを増し、体自体が岩のように筋金の入ったナーカは、特別な名称を与えられ、ミルダー mirdāh といわれた。これとは逆に関節や足腰に逞しさが無く、ひ弱なナーカはラフカ rahkah と呼ばれた。

雌の成年ラクダであるナーカは、ラクダの中でもそのほとんどを占めるために、多くのニックネームを持っている。筆者の現時点までの調べでは八例ある。うち、五例はウンム（母）、三例がビント（娘）の複合語であるが、雌ラクダであるために、このようにいずれも性別の「女」を示すものである。分かり易いものから挙げていってみよう。①「フワールの母」、②「ハーイルの母」、③「サクブの母」。いずれも直義的なので説明を要しないが、フワールもハーイルもサクブも、すべてこの章の冒頭で触れた「幼少ラクダ」のことで、それぞれの意味の相違のところを参照していただきたい。④「ファフルの娘」。ファフルとは「種ラクダ」のことであり、その「妻」とせずに「娘」と表現するところがいかにも面白い。種ラクダは発情期に三〇頭以上の雌に一度ならず種付けし、それが一〇年以上可能であるので、「妻」と表現してしまうと余りの数になってしまうからでもある。⑤「マスウードの母」。マスウードとは「繁栄、成功、幸福を与えられたもの」の意味で、子が生まれることは家畜の頭数が増えることであり、それは同時に財産も増すことになる。これはラクダにも、人間にも幸と富とを与えることになることをいったもの。⑥「砂漠の娘」。ここでの「砂漠」の用語はファラー falāh である。ファラーとは、数多い「砂漠」の名称の中でも「(水場なくして)二日行程を要する砂漠」を弁別特徴とする語である。ラクダそのものが「砂漠の舟」といわれるのと同じく、砂漠を征するのにいかに必要なものであるか、また砂漠そのものといかに近密したものであるかを示す異称である。⑦「高貴なものの娘」。「高貴なもの」の原語ナジャーイブ najā'ib はナジーブ najīb の複数である。男性形であるところから「雄の高貴なラクダ」の意味になる。従って「高貴なものの娘」とは④とも関連したファフル(種雄)の中でも特に優れた血統高いものから生まれ、立派な種雌ラクダとなったものをいったものであろう。⑧「子ラクダ皮の母」。「子ラクダ皮」の原語 baww のことは既に述べたように、②、③、④で表わされるような「乳呑ラクダ」の死んだ皮の一部の詰め物のことで、これを母親にかがせて、あたかも生きている如く見せ、母親を悲しませず、また乳を出すよう促すために作った小物である。母ラクダがこう呼ばれるのにはやはり乳児の死亡率が高いことが示されており、サリール（生まれたばかりの子）に麻布の覆いをかけ、母親と共にテント近くに置いて、絶えず気遣っている遊牧民の姿をほうふつとさせる。

オトナ期に達したナーカ（雌ラクダ）の人間への最大の勤めは、子を産んで財を増やすことと、乳を出して食糧を増やすことである。乳房が大きく豊かなナーカは、乳搾り専用に扱われる。こうした乳ラクダのことはハルーブ halūb という特称で呼ばれた。英語にも milk から派生した milch という語があり、「（牛、山羊など）乳を出す、搾乳用の」の意味に用いられているが、アラビア語のハルーブもまたミルクを意味する halīb からの派生形であって「搾乳用ラクダ」の意味なのである。ラクダの乳は脂肪分が余り濃くなく、山羊のそれに近い。それゆえ人間がミルクとして飲むのには適している。しかし脂肪分が少ないために、バターやチーズに加工することが羊のそれほどはできない。即ち保存食としての「たくわえ」ができにくいという欠点がある。乳のうまさは若い雌ラクダほどあり、特に白毛ラクダのそれが最も美味だと現地人は言っている。

ナーカの語を用いた成句に「ナーカの二度目の搾乳を遅らせてくれ」がある（『俚諺集』Ⅱ三、七八九、三、八六六）。ラクダの搾乳は早朝に行なうが、乳を沢山だすラクダに対しては二度にわけて作業する。まずそれまでに乳房にたまっていた乳のほとんどを搾る。

それから傍らにおいた乳呑みラクダに乳房をすわせ、少し飲ませる。こうすると母ラクダは乳を多く出すと信じられている。新たに乳を出し、たまった折を見計らって子ラクダを離し、再び搾乳する。こうした二度の搾乳のことをフワーク fuwāq といっている。そしてこれを動詞化した fawwaqa とは「二度目の搾乳の後、子ラクダに母ラクダの乳房をすわせる」意味をになっている。子ラクダに授乳させる時間はごく短い。そのため前述の成句は、「そう急がせてくれるな」とか「急《せ》いてはことを仕損んずる」という意味合いで用いられている。

「雌ラクダ《ナーカ》」の最大の役割は、その所有者に「産めよ、増やせよ」となることである。ナーカが妊娠したか、妊娠してどのくらい経ったかは関係者にとって非常に大事なことであった。出産時期が近づけば、テント近くに繋ぎ留めて保護し、売買の対象とはしないし、また敵部族のガズワ（襲撃）の戦利品とはさせない配慮を行なう。孕みラクダは次第に神経質になり、何事にも敏感になり、臨月になると親しい人間をも蹴とばそうとして近寄らせないものすらある。こうした「孕みラクダ」をアラブは時期別に分けて関心を払った。単に「孕みラクダ」ということだけではなく、それが何か月目のものかという時期別名称として体系付けたのである。厳密には六段階に、「孕まなかった」と「出産直後の」とを加えて八段階の特称をもうけ、その名称で「孕みラクダ」との対応を行なったのである。

8　トシヨリ期ラクダ

ラクダは大事に飼育されれば四〇年は生きる。しかし厳しい自然と苛酷な労役とから、平均寿命は三〇歳足らずだとされる。ラクダの働き盛りは七、八歳から二〇歳くらいまで。二〇歳を超えると次第に老いの徴候が見えはじめる。もちろん個体差があり、酷使された場合、それは早く来ようし、大事にされれば三〇歳後までも若々しいものもあり、また程度の差は個体差、栄養状態にもよる。体の表面にしわが目立ち、乗用鞍や荷鞍で痛めつけられたところ、面がいが当たる鼻梁の上や首の後ろはかさぶた状になっているし、血や膿で濡れていることも多い。また全身の肌には滑らかさがなくなり、部分的には毛が抜け落ちたり、全くなくなる。人間でいえばハゲやシミが、多かれ少なかれ目立つようになる。体型も全体に活気がみなぎるようなはつらつとした感じは失われ、シワやたるみが随所に目立つ。視力が衰えたり、口にしまりがなくなり涎《よだれ》をたらすところなどは人間と同じである。どのくらいトシヨリになったかの目安は、やはり歯の本数やなくなり具合い、摩滅状態を最も分かり易い指標としているようだ。というのもアラブは、この歯のへり具合いを弁別特徴としたトシヨリ期ラクダの呼称を六段階に分けて区別しているからである。

以下に六段階の呼称を記すが、他にも「トシヨリラクダ」を意味する語彙があるので、続けて筆を進めてゆくことにする。

①シャーリフ shārif：「老いて威厳を増すもの」の意味であり、雌ラクダはシャーリフ

ァ shārifah と言い、人間でいえば熟年といったところか。二〇歳に近づき、群れの中でも容易には動じないラクダのこと。この段階では歯の特徴的なことには触れられず、体全体と動きとから判断されている。なおこのシャーリフはトシヨリ期の総称にもなっている。人間でいえばシャイフ（長老）またはアジューズ（年寄り、老人）に当たるとアラブは考えている。②アウザム awzam：「堅固なるもの」の義。老いは歯に少しずつ出ているとはいえ、歩むにも走るにもまだ若さが十分に残り、頼り甲斐のあるものをいう。③リトリト liṭliṭ、またはキフキフ kiḥkiḥ：語源は両者とも定かではない。しかし共に擬声語であることは確かで、それも歯のすき間からの擬音のようで、後者はまた涎と関連しており、口から涎を垂らすか、ないしは垂れそうになる涎をすすりとどめようとする音からこの名が付されたものと思われる。なお後者はクフクフ kuḥkuḥ とも発音される。④ジャハムリシュ jahamrish：「絶えず鳴き声をあげてやまない老ラクダ」の意味でこれも語の由来は③と同じであろうが、この他に「老女」「口やかましい女」の意味もあるところから、後者の概念がラクダに投影されたものかもしれない。これも雌ラクダが概念の主体となっている。なおこうした「口やかましい老ラクダ」でも、愛されたり、尊ばれたりするものは縮小形ジュハイミル juhaimir（末尾子音 sh 省略）と呼ばれる。⑤ジャウマーウ jaʿmāʾ：「根こそぎにされたもの」の意味で、一見すると歯が見えなくなってしまったラクダのこと。これは即ち歯がすり減って歯茎の中にめり込んでしまったか、抜け落ちてしまったかした老齢ラクダのことをいい、二〇歳以降のラクダはこれが年と共に顕著になる。⑥ディルキム dilqim、ダルーク dalūq（又はダルカーウ dalqā'）：共に「老齢のため歯が完全に抜け落ちてしまったラクダ」の意味である。前者は、もともと「前歯を欠く、歯をつぶす」という動詞 daqima から派生したものらしく、また後者は「すり抜ける」という動詞 dalaqa から派生したもので、この二つの語がディルキムという語を合成したものらしい。ディルキムもまた「老婆」の意味にも転じて用いられている。あまりの老齢のために口のしまりがなくなり、口から涎を流し、また水を飲むにしても歯がないために口から水がこぼれ落ちるラクダだとされる。この段階になると、アカシアやトゲのある固い葉の植物はもはや食料とできずに次第に痩せ衰え、死期を待つばかりとなる。

このような歯の磨滅度を指標とした呼称の他に、体に表われる特徴を捕えてトシヨリ期ラクダを指示するいくつかの語がある。概念的には⑥同様、歯が老齢のために抜けたラクダを⑦ダーリス dāris（雌はダーリサ）という語があるが、こちらは必ずしも⑥のように段階別を指示してはいない。ダーリサの語根 darisa は「永久歯が欠ける、抜け落ちる」ことを意味する。これに対し、「乳歯が欠ける、抜け落ちる」という動詞もある。これをダリマ darima といい、従ってこの派生形アドラム adram は「乳歯の抜け落ちたラクダ」の意味で用いられること（雌はダルマーウ darmā'）にも付言しておこう。

トシヨリ期は、口にしまりがなくなり、③、⑥でも触れたように涎を垂らすことも特徴的な症状である。これをいい当てたのが⑧マーッジュ mājj であり、「ムジャージャ（涎）を吐く／垂らすもの」の義で、ラクダ及び人間でこうした症状を呈しているトシヨリを指していわれる。

トシヨリ期には、体表も汚れ、シミやハゲが目立つようになる。こうしたラクダを⑨ハルミル harmil とか⑩サリブ thalib という。⑨はハルマラ、即ち「毛を抜き取る」の語から派生した呼称で、「体毛がほとんど抜け落ちた老衰ラクダ」の表現である。⑩はまたスィルブ thilb ともいい、サリバ thaliba 即ち「（毛、肌などが）汚れている」という動詞から出た言葉であり、「老いて衰弱し、歯がほとんど無くなり、尾にある毛もまたほとんど抜け落ちたラクダ」を意味する。猫などにもこうした症状は出るが、ラクダも同様で毛といっても尾のそれの減り具合いにより、老齢の見分けがつくのである。

また老齢期ラクダを指示する語に⑪サーッダ sāddah がある。この語はサッダ sadda、つまり「ふさぐ、止める」という動詞から出た言葉であり、「ふさがれた／止められたもの」の意味だ。何がふさがれ、止められたかというと「視力」なのである。従って⑪は「視力が衰えた、ないしは白内障を患っている老齢ラクダ」という、同じく老化現象の一つを特徴的に表現した呼称になっている。

こうした体の部分的老化のみでなく、体全体、体型的にもそれが見られ、これをとらえた呼称がある。皮膚がたるみ、シワが寄ったラクダを⑫アシャマ 'ashamah とか⑬アシャバʻashabahという。前者は草木類が「干からびる」ことから、また後者は草が「枯れる、しおれる」ことから連想されたものである。後者はラクダのみでなく、羊、さらには人間にまで「トシヨリ」を指示する語として用いられている。また⑭アンカフィール ʻanqafir なる語もある。これは「首と肩が触れるほどに年老いたラクダ」の意味であり、若いラクダは首と肩の間のわん曲がしっかりとしており、首がほぼ直角にすっくと伸びているのに対し、年をとったラクダはそのわん曲が次第に見られなくなり、皮も筋肉もダブついて、しわがよってほとんど首と肩とがくっついてしまうところから名付けられたものである。これも雌ラクダを指示することが多いところから、転じて「口うるさい嘘つき女」の意味としても用いられる。

こうしたさまざまな症状を露呈する同類に対して、トシヨリ期に入っても②と同様若さみなぎり、屈強さを依然として保持しているラクダもある。⑮ディイビル diʻbil（雌はディイビラ diʻbilah）がそれである。こうしたラクダをアラブは立派なものとして賛辞をおしまない。それ故、このディイビルは象徴化され、人名にも採られている。この名で最も有名な人物はアッバース朝の黄金期、首都バグダードで活躍したフザーア・イブン・アアラービー（八六一年歿）であり、ディイビルと綽名されたこの人は風刺詩に秀いで、時のカリフ・マアムーンも風刺の矢面に立たされた。特権でカリフが彼を捕えると、それはそれでまた一段と激しい風刺が放たれるので捕えることもままならなかったほどであった。

当時、中風やてんかんにかかった者の耳もとに「ディイビル！」と叫んでやると、こうした病がピタッと止んだという名高いエピソードの持ち主であった。トシヨリ期ラクダ、シャーリフをめぐる逸話を紹介しよう。『動物誌』の著者ダミーリーは、その著書の中で、第四代正統カリフとなったアリーのシャーリフに関する次のような面白い逸話を伝えている。以下原文を訳してみよう。

バドルの戦いの戦利品の分け前として私に一頭のシャーリフが与えられた。それに加えて、教祖様が自ら受取るべきものであるその戦いの五分の一の戦利品の中から、もう一頭のシャーリフを私にくだされた。さて、私は（預言者の令嬢）ファーティマを我が妻に迎えたく思って、（メディナ在住のユダヤ教徒集団）カイヌカーウ族の一金細工師のところに行き、私に同行してくれるよう頼んだ。というのも、手持ちの金品装飾品を彼に売って、結婚式の費用を捻出したかったからである。二頭のシャーリフはアンサール（メディナ在住のムスリム）の一人の庭の傍らにつなぎ留めて座らせておき、私はシャーリフに付ける荷鞍や荷袋、また繋ぎ綱といった用具類をあれこれ集めていた。集めるべきものを集め終わり、庭に戻ってみると、私の二頭のシャーリフはどうだろう！コブは切り離され、胴体は裂かれ、肝臓（内臓）は取り去られているではないか！二頭のこの無残な様を前にして、私は正視できなかった。私は叫んだ。「こんなことを仕出かしたのは誰なのか?!」と。居合わせた人々が「アブドル・ムッタリブの息子ハムザ（アリーにとっては伯父）がしたのです。彼は、このアンサールの酒場であるこの家のこの場所におりました。その座にはカイナ（歌姫）がいて、ハムザ殿に歌ってけしかけていました。

いかがです、ハムザ様、肥えたシャーリフなどは？／中庭につながれているシャーリフなどは？

ナイフをとって屠るべきところにあてて？／血を出し屠ってしまわれては、ハムザ様？

肉の美味なところなど酒に合わないの？／生なりと焼くなりと急がれましては？

あなたこそ期待にそむくことのないお方／苦しみ難儀を除《のぞ》いてくれるお方故！

これを聞いてハムザ殿は剣を手に取って立上り、シャーリフのところに行くと、そのコブを切り離し、腹を切り裂いて内臓を引き抜いてしまった、というわけです」。私は消沈してその場を去り、預言者様の所に赴いた。教祖様のもとには教友ザイド・イブン・ハーリサ殿もおられた。アッラーの御使いは、私の顔を見て何か悪いことが起こったことをお察しになり、尋ねられた。「一体何が起こったのですか」と。私は「アッラーの御使《み》いよ、今日ほど不幸な日に巡り合った日はございません。ハムザ殿が私のシャーリフに対し、不法を犯し、コブを切り離し、腹を切り裂いてしまったのです。彼は酔っぱらった連中とある家におります」と訴えた。

これを聞くと預言者は、外套を持って来させられ、それをはおって外に進まれた。私はザイド殿と共に後に従った。預言者様はハムザ殿がいる家の戸口まで来られると、中に入って良いか声をかけられた。許しの返事があったので、中に入ると一座の者すべてが酔っぱらっていた。アッラーの御使いはハムザ殿に対して、そのなした悪業に対して咎め悟した。ハムザ殿の目は血走っていた。彼はアッラーの御使いを見やり、それから視線を彼のひざに移し、さらに視線を上にあげ腰を見やり、さらに視線を上に向けて彼の顔を見やった。そして言った。「お前など、わしの父の奴隷にすぎないではないか、違いあるまい?」。アッラーの御使いは、ハムザ殿が正常ではなく錯乱していることをお知りになり、きびすを返してその場を去られた。我々もまた後に従ってその場を離れた。

（『動物誌』Ⅱ七二）

ハムザはムハンマドの叔父に当たり、気骨、武力共にすぐれ、メッカの迫害時代にも彼は甥の危難をいくたびか救った。メディナに逃れてからの最初の戦い「バドルの戦い」では勲功めざましく、イスラム軍を勝利に導く原動力ともなった人である。しかし、こうした頼もしさを持つ反面、ハムザには飲酒の癖があり、酔ったすえ、このような蛮行や預言者への暴言をはくこともあった。この事件をきっかけに、クルアーンではそれまで許していた飲酒を「マクルーフ（嫌われるべきもの）」と規定し、さらに最終的には「ハラーム（禁忌）」となしていくのである。また豪傑ハムザも、このラクダ殺しと飲酒との天罰でか「バドルの戦い」の二年後の「ウフドの戦い」では敵方に殺され、その肉体が引き裂かれてしまう運命にあった。

第9章　ラクダが年とる――ラクダの年齢階梯

1　ラクダの年齢概念

前章ではラクダの成長段階が人間のそれとの対応で考えられていること、及び個々の段階と名称の意義についての検討を行なった。本章では、これに続き成長段階の下位概念と思われる「ラクダの年齢」について、一歳毎にその認識のあり方を中心に観てゆくこととする。即ち、ラクダの年齢もまた「年毎」の名称をオトナ期になるまで保持しており、その意味付けをみるのが可能なわけである。まことに不可思議なことであるが、この「年齢体系」の指標となる名称も、「何歳ラクダ」という場合、数詞は用いていない。すべてその年齢に関係あることで特称が与えられている。大まかに分類すると、四歳までがその年齢期の「属性」、五歳以降は生え変わる「歯」がその名称の発想のもとを形成している。動物の年齢は「角」か「歯」がその指標とされるが、ラクダの場合は「角」はないので「歯」が決め手となり、その歯の名称がラクダの年齢に充当されているわけである。

また年齢を表わす名称でしばしば混乱をきたすのは、西洋語に訳される時、「一歳」違っている場合が多いことである。我が国がそうであったように、アラブも伝統的には「数《かぞ》え」で年齢の算定を行なっていた。西洋ではごく普通の「満」での年齢算定しか概念的にない場合、そこで一歳の年齢の相違がでてきて体系自体がずれてしまうことになる。西欧人の著わした砂漠行の探険記や旅行記の中での記述においてはこの点を留意せねばならない。

オトナ期に達するのは「九歳」であり、従って「九歳ラクダ」までが年齢階梯を形成しており、それ以降は名称としても体系を造ってはいない点もまた特徴と言える。「何歳ラクダ」のそれぞれの名称も、三歳のそれを除いてすべて一語の単独語でいわれる点、その語の持つ意義とともにアラブの民族観念を特徴的に代弁するものと言える。

2　当歳ラクダ

当歳ラクダ、及び二歳ラクダの呼称は「乳離れ」が指標となり、「乳呑み児」が当歳ラクダになる。従って前章のアカンボ期の二つの名称がそのまま「一歳」「二歳」のラクダの名称となるわけである。即ち成長段階別名称でアカンボ期「乳呑み児」を意味したフワール ḥuwār が、年齢別名称においては「一歳／当歳ラクダ」の意味をになうことになる。フワールの意味は前章で「乳を飲む（しばしば消化不良を起こす）もの」と記しておいたが、他にも意味がある。「応ずるもの」がそれで、ラクダの母子のきずなの強さ、な

図18　まだ離乳期に達していない子ラクダ。大事に見守られている。

いしは子が親の乳房をつつきそれで乳を得る関係が概念とされている。当歳ラクダと母親は、テント近くにおいても放牧地においても、人間の目の届く範囲に置かれる。羊、山羊の場合、授乳時のみ母子が一緒であるが、ラクダはそれらとは異なり、どこであろうと一緒にされている。従って母子のきずなは固く、子が母親から離された時には何とか母親のもとに行こうと疲労の極に達するまで努力する。この子ラクダの様は、それ故に、親しい友、愛して止まぬ恋人から去って行かねばならない者の、まさに「後ろ髪をひかれる思い」に喩えられている。

生まれたての子ラクダの肉は決して美味とはいえない。それ故、雄であっても二、三歳までは育て、その後肉用に供するのが普通である。こうしたフワールのようなまずい肉のことを原語ではmasīkh（味気の無い）とかmalīkh（塩辛い）とかいう。マシーフもマリーフも語呂が良いために、並列して「美味」とは反対の「肉のまずさ」、ひいては「美しくない」の意味でよく用いられる言葉である。

フワールの肉に関して有名な話が伝わっているのでここで紹介しておこう。

半島北西部に勢力を張っていたアサド族に、リドワーンという金持ちでいながらケチな男がいた。ある時、旅人が一夜の宿を彼のテントに求めた。ところがリドワーンは礼を欠き、客をもてなすこともしなかった。旅人が出立する際に主人の名前を尋ねたので、「私の名前はアル・アシュアル・アル・ザファヤーンと申します」と答えておいた。旅人は不快の念を抱いてリドワーンのもとを去っていった。ところが、この旅人が次に宿を求めたのが当のアル・アシュアル・アル・ザファヤーンのテントであった。今度のもてなしは意を尽くした大そうなものであった。旅人は声を出して彼に言った。「アッラーがあなたの心尽くしにより良き報酬を下さいますように！　またアル・アシュアルに対しては良き報酬はなさいませぬように！　私は昨夜その人物のところに厄介になったのですが、私への応対の悪いったらなかったのですよ！」。そこで主人は「私がそのアル・アシュアル・アル・ザファヤーン当人でございますが、それでは一体誰のところにお泊りになったので？」と尋ねた。旅人は昨夜の主人のことをあれこれ描いて説明した。アル・アシュアルにはそれが従兄弟であるリドワーンであって、自分の名前を騙ったことが分かった。そこで彼はリドワーンに向けて痛烈な風刺詩を作った。

(1)　リドワーンよ、客人への礼をまたも欠きおったな
私の警告がいまだ届かなかったとでも?!
(2)　夜旅する者は誰も知っていようぞ
そなたのもとでは飢えと寒さを味わされるのみと！
(3)　味気も風味もない性質《たち》はフワールの肉と同じじゃないか
酸いも甘いも分らぬ人よ、それがあんただ分らぬか！

このエピソードと詩は広く知れわたり、(3)詩行目で謳われたことから「フワールの肉ほどに味気なく（又は風味なく）」という諺が生まれ、「人情を解さぬ人、人徳の無い人」を指していわれている（『俚諺集』Ⅱ四、一七四参照）。

こうした味気も風味もないフワールの肉ではあるが、背に腹は変えられないのであって人が飢えた時にはその食料とせざるを得ず、屠って食べたことも事実である。上に引用した『俚諺集』の別の箇所（Ⅱ三、〇七七）には「奴隷の残したフワール肉のように」があり、これは奴隷が主人の留守中にフワールを殺してその肉のすべてを食べてしまい、後には何も残さなかったことから、「当然得るべきものなのに実際何も得ることができなかった」即ち、「期待外れ」の意味合いで用いられる。

3　二歳ラクダ

アラブの通念では乳離れした子ラクダは、既に「二歳」に入ったとみなされる。多くの場合生まれてから八、九か月後に乳離れするのが現実である。半年を経た乳呑みラクダに対しては、次第に母乳を遠ざけるように配慮し、遅くとも一〇か月後には離乳させる。アフサラ afṣala という語があるが、これは、このように「子ラクダが離乳期に達する」ことを言いあてた語である。離乳期に近づいた子ラクダは、乳以外に草も食べられるよう訓育される。また鼻の先にトゲや荒い木肌を持つ木切れをつけさせられる。こうすると母ラクダの乳を吸おうと乳首をつつくと、この木切れが母ラクダの柔らかい乳首を傷める。母ラクダはこれを嫌がって子ラクダを寄せつけなくなる。このような木切れを時には子ラクダの鼻骨に穴をあけて通すこともあるし、もっと荒くは舌の真中を切り裂いて縦に通すこともするのである。

乳離れした子ラクダに関してもいくつかの呼称がある。代表的な「二歳ラクダ」の呼称はファスィール faṣīl である。ファスィールの語義は、「分離する」、「区別をもうける」を意味する根本義から「乳児を離乳させる」までの意味を持つ動詞ファサラの形容名詞形で、この形は同時に受身の意味をも可能とし、「母乳から分離されたもの」とされている。これと発想を同じくする「二歳ラクダ」の呼称にマフルード mafrūd がある。この語は「孤独に／一人にされたもの」の意味で、「乳から、同時に母親から、引き離された」ラクダの意味合いを持つ。

ファスィールと同じくらいよく聞く「二歳ラクダ」の呼称にアフィール afīl がある。「乳を出されなくされたもの」の意味である。真夏に入って餌もなく、水も僅かしか与えられないラクダ、ましてや出産後再び孕んだラクダは乳をほとんど出さなくなる。この時期の母ラクダは、アファラ afala（乳を隠す）とよばれる。即ち、星や月、あるいは太陽などが雲や食《しょく》の折に一時的に姿を隠すように乳の出が止まることに由来する。乳が干上る母ラクダに対して、乳が飲めなくなり仕方なく離乳するもの、これが子ラクダ・アフィールである。アフィールを用いた諺に「種ラクダも、もとを正せばアフィールから」（『俚諺集』I七八）がある。どんなに出世し、立派になった人間も、その最初は小さく、ひ弱なものだとの悟しで言われる。ここにも「種ラクダ」を「出世した人」ないし「立派な人」、「離乳期ラクダ」を「手間のかかる、か弱い者」という人間への換喩が見られる。人間界でいい得ることをラクダ界でいうほどに両者の世界はアラブでは混じり合っているのである。

離乳された子ラクダは、まだ細かい面倒が要るとはいえ、もはや病気をしたり、死亡することはほとんどなくなる。従って完全に乳離れし、牧草を食べるようになった子ラクダは放牧にも出される。こうして草を食べ始めるようになったラクダのことはハッル khallという。ラクダの食糧となる草は二種あり、木の葉が主体で甘く柔らかい方をフッラ

khullah、トゲが多く硬く苦い方をハムド ḥamḍ という。（前者は「ラクダのパン」、後者は「ラクダの肉」と呼ばれる。多様なラクダの食糧源をアラブはこのように二種に分けており、民族語彙として興味深い。）二歳児はハムド「肉」の方は未だ無理だが、フッラ「パン」の方は食べられるようになったことから、ハッルと呼ばれるようになったわけである。二歳児に限らずコドモ期のラクダの足は小さくて可愛い。「ハッルの蹄のようなパン」という表現があるが、それはパンの大きさでちょうど二歳ラクダ、ハッルの蹄が小さく丸いことから生まれたものである。

離乳し成長したラクダは、また財産である動産の一部とみなされる点で一歳児とは根本的に異なる。それは同時に売買や税の対象にもなることを意味する。「二歳ラクダ」を指示する語に、ハーシヤ ḥāshiyah とルッバーフ rubbāḥ が他にある。前者は「余白を埋めるもの」、「衣服などの縁取りをするもの」の意味であるが、それが「二歳ラクダ」と呼ばれる所以は、乳は飲まなくなったものの母ラクダのもとを離れず、絶えず母親につきまとい離れない習性からきたものである。そしてこの習性は三歳頃まで変わらない。このため二頭の「二歳ラクダ」を表示するハーシヤターンとは、字義通りの他に「母親について離れない二頭の年子」の意味も持つ。具体的には同じ母親から生まれた年子二頭の「二歳ラクダ」と「三歳ラクダ」のことを指していわれる。

放牧に出されても支障のなくなった二歳ラクダのうち、雌は問題なく大事に育てられるが雄の方は苛酷な運命が待ち受けている。血統や体格、性格が吟味され、最上種は「種ラクダ」として選別されるが、他は去勢されて使役用に残されるか、肥えさせられて来たるべき祭礼の犠牲や来客のもてなし用の肉として、いずれ近い将来には屠殺される運命にある。前記のルッバーフとはこうしたラクダのことをいうのである。このような背景にあるために、ルッバーフは親もとから離され、放牧に限らず「売買のために他の地域に連れて行かれるラクダ」のことをもいい、ルッバーフの中でも特に肥えていたり、病弱であったりしたものは、来客のランクによりもてなし用肉の対象となる。ルッバーフを動詞にしてアルバハというと、こうした「ルッバーフを屠って客をもてなす」ことを表わす。

これと関連して、乳離れした際、またその後、体の肥えたものと痩せたものとを指標とした「二歳ラクダ」の特称の存在することは注目に値する。体が大きく肥えた離乳ラクダのことをアスジャド asjad と、また痩せて小さな離乳ラクダのことをラティーマ laṭīmah といっている。もっともこれには異説があり、「二歳」という年齢に限らず、「肥えた」、「痩せた」を弁別特徴とするすべてのラクダに適用されるとも説かれている。

もう一語「二歳ラクダ」の意味で、よく聞く名称がある。これは複合語であるが、雄のそれはイブン・マハード ibn makhāḍ 雌のそれはビント・マハード bint makhāḍ である。前者は「マハードの息子」、後者は「マハードの娘」の意味である。マハードとは「孕みラクダ」のところで記しておいたように「一〇か月目（ラクダの妊娠期間は一二〜一三か月）を迎えようとする孕みラクダ」のことである。出産を控えて冬期から春先にかけて再び交尾し、子を宿した母ラクダがちょうどこの頃乳を出さなくなり、また子ラクダをも離乳させるところからこのように呼ばれる。

4　三歳ラクダ

母親から離れても行動できるようになったこの時期のラクダは同時に目的に応じて訓練を受け始めることになる。訓練が最も厳しいのは、乗用とされるラクダであって、その選別もこの時期の大事な仕事となる。言語の持つ恣意性というのであろうか、「三歳ラクダ」の名称はただ一つあるのみである。筆者が今まで調べ、探ってみたなかでもたった一つ存在するだけなのだ。「二歳ラクダ」のいくつかの名称とその由来からアラブのそれに対する多様な概念化が可能であったのに対して、「三歳ラクダ」の呼称の貧困は何に由来しているのであろうか。乳呑みの時期から離乳期までの期間は、ラクダがひ弱であるために飼育者の関心がひとかたならず集まり、その思念がさまざまな語として結晶したのに対し、三歳の時期に至ればそう手間もかからず、放っておいても育つことが反映しているとも受け取れよう。

それはともかく、「三歳ラクダ」は雄ならばイブン・ラブーン ibn labūn、雌ならばビント・ラブーン bint labūn という。「ラブーンの息子」「ラブーンの娘」の意味である。ラブーンとは「乳を出すラクダ」「乳用ラクダ」の意味であり、先にも触れたように子が乳離れしても乳を出し続けるラクダは、乳用として特別扱いを受ける。この「ラブーンの子」と呼ばれる背景もまた母ラクダの妊娠と出産との周期のあり様を伝えているものとして興味深い。妊娠期間は一二～一三か月であり、出産は二年に一度が通例であるため、三年目に入る子ラクダには次に出産した子、弟妹にあたる乳呑児がいる。このために乳を多く出すラブーンを母に持つことになる。こうしたことにより「三歳ラクダ」は前記のような呼ばれ方がされるわけである。

ここでもう一つ注目すべきは、「三歳ラクダ」のこの呼称が複合語であることである。アラブの通例として、身近な物象、心象に対してはそれ固有の単独な名称を付与するのが通例である。既述のラクダの特称も、またこれから述べるものもすべて独立した単独語であり、決して複合語ではない。この語彙の豊かさこそ、アラブの、アラブ遊牧民の思惟の何たるかを示す最大の特徴となっている。しかるに他の年齢的特称に比して「三歳ラクダ」の呼称は一語であって、それも複合語である点、こうした例外の存在もあることは一応銘記しておかねばならない。

イブン（またはビント）・ラブーンの呼称は、おそらく「二歳ラクダ」の最後のところで述べたイブン（またはビント）・マハードにヒントを得て、または関連付けて命名されたものと思われる。この傍証となるのがハーシヤのところで述べたハーシヤターンであり、これが「二歳ラクダ」と「三歳ラクダ」を指示していると述べたが、前者がイブン（またはビント）・マハードで、後者がイブン（またはビント）・ラブーンであるというのが原語の説明なのである。

「三歳ラクダ」は人間でいえばまだ未熟者である。学問とか技術、知識や経験が未だ足りない場合にも喩えとしてよく引き合いに出される。有名な逸話を紹介しよう。

イラクのクーファに住み、クルアーンとイスラム法に通じ、敬虔さでつとに知られ、メッカ巡礼の中途で死んだイブン・ウヤイナ（七二五～八一四）はある時「石を用いようとする者はそれを奇数にしなさい」とはどういう意味なのか、という質問を受けた。彼は答えに窮して黙っていた。すると質問者は「それについてマーリク（イスラム法の権威で四大法学の一派の祖）殿の言われたことでよろしいのでしょうか？」と言った。イブン・ウヤイナが「マーリク殿は何と言われていますか？」と尋ねると、「沐浴に際して（水も砂も見出せない時、いくつかの奇数の）小石で代用してよろしい、と言われています」との返事を受けた。イブン・ウヤイナは（それにうなずき）「全く私とマーリク殿は先人が詩に謳っている通りですな」と言って次のように吟じた。

イブン・ラブーン（三歳雄ラクダ）が共に綱でつながれたとして
たけだけしいバージル（九歳雄ラクダ）の怒りをかったらどうして耐えられよう

己の知識の無さと至らなさを「三歳ラクダ」に、マーリクの偉大さと見識を「九歳ラクダ」に、我が国の表現で言えば「月とスッポン」とたとえたわけである。

（『動物誌』Ⅰ一八六）

5　四歳ラクダ

ラクダも四年目を迎えると四肢や骨格がしっかりとして、やや小型ながら成獣と同じ体つきになる。そのため三歳期も大分過ぎる頃から、その性格や体格、能力に応じて、乗用、運搬用、農耕用に適するかどうか吟味され、調教されてきており、早いものでは三歳半の頃から、遅いものは四歳頃には実用に供されることになる。こうしたことから「四歳ラクダ」はヒック hiqq と呼ばれるわけであるが、このヒックとは「ふさわしい、正当である」という意味である。これからもわかるように、成獣が担うであろう労役が可能となり、その労役を果たせられるのに「ふさわしく、また正当となる」ところからこの名前が付されたわけである。即ち、初めて実用に供せられるラクダは、四歳が目安になっているということがこれでもわかる。

乗用ラクダの調教は特に重要で、それは単に乗り得るように立ったり、ひざまずかせたりするだけではない。また走らせたり立ち止まらせたり、また速度と方向変換のす早さとに加え、戦闘用に仕立て上げることになっているのである。

四歳ラクダをヒックというのには他にも理由がある。「ふさわしい、正当である」という元義は同じであるが、それが願望であり、期待感を表わしているわけである。即ち「五歳ラクダ」の記述の中にも触れるように、もう少したてばあるいは一年も満たないうちに、雌の中でも早生まれのもの、ないしは早熟なものは、交尾が可能となり孕みラクダの仲間入りをし、財産であるラクダを増やしてくれることになる。そうなって欲しい、それに「ふさわしく」またそうなっても「正当である」ようにと願うことから、こうした呼称が与えられたとする。こうした期待を担って性器が発達し、胎盤が整ってきた雌ラクダを指して「彼女はヒックの時期を終えた《アタット・アラー・ヒッカティハー》」と言い、感動を混じえて発せられる。

四歳ラクダの群れをヒカーク hiqāq というが、これは同時に「枝を広げたアカシアの木」に喩えられる。というのも四歳ラクダの頃の背中のコブは、あるものは高く、またあるものは低い。このため四歳ラクダの足は細くて見えず、胴体だけが横にある程度の広がりを持った形で遠望できる。この遠望はまさにアカシアの木が枝を横に伸ばした形に見まがうほどに似た様となるわけである。

6　五歳ラクダ

五歳ラクダのことはジャザウ jadhaʿ という。「若く逞ましいもの」の意味で、人に絶えず面倒をかけることもなく、またある程度食べ物を与えなくても生存してゆけるほどに成長して強くなったことから名付けられた。またこう呼ばれるのは、歯の状態を表わすことから由来している。即ち、ジャザウとは永久歯が生え始める前段階のことをいう。つまりサニッヤという中切歯が生え変わると、これが六歳時を表わすのであり、その前の状態がジャザウと呼ばれるわけである。

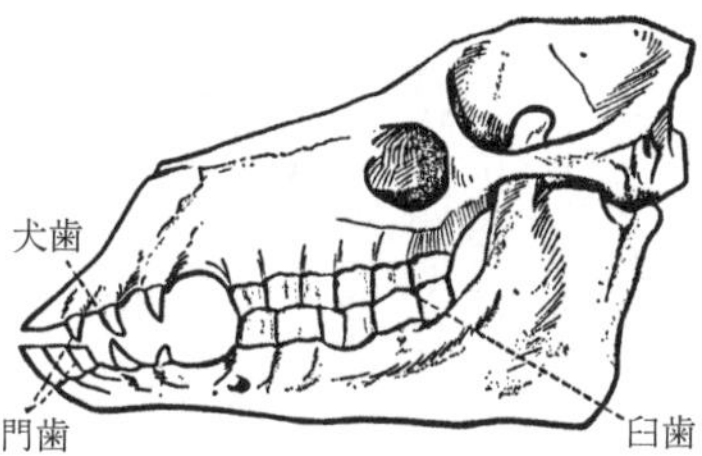

図19　ラクダの頭骨と歯の並び方

この概念はひとりラクダだけに適用されているのではない。前述の二つの意味合いから、ジャザウとは永久歯、中切歯が生え代わる直前の家畜やガゼルにも用いられる。羊、山羊の場合、若い両親から生まれたのは六～七か月、老いた両親からのそれは八～一〇か月を経た子羊または子山羊のことをいう。この頃の羊、山羊は犠牲用として、また駝走用肉としては最良のものとされている。ガゼルの場合は一か月を経たものをいう。牛の場合は二歳（稀に三歳）のものをいい、また馬の場合は三歳（稀に四歳）のものをいう。

ラクダの場合五歳ぐらいになると、交尾が可能になり、妊娠して子持ちになるのもでてくる。従って経済的価値も高くなり、イスラムで定める税ザカート（救貧税）の代用とされ、放牧家畜のラクダを六〇頭以上所有している者はこのジャザウ一頭を収めねばならないとされている。

ジャザウはピチピチして活力みなぎり元気旺盛なことから、人間の「元気な若者」の意味にも転じて用いられている。また成獣になり始め、ないしは成獣としての用途として使われ始めであるために人間でも「ある専門職を始めたばかりの者、新米《しんまい》の徒弟、未熟者」の義にもなる。

ジャザウの時期の背中のコブは、いくら肥えて栄養をたっぷりとっても成獣のそれには及ばず、小じんまりとしたものである。そのため、小さな丘とか砂丘、小山などの意味にも使われる。「どこそこの地域に入ったならジャザウがあるから、それを目指しなさい。そしてそれが大きく見えてきたなら右手にとって行きなさい」というような言い方がされているのである。

ジャザウの年齢に達したラクダは例外なく苛酷な試練を経なければならない。その試練とは長い夏の渇水期に普通のオトナと同じに、六日も七日も水を飲まずに過ごさねばならないわけである。それ以前はワカモノ組に組み入れられ、比較的自由に飲めた水もそうはいかなくなる。これに耐えられなくて死ぬというようなことはないにせよ、初めての試練であるだけに相当へばるわけである。こうして水を与えずにラクダの様子を見るのも、またラクダの用途に向き不向きをチェックする意味をも持っているのである。

7　六歳ラクダ

六歳ラクダのことをアラブはサニッユ thaniy（複 thunyān thinā'）といっている。サニッユとは「二つ（ずつ）所有する」という意味であって、数詞の「二」を表わす ithnān と語根を共にするものである。「二つ」とは、この場合永久歯として生え代わった「中切歯二本」（下アゴのみで上は牛と同じで無い）のことであり、この「中切歯」のことを、同じ数詞「二」から派生させたサニッヤ thaniyyah（複 thanāyā thaniyyāt）という。換言すればサニッユとは「サニッヤを持つもの」の意味である。同じく「ラクダがサニッヤを生やす」、または「ラクダがサニッユとなる」ことはイスナーウ ithnā' といい、ラクダがこうなることは動詞アスナー athnā で表わされる。しかし「切歯」はラクダに固有ではない。先の五歳ラクダのところでも触れておいたように、他の家畜の年齢指標にもなっている。このサニッユも、動物の成長速度によって生える時期は異なり、小形のものほど成長速度に合わせて早い。ガゼルの場合は二～三か月成長したものを、羊、山羊ならば二～三歳のものを、馬ならば三ないし四歳ものをいう。ただし「馬の切歯」は別に radī'ah（複 rawādi'）という呼称を持ってはいるが、成長段階と関連付けられる時はサニッユの方が用いられる。

六歳ラクダがサニッユと呼ばれるのには別の説がある。「峠を持つ小高い山」、即ち、道がそれに向かって登り、頂部に達し、下り道を持つ山がサニッヤの意味であり、ラクダがサニッユと呼ばれる所以は体格が頑強さを増し、コブも一段と盛り上がってきて形もまた堅固さもサニッヤに類似しているためこう名付けられたのだとの説である。

サニッユの仲間に入った雌ラクダは完全に妊娠が可能になり、子を持つように細心の注意が払われ、交尾とその後の孕み状態が見守られる。またラクダが犠牲獣として捧げられる場合、このサニッユの時からしか許されない。従ってサニッユという表現は犠牲用ラクダとしては最年少のものとのマークも持つ。これは同時に成獣としての仲間入りが初めて許されるのも、この年齢であることを示している。

8　七歳ラクダ

七歳に達したラクダはラバーイン rabāʾin と呼ばれる。ラバーインとは、ラバーイッヤ rabāʿiyyah（複 rabāʿiyyāt）を持つ者の意味である。ラバーイッヤとは「抜け変わって永久歯となった側切歯」のことである。従ってラバーイッヤは歯列からして前記サニッヤと八歳ラクダのところで述べるサディース（犬歯に連なる歯）の間に並ぶ歯のことである。

上の説明からもわかる通り、ラバーイッヤもラクダに限らず有蹄類の歯を示しており、それは同時にこうした動物の年齢別呼称としても用いられている。羊、山羊だと四歳、牛の類だと五歳として体系付けられている。

「ラバーイッヤの永久歯が生え、七歳ラクダになる」ことはイルバーウ irbāʾ と表現される。そしてこれを表わす動詞もあり、これはアルバア arbaʿa という。こうした表現は「歯」を指標としており、従って他の動物にも適用されて然るべきであるが、意味内容は圧倒的にラクダが主体である。七歳ラクダ、ラバーインになると体は一段とたくましさを増し、どんなに「おくて」の雌ラクダであっても妊娠が可能とされる。

「七歳ラクダ」を中心に、六、七、八歳ラクダに共通した呼称の特徴がある。「七歳ラクダ」の原語 rabāʿin は数詞「四」の意味を実現する arbaʿah と語根を同じくし、「四つ（ずつ）を所有する（もの）」の意味である。そして前に述べた「六歳ラクダ」は「二つ（ずつ）を所有する（もの）」であって、次に述べる「八歳ラクダ」、の原語 sadīs は「六つ（ずつ）を所有する（もの）」を意味する。即ち、これは歯の数を指標とし、しかもその「算定した数」が「歯」の名称としても固定されているわけである。（「八歳ラクダ」の呼称 sadīs は歯の名称そのものにもなっており、その点六、七歳の両者は別であって、八歳の方がより一層年齢と歯の結びつきを強めている。）しかも注意しなければならないのは、この「数」の見方が下アゴにある点である。ラクダの上アゴの永久歯は、切歯すべてが分離しておらずひと固まりの土手になっているために、下の歯並びを同定することによって歯と年齢とを判断するわけである。

9　八歳ラクダ

八歳ラクダは前節でも記したように「六つ（ずつ）を所有する（もの）」という意味のサディース sadīs またはサダス sadas と呼ばれている。両方とも、同時に歯の名称ともなっている点で六、七歳のそれとは異なることにも触れた。さらに生態学的に興味深いのは、ラバーイッヤ（側切歯）と犬歯との間にある歯ということである。つまりこの歯は人間には存在しない。人間の前歯は犬歯を境に四本しかないが、ラクダをはじめとする有蹄家畜の前歯は、この歯を加え六本を所有しているのである。アラブは羊、山羊がサディースを生やすと、その年齢を五歳、牛、馬の場合六歳と算定している。こうした有蹄類が「ラバーイッヤの傍らにサディースをはやす／がはえる」ことは isdās と表現され、その行為化は asdasa という動詞で示される。

さらに語形的、文法的に興味あることは、歯の名称は普通女性形と考えられ、-ah という女性表示の語尾が付加される。一般に「歯」と指示されるものも、先の「六歳、七歳ラクダの歯」もそうであった。しかるに、このサディース及び次節で述べる犬歯のみが男性形扱いとなっていることである。この例外的扱いはサディースの獣性（人間は持たないため）、犬歯の語意の持つ獣性といったものが、女性的というよりも男性的な響きを与えているためとも解釈できよう。

この八歳に入った年齢のラクダは、体格ではほとんど成長しきった九歳ものと変わりはなく、その九歳を示す歯が待たれる時期なのである。詩人アビードはおのれの乗るラクダの頼り甲斐ある様を叙して次のように謳っている。

春の牧草地に長く滞って／その瘤の大きさ一層高くする
体の肉もよく肥えて／「八歳歯《サディース》」に加えて「九歳歯《ナーブ》」を並べる。
（『アビード詩集』一二―八）

サディースから九歳歯が生える頃は年齢的にもっと強健な体を維持できる頃であり、どんな傷も病いも他の年齢期のものよりは軽く済ませてしまう、頼り甲斐のある時期のラクダなのだ。

しかし八歳ラクダにしても、価値的には九歳ラクダよりはランクが低いものとされる。それは動産や経済的価格から明らかに区別されている。（第21～23章ラクダの単位的側面参照）

詩人マンスール・イブン・ミスジャーフは、殺人を犯した者に対し、示談でディヤ（同害報復）の代償を成立させた身内の者が、ラクダの年齢に応じて代償金代わりにラクダを選びとってゆく被害者側の代表となった男の様を次のように叙している。

彼　ラクダの群れの中程を巡り歩く／群れの中より「九歳ラクダ《バワージル》」及び「八歳ラクダ《スドゥス》」を選び抜く／徴税人の巡り歩く様にも似て
（『タージュ』Ⅶ二五九）

10　九歳ラクダ

ラクダは九歳で成長が止まり、完成した体格を備えたいわば「成年」に達したとみなされている。成年に達したかどうかの判別は肥えた目を持つ人には体形を見れば容易にできるのだが、より確かな目安は、やはり歯の有無にある。ラクダの場合「犬歯」が生え揃うことにより、名実ともに一人前とみなされるのである。犬歯は、原語ではナーブ nāb（またはニーブ nīb 複 anyub anyāb）という。ナーブはある特定の動物のそれを指していうわけではない。犬歯を持つ動物すべてに共通した語であり、従ってラクダのそれのみを指しての特称であるわけでもない。犬歯が長く発達して口から外へはみ出して突く武器ともなったもの、これが牙である（象は門歯の発達したもので別）。日本語では別な名称になっているが、アラブでは「犬歯」も「牙」も共にナーブと呼ばれる。

牙に関連して、アラブの俗信を紹介しておこう。

「牙持つ動物は角を持たない。角持つ動物は牙を持たない」という俗信である。牙と角を同時に持つ動物は確かに現実には存在しないように思うが如何であろうか。他の文化圏、例えば我が国では「竜」や「鬼」に両方を持たせてはいるが、これらはあくまでも想像上

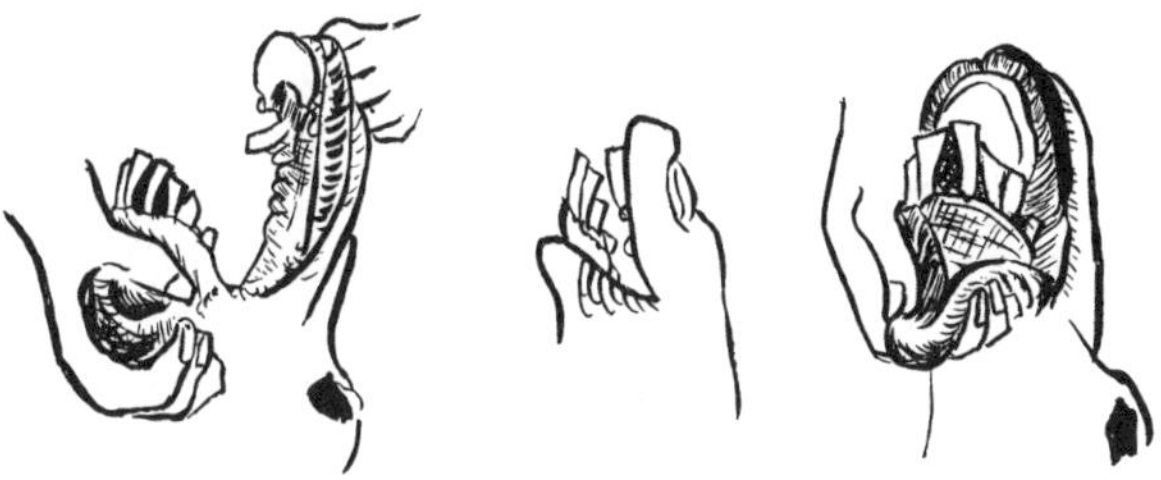

図20　口を開いて歯をチェック。言うことを聞かないと、鼻孔に指を突っ込んで無理に口を開かせる。

の動物である。これらの想像上の動物であっても、アラブ圏の数少ない絵画や物語の描写をみての推断を下しても、この両方を描き込むことはない（ただし、他の文化圏の影響、近・現代の文学、芸術作品は別である）。

犬歯の出現によって、ラクダの歯並びは完成し、今まで十分には食べられなかったハムド ḥamḍ（複 ḥumūḍ）と呼ばれるトゲの硬い植物群、即ち「ラクダの肉」類も引きちぎって食物となし得ることになる。こうしたところから、食物とする植物の範囲も広がり、体の頑健さと病気に対しての抵抗力を増し、またどんな用途に使役するとしても、ラクダとしての最高の能力を発揮し、飼い主に満足感と安心感を与える。それゆえ、ラクダの売買においても最高の値段で取り引きされるわけである。

九歳ラクダの呼称はいくつかある。中でももっとも広く知れわたった呼称は、バージル bāzil（複 buzul bawāzil）である。バージルの語根動詞バザラは「引き裂く」という意味から、ラクダの場合「ナーブ（犬歯）

が歯茎を引き裂いて出てくる」という特別な意味に用いられる。そしてこの狭義に用いられるバージルはそれゆえ「ナーブを備えたもの」の意味となる。ナーブは既に説明したように、すべての動物の犬歯を指示するのだから犬歯を持つ動物のすべてに適用されて良いはずであるが、面白いことにこの「ナーブを備えたもの」を意味するバージルは、ラクダだけに適用され、それが「九歳ラクダ」の特称に適用されているのである。

五、六歳から既に駄用か乗用に、さもなければ繁殖用に使われはじめ、三〜四年を経た後、成熟期に入ったラクダであるから、家畜用動物として用途及び資質は十分なものを備えている。それ故バージルは、人間を指しての換喩に用いられる場合、「年輪、場数を踏み、経験、知性、判断の豊かな、または正確な人」の意味としても用いられている。先に「三歳ラクダ」の節で引用した人間との対比を参照されたい。

九歳ラクダには他に三種の呼ばれ方がある。その中の一つはシャルフ sharkh（複 shurūkh）といい、これも犬歯と関連した語である。バージルと同じく犬歯といっても、ラクダのそれのみを指して用いられ、その「犬歯が歯茎を突き破って出てくること」から「九歳ラクダ」の意味を持つに至った。なおシャルフには他に「ラクダの犬歯」そのものの意味もある。

またアンス ʻans（複 ʻinās ʻunūs）も「九歳ラクダ」（ないしはそれ以上の年齢の）の意味で用いられる「強い逞しいバージル」とさらに細かい形容も加味されている。アンスには、他に「岩」とか「鷲」とかの意味もあり、また原形の語義に「曲げる、曲がる」とあるところから、わん曲した形がイメージ化され、またそれが頑丈な「岩」とか猛禽である「鷲」とかと結びついて「強い、逞しい」という形容句が伴なったものと思われる。

また、アンスは同じ年齢のラクダでも「犬歯をはやした雌ラクダ」の意味だとされ、雄には適用されないことにも注意を要する。それはアンスの語根義が「(女性が)適齢期を過ぎても結婚しないでいる」という、いわば「行かず後家」の意味合いが強く作用しているものと思われる。

九歳ラクダのさらに別の呼称としてムフリフ mukhlif という語がある。イスラムの教主カリフ khalīf と語根を同じくする語で後者が「後を継ぐ」者に対して、前者は「とって代わる」者の語義の反映がある。即ち、それまであった乳歯に対し、永久歯が(すべて)とって代わったもの、の意味がもとにある。従って九歳ラクダのみでなく、時には一〇歳ラクダにも、またこれらの上位分類である成長段階別名称の「成年ラクダ」をも指していわれる。

11　一〇歳以上のラクダ

ラクダの年齢別呼称は「九歳ラクダ」までである。この後の名称は、この上位分類である「オトナ期ラクダ」の語の中に吸収されてしまう。もし一〇歳以上の年齢を指示したい場合には、数字を表わす複合語の形をとる。例えば「一〇歳ラクダ」と特に指示したい場合には、一年を経た「九歳ラクダ」という意味で「バージル・アーム」あるいは「ムフリフ・アーム」といい、また「一一歳ラクダ」の場合は、二年を経た「九歳ラクダ」という意味で「バージル・アーマイン」あるいは「ムフリフ・アーマイン」といわれる。

ところがさらに調査を進めると、一〇歳ラクダに限り、三語ほど見出すことができた。ヌスーフという語については少し後で述べるとして、雄のそれは「体毛を多く持つもの」の意味でハルーブ halūb、また雌は「犬歯をがっしり生えそろえたもの」の意味でナユーブ nayūb というのがそれである。

プレ・イスラム期の詩人アビード（五五四年歿）はワジーブ（広大で危険な砂漠）の踏破を行ない、我が身を託す愛用のラクダを、

我が乗る雌ラクダ齢も良し　「八歳《サディース》」を超えて今や「九歳《バージル》」
「四歳《ヒッカ》」ほど弱からず　また「一〇歳《ナユーブ》」にも未だ至らず　（『アビード』1―一四）

こう謳った。危険が待ち受ける砂漠に立ち向かうにバージルになったばかりの優良ラクダを選んで出達したのであった。この内容からもわかるように最も危険な旅には良く調教されたバージルが最高とされた。それ故同じ成年ラクダでも、活力・体力は若い方が良いとされ、ナユーブは次善のものとされたアラブのラクダに対する概念の反映が窺える。面白いことに二〇歳がラクダの大方の寿命だということは、ヌスーフ nuṣūf またはナサフ naṣaf というラクダの呼称からも推断できる。というのはこれらの語も「一〇歳ラクダ」

を意味しているが、原義は「(時空などが) 真中に達する」ことを、それゆえ寿命ならば「生まれてから死ぬまでの中間期に至った」ことを示しているからである。しかしながら二〇歳というのは明らかに簡略化した分かり易さを指標にした俗説であり、二〇余歳というのが正しかろう。しかもアラブの場合自然死するまで待つことはなく、余りトシヨリになってしまうと肉がまずくなるので、なるべく早い時期にこうしたラクダは屠殺され、食卓に供されることになる。しかし長命のラクダは四〇歳ぐらいまで生きることは確かである。こうしたことから「二〇歳」も一つの指標となっており、二〇歳過ぎた雄ラクダをヒルシュ hirsh、雌をファーティル fâtir というところもある。前者は「年取る、または崩れ倒れるもの」、後者は「衰弱した、またはけだるいもの」の意味である。他はすべて年齢で呼ばれることはなく、前章で述べた「トシヨリ期ラクダ」のどれかで呼ばれることになる。

プレ・イスラム期には maysir「賭矢」と呼ばれるギャンブルがあった。その賭徳となったのは「トシヨリ期ラクダ」の肉であった。一〇人集まって行なう賭人は前もってこうしたトシヨリ期ラクダを買っておいた。矢の刻み目は一から七まであり、七番矢を引き当てた者が最高で、肉の二八等分した中の七をとり、以下他の当たり矢を引いた者はその刻み目の数だけとることになっていた。刻み目のない外れ矢は三本あり、それを引いた者が賭徳であるラクダの代金を支払うギャンブルである。ラクダといってもトシヨリ期ラクダを選んだから、そう高価なものではなく、また三人で分担して払うので払う方も余り負担にならず、当たり矢を引いた者も分け前の肉は仲間や見物人にふるまうのが普通であったから、マイシルは頻繁に催された。トシヨリ期ラクダの利用価値の一端は、ギャンブルの賭徳という文化要素の中にもあったのである（マイシルに関しては拙稿「アラブ遊牧民の娯楽――賭矢再現」『月刊シルクロード』第五巻第四号参照）。

12 「動物の死」の概念

アラブ世界のイード（祭礼）やマウリド（預言者や聖者の生誕祭）あるいは割礼や結婚式などの個人的祝祭には、普段とは異なる特別な食事を伴なった会食や宴が催される。こうしたハレの場での馳走のメニューのメインは何と言っても肉料理である。現今では牛や羊及び山羊がその中心になっているが、昔はラクダが主であり、また野生のガゼル（アラビア鹿）も珍味とされたものであった。

こうした肉は、これらの動物の頸動脈を切って血を体内からすべて抜き去ったものを適宜切り離して、料理に当てたものであった。その行為は日本語では「屠殺」ないしは「ほふる」という語が、小動物ならば「絞める」という語が相当しよう。だが乾燥文化圏に属し、都市定住民のみでなく遊牧民が重い比重をもって共存しているアラブ文化圏では、この「動物の屠殺」に関しても、また我々農耕・湿潤文化圏とは異なる、はるかに豊かな文化的特徴を開示してくれているのだ。

一例を述べるならば、我々農耕民が神仏に「お供え」するといった場合、その供え物は（魚類のほんの一部を除けば）すべて五穀豊饒儀礼でも分かるように農作物ないしはその加工品である。これに対してアラブのそれは、もっぱら動物を犠牲として捧げる動物供犠であることをみても分かろう。

この動物供犠及び犠牲に関して、またそれに関連する「屠殺」に関しては別稿に譲るとして、その基礎概念となる「動物の死」ということに関してのアラブないしはイスラム教徒の意味表象がいかなるものかを考えてみることにしよう。

有畜及び食肉文化圏である西洋でも、「動物の死」に対する特別な語や表現はなく、人間（ないしはすべての生物）に共通したものが流用される。英語で強いていえばPerishぐらいがそれに近いであろう。

どんな形であれ「死」を表わす言葉をアラビア語ではマウト mawt といっている。人間の死で天寿を全うして死ぬことを日本語でも「老死」の他に「寿終」という言葉があるが、アラブは「神の定められた約束を果たした」という意味でワファー wafāh という。また「息を引き取る」を直義とするハトフ ḥatf なる語もある。それでは人間のみでなく、生物全体に用いられるマウトの他に「動物の死」のみを指示するアラビア語の語彙にどんなものがあるかといえば、ヌフーク nufūq というのがそれである。これは四足獣 bahāʾin

や駄獣 dābbah が死ぬことを意味しており、狭義にはロバやラバに用いられているのである。このヌフークに対し馬の死を中心概念とする語にトゥフース ṭufūs という語がある。両者とも「不浄不快」を語感として持つのが特色である。

さらに馬と並ぶアラブの代表的乗用家畜であるラクダのそれはタナッブル tanabbul と呼ばれる。人の気がつかないうちに、老衰や急病、渇《かつ》れ、過労、それに崖下や井戸の中に落ちたりして、気づいても手が出せなくてみすみす死を見守る場合などもある。またプレ・イスラム期には死者のために、死後乗ってゆくとされたラクダを墓前につなぎ、それが死ぬまで放置する慣行もあった。

もう一つ、アラブの自然観とラクダの体質を反映させる「ラクダの死」の語がある。それはフズーウ huzū' と呼ばれる語で「ラクダの凍死」の意味である。蒙古、中央アジアに生息するふたコブラクダは寒さや雪、氷に適応し、駄獣として役立っている。ところがアラブに生息するひとコブラクダはそうした適応力は余りなく、厳しい寒さ、特に降雪の折の長距離旅行に対しては「凍死」することが珍しくはなかった。猛暑、灼熱の太陽、焼けつくような大地に対しては強いアラブのラクダも大敵は寒さ、冷気なのである。

ラクダは次第に衰え果てて死ぬ場合も勿論あるが、その様子もなく急に即死する場合がほとんどである。即ち絶命するまで主人の命令に従って行動し、突如として力尽きて倒れ死ぬのが普通なのだ。「ラクダの死」を意味する語タナッブルも、こうしたことから「矢で急所を射抜かれて即死すること」とも、「絶命するまでその任務を遂行する高貴なもの」との語義であるとも説かれている。

ラクダの死の突然の訪れ。乗っている主人の命《めい》に最後まで従って、倒れた時には既に死を迎えていた話はよく聞かれる。勿論ラクダにくわしい人、常に接している人には、その前兆に気付くものである。まず瘤がなくなり、瘦せてくる。歩行能力も落ちて、時折立ち止まるようになる。目に涙がたまり、それが流れ出てくると、既に極度の渇れに達しており、そのままだと渇死《かつし》することになる。

第一次大戦中、遊牧民を率いて、アラビア半島西岸ヒジャーズから、ネフード砂漠、ヨルダン、パレスチナ、シリアを二年近く、ラクダを駆ってゲリラ活動を行なった「アラビアのローレンス」は、さすがに、よくラクダのことを知っていた。彼はヨルダンのワーディー・アラバの東方の雪の中を北上していた。

ラクダと私とは三時間もこの平原にいた。まことに不思議な騎行であった。が私の難儀はまだ終わっていなかった。雪はまったく私の二人の案内者がいったとおりであって、岸壁や溝や塁々とした石の塊りの間にうねうねと山上へ続いている小径を完全に埋めつくしていた。最初の二つの角を曲るだけで途方もない苦労を嘗めた。ホドヘイハ号はその骨ぽい細脛で、どうにもならない白雪のなかを歩き疲れて弱ってしまったのが、はっきりと目についた。そしてさらに一つ険しい山の端をのぼったとき、ついに堤めいたところにある径の縁を踏みはずしてしまった。私はラクダもろとも約一八フィートの崖下、一ヤードばかりの雪の吹き溜りの中に転落した。墜落してラクダはひひんと啼いて起き上がり、震えながらじっと立っていた。

牡のラクダがこのような調子に不動の姿勢で立ちどまるときは、幾日か経つときまって立ったそのまま死んでしまうのである。そこでもう牝のラクダの力の限度にきたのではないかと心配になった。私はラクダの前に首まで埋まりながら引っ張り出そうとしたが駄目であった。それから長いこと後からその尻をひっぱたいてみた。乗ってみると、こいつは座り込んでしまった。私はとび下りて持ち上げてやった。

（『知恵の七柱』Ⅲ七五—七六）

訳者は英文学者で、アラブ文化のことはほとんど御存知ないために、引用の部分二か所に不適切な訳がある。ここにそれを訂正、補足しておこう。ホドヘイハ号とは、ローレンスがダマスカスのゲリラ活動の足となった雌の乗用ラクダであり、ホゼイハが正しい。アラビア語アルファベットの九番目の文字は dh とローマナイズされ、音韻表記されるため先のような訳になったわけである。ホゼイハは「元気の良い」「活発である」の意味。また転落したラクダが「ひひんと啼いた」というのも、まさに日本人の動物観の貧困さ故の発想であって、馬のそれを連想しての訳で全くあたっていない。本書第13章3節で触れたようにルガーウ（この場合、弱々しく、また低く）と嘶いたことであろう。引用部分の続きの内容から、幸いホゼイハは、ローレンス自身が雪をかきわけ道を作って連れていってやったので死ぬことはなかったが、ラクダの死に方はまさにこのような突然の停止と転倒によって絶命となるのである。

ラクダの死に関して、ラクダが自殺することがあることを述べておこう。アラブの中でもラクダに精通している者は「ラクダが自殺する」俗信を信じて疑わない。種牡ラクダとして育てられた子ラクダが、衣布で頭に被いをされてその母ラクダと交尾される際、交尾の相手が自分の母ラクダと分かった時、忿懣《ふんまん》する余り交尾を強制した人間を噛み殺したり、おのれのペニスを折って自殺するという話がまことしやかに語られているのだ。

バガウィー（一一二二年歿）が法学書の中で、井戸の中で死んだラクダの処分について述べている。それによれば、屠殺されることなく、死んだラクダの肉は当然のことながら、食用に供することはできない。しかしながら例えば二頭のラクダが折り重なって落ちた場合、上の方のラクダはまだ生きていて、刃物が届き、屠殺が可能であるならば、屠殺してその肉を食べることができる旨規定している。こんな記述があるのも、ラクダの用途として、放牧用家畜及び井戸の水汲み用に使役せられるラクダがアラブの実生活と深く結びついていることを示すものと言えよう。

第10章　ラクダが群らがる――「群れ」考（1）

牧畜を可能にならしめる家畜の要件の一つは群れをなす習性を持つことである。極北のトナカイから南下して馬、羊、山羊、牛、ラクダ、高地のヤク等すべて群れをなす。こうした動物の集団を意味する日本語は、「ムレ」の他に全くない。これは日本民族の家畜との生活密着度を示す一指標と言えよう。また中国でも多くはなく、その代表的な語である「群」は羣とも書き、字面の如く、羊がムラがることを語源としていることに特色を持っている。アラブの場合、牧畜を主とした生活と風土とから、「ムレ」を表わす語彙の驚くべき発展をみている。アラブ圏の主たる家畜はラクダ、羊、山羊であり、地域によっては馬、さらに牛が加わる。こうした単一家畜のムレの語彙系列のみか、二種ないし三種の混合家畜の「ムレ」の語彙系列があるのにも注目される。さらに前者には「ムレ」といった抽象的表現ではなく、家畜によっては「頭数」まで具体的に指示した語彙系列も存在する。アラブの代表的家畜である「ラクダ」には、これら三つの語彙系列が存在しており、この意味でもラクダが人間生活に占めてきた重層的・多面的役割を思わずにはいられない。本

図21　ラクダと羊の混合群。草が豊かにある地域の光景。

章及び次章では以下の分類に従って、アラブの「ムレ」の観念を追ってみることにするが、この「ムレ」の語彙がアラブの概念をいかに構造化しているかを知る時、文化を異にする我々にも、生活様式の異質性・多様性を知ると同時に、異質ななかにも人類として共通する家畜観、広くは認識論をも感知できるはずである。大別すれば、混合家畜の「群れ」（第1節以降）、「ラクダの群れ」（第4節以降）、「ラクダの群れ」の中でもその頭数（次章）となる。以下これに焦点をあてて考察を行なうことにする。

1　「混合家畜の群れ」について

以下に七種の「家畜の群れ」の意味を実現する語を記すが、単一・同種の家畜ではなく、いずれも混合家畜を指示するものである。単一・同種の家畜の群れはラクダのそれを例として後の数節で展開する。ここで記す混合家畜の意味内容には、牧畜生活から帰着する概念を明瞭に読みとることができる。従って、家畜といっても（牧畜とは直接関係のない）犬、猫、鶏といったものは概念範疇にはない。牧畜と関係する大型・中型家畜が意味対象となっている。そしてその主体がアラブ圏ではラクダであり、羊、山羊であることが判明する。さらに注目されるのは、混合家畜として以下に挙げるどれにも、馬が全くその領域のなかに判然としてこないことである。牛は稀に意味領域に加わるが、アラブ種として世界的に有名なアラブの馬は、この意味でも他の家畜と一緒に放牧されないこと、従って混合家畜のなかにその意味領域を持たないことが分かる。

2 「羊」中心の混合家畜

アラブの家畜の場合、大型家畜はラクダ、中型家畜は羊がその中心概念として把握される。後者の場合山羊が条件に応じて混入される。羊（総称語 ḍaʼn）及びヤギ（総称語 māʻiz）ともども性別・年齢別をはじめとしてさまざまな特称を持ち、その概念を表わす場をいくえにも展開させている。この意味でも民族文化とのかかわり合いを探ることができるのだが、ここでは「群れ」、それも混合家畜の中心的地位を占める「群れ」として把握される語にしぼってみてみよう。アラブ圏では羊の群れには必ず山羊が混入せられて飼育されている。毛、乳、肉、皮とも経済的価値は羊の方が高く、従って羊のみを飼っても よさそうであるが、捕食の適応性、活発さ、病気の抵抗力、繁殖力など、生活力のいずれの点をとってみても山羊の方が優り、羊が万一壊滅的打撃を受けても山羊によってその破《は》綻《たん》をくい止める配慮が働いているわけである。もっとも、地味が肥え平坦な土地であればあるほど羊の量は多数を占め、反対に気候が厳しく、丘陵地帯・山岳地帯になればなるほど逆に山羊の数が多くなる。

こうした「羊・山羊の混成群」の意味を実現する語彙がアラビア語には二種あり、いずれもごく日常的に用いられている。ひとつはガナム ghanam である。ガナムには複数が三つあり、aghnām ghunūm aghānim である。このうち、最初の語は複数でも少数複数を指示している。また指小辞もあり、これは ghunaymah と呼んでいる。ガナムとは「容易に入手または略奪できるもの」の意味である。これはガニーマ ghanīmah という語と意味が連動しており、後者は戦、略奪などに際しての「戦利品、分捕り品」の意味である。部族どうしの戦い、略奪においては、通常ラクダがその奪い合いの対象となるが、それがかなわなければ、より獲るに容易なガナムが狙われることになる。こうした背景を持って把握されるのがガナムである。

同じく羊、山羊を指して家畜を意味する語にシャーウ shā' がある。ガナムと異なる点はシャーウは群れ単位の集合名詞ではなく、数えられる個別名詞の概念と一般に理解されていることである。「ガナムの人々」とかシャーウィーというと羊や山羊を中心とする遊牧民を指し、「バイールの人々」即ちラクダ遊牧民と区別され、その遊牧部族のステータスを示す指標ともなっていた。

この他、羊中心の場合、牛との混合、群れの大きさ及び量の差によるもの、等が認識体系を形造っている。

3 「ラクダ」中心の混合家畜

アラブ遊牧民の放牧家畜を特色づけるラクダは、その人間との近接性ゆえにさまざまな呼称をもって親しまれている。しかしアラブ遊牧民は、ラクダのみではない羊、山羊、地域によっては牛を放牧してきた。これらの家畜こそ遊牧民にとっては財産なのである。それゆえこうした家畜は総称してマール māl と呼ばれる。即ち「動産」、「資本」の意味である。家畜が財産として、また貨幣単位として重要な経済的機能を果たしていたわけである。

「四つ足」の概念で家畜を称して、アラブはまた、マーシー māshī（複 mawāshī）と言っている。「足で動くもの、歩くもの」の意味である。従って本来ならば四つ足動物をすべて含意してよく、食肉獣や家畜でない動物を指して言ってもよいのであるが、普通「家畜」の意味に解されている。

「混合家畜」を表わすもう一つの語にナアム na'm（複 an'ām）がある。これは前に述べたマールの下位分類になるであろうが、「放牧中のマール」の義である。ただし、マールの主体がラクダでなければならず、もしラクダが群れのなかで目立たなかったり、存在しなかったりした場合には用いられない、とされている。

ナアムと同じ概念で「放牧されていること」、及び「飼葉で飼育されてはいないこと」を強調した表現にサーイマ sāïmah（複 sawāïm）がある。この語の語根動詞 sāma とは「家畜が餌を求めて歩き回る、出歩く」の意味である。また派生動詞 sawwama asāma は「家畜を放牧地へ連れていく」であり、また派生形容詞 mustāmah は「家畜が放牧されるべき土地」の意味であり、いずれもサーイマと意味の類縁を形づくっている。

最後に特異な例としてシュトゥル shutr が挙がる。これは「ラクダの群れ」を指示するが、弁別特徴は「ひと瘤、ふた瘤、の別なく」である。即ち「ひと瘤ラクダ」「ふた瘤ラクダ」の別なく「ラクダの群れ」を意味する。この語の意味は「三つ口」であり、この「三つ口」が日本語では「兎」であるのに対してアラブでは「ラクダ」であることは興味深い。なお、羊、山羊も「三つ口」であるのに、この語の範疇にはないことも申し添えておこう。

4　イビル ibil（ラクダの群れ）について

本節以降においてはさまざまな形容を持つ「ラクダの語群」を追求する。即ち「〜のラクダの群れ」を実現するアラビア語の語彙群の分析である。この語彙もまた、そのほとんどが複合語ではなく単独語なのである。本節では「ラクダの群れ」の代表語であるイビル

ibil を、次節からはマークの付いた「ラクダの群れ」の語彙とその背後にある文化的事項を追求する。

「ラクダの群れ」を代表する語は ibil である。これを含めて「ラクダ」を総称する語は四つあり、他は既述（成長段階の章参照）したのですべて揃ったことになる。即ち「雄ラクダ」は jamal、「雌ラクダ」は nāqah、「雌雄の別なく一頭のラクダ」は ba'īr、そして複数概念としての ibil である。このため状況に応じて「一般のラクダ」といっても使い分けが必要なのである。総称として四語あり、状況に応じてそのどれかが位置を与えられているわけであり、アラブの生活の中にいかに「ラクダ」が深くかかわっているかが分かろう。

「ラクダの群れ」の総称語 ibil は語根√'bl そのものが中心概念として「ラクダ」に関係している。ibil の複数、即ち「群々」は ābāl または abīl、「小さな群れ」は指小辞を用いて ubaylah、また双数形 ibilān とは「二つのラクダの群れ」を意味する。ibil の意味的派生の場には「ラクダ」「群れ」の周辺に、以下にみるようにその「管理」「食、草」の意味成分が加わる。また「管理」の下位成分としては、その「所有」「乗用」「放牧」を加えることができる。

即ち「群れ」を主成分とする ibil の派生の場は、「ラクダがたくさんになる、または数を増す」の動詞として abila（I型）、「自分の所有になるラクダの数を増す」のII型動詞 abbala、同義のV型動詞 ta'abbala、「分断しているけれども一群一群と連なった形になっている群れ」はibbawl、その複数はabābīlと展開している。一方、「管理」が意味の主体を担っているibilの派生の場としては、「ラクダを扱うのが巧みである」（Ⅰ型動詞abila）、「ラクダを肥らせるのが巧みである」（Ⅱ型動詞abbala）、「ラクダを扱うのが巧みな」（形容詞abil）、「巧みなラクダ管理術」（名詞ibālah）、「ラクダの巧みな管理人またはラクダ番」（行為者名詞abbāl）等の広がりを見せる。最後のabbālで有名になり、諺になった人物がいるが、こうした成句はābal min（～程abilである）で表現される。「管理」のなかには「乗りこなす」ことも含まれる。先のabilは「ラクダを扱うのに巧みな」の意味だが、その意味成分のなかには「乗りこなす」がある。Ⅴ型動詞ta'abbala及びⅧ型動詞i'tabalaには「ラクダを扱うのに巧みである」の他に、「ラクダの背に乗り、彼らを上手に制御する」の意味がある。後者を成語としたものに「おやじはta'abbala（またはi'tabala）できない」がある。これは乗せるラクダがあるのに年老いた父親を歩かせている者が、他人からそれをとがめられ、その言い訳にこのように言ったことに由来している。ibilの派生の場がラクダの「食、草」を意味成分とするものとしては、動詞abalaは「ラクダが牧草に満足し、水を必要としない」「牧場で気ままに草を食べる」が、そして名詞ubulはラクダが好んで食べる「草」がある。

ibilは「ラクダの群れ」の代表語であるだけに、諺のなかにも登場し、人間の生活様式の諸相を代弁してもいる。以下、諺の直訳を先に記すので、後述の説明を読む前にどんな人間の営為を捕えて言ったものか考えていただきたい。

①「イビルよ、座るべき所にもどりなさい」(『俚諺集』Ⅱ四、六六一)。この諺はいわば「じたばたしても無駄」「いさぎよく観念しなさい」の意味で、「逃がれるべき道や手段がないのに、なお未練がましくしている者」に対して言われる。屠殺用に座らせられたラクダ達が、仲間の一頭が引き立てられ殺されるのをみて、自分もそうされるのを感じとり、その場から逃がれようとする。その折にラクダの番人が、こう声をかけたといういわれがある。ラクダ自身は直接身に危険を感じないにもかかわらず、人間の心理の機微を持つが如くラクダにそれをあてはめているわけである。

②「彼らは口ぎたなくののしられたので、イビルを連れていってしまった」。これは、呼び止められてラクダの売買をしようとした人が、相手の買う気なく口先だけで応対しているのをみて、先へ行ってしまった故事から由来する。「無駄口の多い人、虚言、不実行の人は実りが少ない」喩えとされる。イビルはここでは「物的対象」「商品」の意味である。

③「サアドよ、そんなやり方ではない、イビルが水場へ導かれるのは」とは、あることを行なうよう頼まれた者が誤ったやり方をしていたり、正しいプロセスを踏んで行なっていなかったりした場合、このような言い方がされる(『俚諺集』Ⅰ四一〇)。ここではイビルは「放牧家畜の主体」であり、水飼いの際渇れているために隊列を乱して水場に近づい

ているという想定がされている。
④「人々はイビルのようなもの。百頭のなかには一頭とて rāḥilah（乗用ラクダ）はいない」とは「優れた人物はなかなか生まれないもの」の意味。「ラクダの群れ」ibil から、外見、速さ、賢明さ、素直さとが吟味され、rāḥilah が選ばれる。即ち選別された rāḥilah と対置させられた ibil は「一般大衆」「その他多勢」「何のとりえもないムレ」「烏《う》合《ごう》の衆」という意味合いで、いわばマークの付されない「常民」として用いられる。

5　「放牧中の」ラクダの群れ

「ラクダの群れ」の総称語は ibil である。ibil も、しかしながら前節の最後で触れたとおり、何かの用途に選別されないかぎりは、「その他多勢」ということで放牧家畜の主体を担うことになる。ibil のこの不透明さとは対照的に、「放牧」の意味を語義のなかに明らかに出す「ラクダの群れ」を本節では追究する。「放牧中のラクダの群れ」は七つの語があり、それぞれラクダの「放牧」の実態の一断面をついている。

最初に紹介するのは、その群れに「番人」がいるかいないかを目安とした「放牧中のラクダの群れ」を意味する二語である。①ラフド rafḍ（複 rufūḍ rifāḍ）、②サルブ sarb（複 surūb asrāb）がそれである。①②とも「ラクダ群」「放牧中」まで意味は共通しており、「番人」に対しては①が有標で②が無標ということになる。

①ラフド rafḍ は「番人が近くでか遠くでか見守っているなかで、気ままに辺りに散って放牧されているラクダの群れ」の意味である。この語の意味的中心はラクダそのものに関係しているわけではないが、語根動詞 rafaḍa は「分離する、または散る」が根本義にあり、この延長線に「追い払う、または散らす」がある。さらに「ラクダ」と直接関係する自動詞「ラクダが家畜番の見守るなかで牧地に散っていく」及び他動詞「放牧地に散らして好き勝手に行動させる」が続く。これらの動詞はいずれも rafḍ を動名詞としてとるところから、第二番目の自動詞の方が動名詞化され、さらに「ラクダの群れ」という具体的指示物に転義し、複数形まで持つに至ったものと思われる。前述の他動詞的な意味は派生動詞四型 arfaḍa で強調されて用いられる。また「一旦散らばっていたものを集めて（一定地点で）再び散らすこと」を rufaḍah というが、これも「ラクダ」が想定されている語である。そしてこのようなコンテキストで用いられる「ラクダ追い、または番人」は特に raffāḍah と言う。

②サルブ sarb（または sirb）は「放牧中の māl（家畜）」、「昼の間番人も無く放牧されるmāl」の意味であり、māl とはラクダ及び羊、山羊を指している。この語は語根動詞を saraba に持ち、原義は「流れる」「流れ行く」であり、水があてどなく地表を流れていくのがこの語の基本的概念である。この原義が「ラクダ」に転用され、saraba「（ラクダが）昼の番人もなく放牧されている」意味になる。この派生名詞が sarb であり、sirb であっ

て、より具体的にその動物を指示している。即ち「地表の水の流れ」が「かたまり」として、より大きな動物の「群れの流れ」としてのラクダに意味を体現したのが sarb であり、より小さな動物の群れとして、羊、山羊、ガゼル、鳥に意味を体現したのが sirb である。「ラクダの群れを放牧地に追いたてる、または追いたてさせる」の意味を実現するのはⅡ型動詞 sarraba である。また形容詞 sārib は「放牧地に散っていく」「放牧地に向かっている」「放牧中の」を指示している。

「人々は誰しも己の faḥl（種ラクダ）に枷をきつくしているが、枷を取り外し sārib としているのは我らのみ」と叙したのは詩人アフナス al-Akhnas ibn Shihāb であるが、ghazwah（襲撃、略奪）に最適な時期となり、どの部族も財産であるラクダ、とりわけ faḥl を奪われるのを怖れて、それらに枷をして牧地にも出さずキャンプ地近くにおこうとしている。しかし詩人の属するタグリブ族は武勇秀《すぐ》れ臨機応変、ghazwah にあってもラクダを奪われるようなことはない、だからこんな危険な時期にもラクダに枷をすることなく、sārib 即ち「放牧地で気ままに餌を食べている」状態にさせているのだ、しかも番人を付けるのでもなくと、叙しているわけである。また「立ち去れ、お前の sarb をもはや私は追いもどすことはないから」という諺言は、放牧中のラクダの群れをキャンプ地に連れもどす責任のあるものがそれを放棄することを言ったもので、「もう面倒を見きれない」の意味で、具体的には妻への三下り半、つまり離婚宣言として、夫の口より発せられる言い回しである。

前記の他に「放牧中のラクダ群」を指し示す語がいくつかある。いずれもその語義から放牧の最中のラクダの群れとしての行動が観察できよう。③シャラル shalal「追われるラクダの群れ」、④フワーシャート huwāshāt「混乱した、または列を乱したラクダの群れ」、⑤ジャウル jawl「一団となったラクダの群れ」、⑥バルク bark「座っているラクダの群れ」そして⑦ラッフ raff「ワラを食べる（ている）ラクダの群れ」等である。

③シャラル shalal とは「ラクダを駆る、または追う」の動詞 shalila の動名詞である。しかし上の意味が、この語の中心的ないしは基本的概念ではない。「追い出す」「払いのける」がそれであり、「夜明けが闇を」また「目が涙を」といった具体的指示物が意味主体なのである。この概念がラクダに転用され、ラクダを「追い出す」、即ち「追う、または駆る」の意味になった。「追われるラクダの群れ」shalal と同様、この語幹から派生した語で、ラクダと関係する他の意味場を展開するものとして、ishlāl「（棒、剣などで）ラクダの群れを追うこと」、inshalla「ラクダの群れが追い立てられる、または追い払われる」等を探ることができる。

④フワーシャート huwāshāt は「混乱した、または列を乱したラクダの群れ」の意味である。形態上は huwāshah の複数の形をなしているが、単数では通常用いられない。同じ意味として同語根の他の派生形、hāish（複 hawāish）がある。前述の意味内容は、具体

的にこれらの語の語根動詞 hāsha を探れば分かる。hāsha とは、即ち「(武装集団によって急襲され)家畜(ラクダ、馬等)が驚き、混乱して、列を乱して辺りに散っていく」ことを表わす。この動詞の意味故にその派生名詞が特異な意味を持つわけである。さらに付言すれば、この動詞の意味するところは「不法性」を反映しており、従ってこの動詞の他の派生形 hawwāsh(または hawwāsah)は「不法に集めたラクダの群れ」を意味している。

huwāshāt はこのように「襲撃」「略奪」、さらにその上位概念として「遊牧民」が介在しているため、いきおい語根も√hwsh から「ラクダ」に関連する語が上にみたように派生している。さらに興味深いのは、日本には「人馬一体」という言葉があるが、アラビア語には人とラクダ、即ち「人駝一体」、それも集団を指して言う語があるが、これもここで記した huwāshāt と言う。即ち、ここでは人間も同じ動物と見做して、先の「羊、山羊の混成群」を ghanam、「ラクダ、ghanam 混成群」を na'am といった概念と同じ発想の語彙を形成することになる。人間が動物と水平レベルで並べられているわけである。

「放牧」より「動作」の方が意味単位として、より比重が置かれている「ラクダの群れ」の語彙としては⑤ jawl 及び⑥ bark がある。⑤ jawl(複 jūl)とは「歩き回る、またはぶらつく」という動詞の動名詞であり、その多義性のなかに「一団のラクダ」の意味を与えられているわけである。「一団の」は同時に「選別」的意味成分もあり、「ラクダの群れの

図22　ラクダにも追従性があり、前に行くものの後に従って歩行する。

なかでも選ばれたもの、最上のもの」の意味にもなっている。

⑥ bark（複 burūk）は「座っているラクダの群れ」がその意義であるが、「多くの」「水場で」「砂漠のなかで」も情況に応じて成分として持っている。bark の語根動詞 baraka は「ラクダが膝を折って座る」の意味であり、従って「ラクダ」が中心的意味として強く働いている。注目すべきは、「座る」行為がこの場合人間ではなく「ラクダ」を動作主としていることである。この意味で、「座る」という語に人間以外の動作主を置く発想は、この動物と近接する生活を送るアラブの文化的特徴の一端を露呈しているものと言えよう。この語幹から派生する意味の場は、「ラクダ」と「座る」とをパラディグマティック（置き換え可能な関係）に発展させている。「（人が）ラクダをひざまずかせる」動詞 abraka、ラクダの体の部分で地に接する「胸」の部分は「座

っているラクダの群れ」と同音語となっているbark、「ラクダがひざまずくべき場所」これをmabrakといい、喩えとして「彼にはmabrakがない」とは、一頭のラクダも所有していない換喩となっている。

人間も結構こうした「ラクダの座る」方法を模倣していたらしい。「(人が)ラクダのように胸を地につけて座る、またはうずくまる」ことをibtaraka、「ラクダの(ような)膝の曲げ方、折り方」をibrikahといっている。

この座り方にも生まれつき具わったものか後天的に、即ち調教次第によってか、上手下手ないしはマナーがあるようで、「このラクダの座り方は何と上手か、または立派か」という言い回しがある。もっともラクダの座り方の上手下手には、荷を乗せる、また人を乗せることが意識されていることにも留意せねばなるまい。即ち荷物運搬、乗用とされる大型家畜は普通は立ったままなのであるが、座らせたまま荷または人を乗せ、その後で立ち上がらせて行動に移らせることの可能なのはラクダだけであり、その意味でも労力が省け、人間の負担を軽減させているわけである。座っている状態から立ち上がらせる行為に移る時、力の入れ方、安定度が随分と異なっているため、どのように座っていたか、四肢の配列が大事になっていたのである。(なおアラブの特徴的「座り方」に関しては拙著『砂漠の文化』参照)

最後に⑦raffを挙げる。raffは「家畜の群れ」の意味で「ラクダ」のみでなく、「羊」「山羊」「牛」のそれをも指す。というのも、この語raffは「囲われ」「飼料を与えられ」という意味成分が加わっており、その意味では「ラクダ放牧」と対置される概念を持つからである。この語と同一語根の他の派生名詞ruffahは「飼料として切り刻まれたワラ」を意味し、これらの語根動詞raffは、自動詞としては「(ラクダ、羊、山羊等が)ruffahを食べる」ことを、また他動詞としては「(人が家畜に)ru-ffahを与える、食べさせる」ことを意味しており、こうした意味場がraffには関与しているからである。

6 「雄の」ラクダの群れ

「性」に関した「ラクダの群れ」を実現するものに二語ある。「性」といっても、いずれも「雄」がマークされ、特徴づけられている。即ち「雄」がマークされているとは、ただし書きがない場合、ラクダ及びラクダの群れは、その有用性から雌がほとんどであり、雌が「ラクダ」といった場合の通常の性を予想させていることになる。一つはジャマーラjamālahであり、他はファルシュfarshという。jamālah(複jamāʾil jumālāt)は「雄のラクダの群れ」の意味であり、語の形態から明らかにjamal「雄ラクダ」から派生したものであり、従って年齢的にも「成年に達した」が意味成分として加わる。

しかし実際のjamālahの意味領域は「雄」や「成年」を超えて一般化し、「一つの群れとしてのラクダ」といった中和的意味に用いられたし、さらに「雄」と対義の「雄を含まない雌ラクダの群れ」としても時には用いられた。後者は jamal が反映する「雄」の弁別性が「種」の代表としての意味的作用から「種」は雄で表現されても、実体・中身は雌であるというすり換え作用があって、それが強調化されたものと考えられる。同じ語でありながら、「雄」が前提としてあり、「雌」がその内実を埋めるという意味場においては雌雄の概念が明別できなくなり、「性」は中和されることになる。jamālah と語根を同じくするものに jāmil があり、これは「雄及び雌のラクダの群れ」の意味で、全く「性」は無視された表現となっている。こうした「〈性〉に無関係な〈ラクダの群れ〉を所有する」ことは ajmala という動詞が実現している。

ファルシュ farsh（複 furūsh）の方は「ラクダの群れ」の意味成分に「年齢」が「若い」、そして「性」は「雄」が、「用途」として「屠殺用の」が加わり、「雄の屠殺用若ラクダの群れ」の意味である。何故 farsh がこのような意味単位を沢山持っているかについては、この語根の原義が解答を与えてくれる。語根動詞 farasha とは、「敷き広げる」「地面に横たえる」の意味であり、若ラクダを屠殺する折にその体を「地面に横たえる」ことからこう名づけられたわけである。

産まれたラクダは一定時期まで、即ち、どんなラクダであれ、肉がとれる時期まで育てられる。その後、ほとんどの雄はそうなるのであるが、雌でも病弱のもの、癖が強すぎるものは、牧畜上その後の育成に当たっても管理が面倒なので、肉用として区別され、別群とされる。これが farsh である。そしてできるだけ肥えさせられ、肉として最上になった時、上物は売りに出され、それ以外のものはハレの日、来客の折などに「地面に横たえ」させられて美味の肉に供されるわけである。このことから、やはり farsh の多くは「性」は「雄」が圧倒的になる。こうした farsh を多く持つ人が、良きにつけ悪しきにつけムフリシュ mufrish（ファルシュの所有者）と呼ばれるわけである。なお farsh は「敷き広げる」一方の意味で「平たい」意味成分を持つために、「未だコブのできていないラクダ」と解釈して「若ラクダ」の意味になったとする説もあるそうである。

7 比喩化された「ラクダの群れ」

「ラクダの群れ」を実現する語彙のなかには、ラクダの「体の形容」ないしは「比喩」を通してその「群れ」を指示させているものもある。以下三語を紹介するが、いずれも語義のなかには「ラクダ」も「群れ」の意味性も中心的存在ではない。ジャルマド jalmad は「岩」ないし「石」を直義とする語であるが、これらの鉱物の形、大きさ及び固さというものが、家畜の頭、小さくは羊、大きくはラクダの頭に類似しているところから、「ラクダの群れ」に転用された。この発想は次章の「頭数別」の箇所で「六〇頭のラクダの群れ」を指示しているジュムジュマ jumjumah が「頭蓋骨」を直義としていることと通じていよう。jalmad は「羊」の場合には「百頭を超える羊」の意味になっている。なお「ラクダ」の場合は「年老いたラクダの群れ」の意味としても用いられた。

「体の形容」が「ラクダの群れ」を指示している語彙としては、マウカーウ maʿkāʾ、ナーヒダ nāhiḍah がある。前者は「大きく肥えた」ラクダの群れを、後者は「大きくて逞ましい」ラクダの群れを弁別特徴としている。maʿkāʾ の語根動詞 maʿaka は「地面を転がる、こする」の意味で、動物が背中がかゆかったり、たわむれたりする場合、地面にあお向けになって背中をこすりつけたり、転げ回ったりすることを意味する。いわゆる動物が行なう「砂浴び」であって囲ってある場合、馬などは定時に、定位置で、また決まった順番で行なう。ラクダは背中にコブがあるため馬とは異なり、右半か左半かを地面にこすりつけるだけで、完全に腹を上に見せることはできない、そして maʿkāʾ とは、その派生形容詞女性形であり、直義的には「地面を転がる（もの）」である。

付言しておくと、このように動物が背中をこすりつけ、転げ回る場所、「砂浴び場」を同語根の他の派生形ムタマッアク mutamaʿʿak と言う。そして「大きい」とも「肥えた」とも、また「群れ」とも前述の意味からは直接結びつかないが、こうして上がる埃のなかにいるラクダのことも maʿkā と言っており、この辺りにこうした意味成分を結びつけるものがあるのだろう。また別の派生形容詞女性形 maʿākā も「沢山のラクダ」の意味で用いられる。

ナーヒダ nāhiḍah（複 nawāhiḍ）は語根動詞 nahaḍa「（座っている状態から）立つ、立ち上がる」の行為名詞女性形であり、従って「立っている。または立ち上がるものたち」が直義である。「すっくと立った様」が「大きくて逞ましいラクダの群れ」の意味に拡大したものと思われる。

第11章　ラクダを数える、頭数——「群れ」考（2）

1　ラクダの頭数

日本語では「複数」という概念がおよそ希薄のようだ。これは文法で「複数」表現がない、といったレヴェルのことではなく、思惟のなかにも比重は占めてはいない。動物については、犬、猫、兎、豚、猪、ネズミ、鶏、アヒルをはじめ、ほとんどの鳥類は複数の子を産む。こうした母親から同時に生まれた複数の子は「一腹の子」というのであるが、これは翻訳語であり、また日常的に用いられているわけではない。西洋語には、ごく普通の概念としてあり、「一腹の子」という総称語だけではなく、個々の動物の一腹の子を表わすものもあるのである〔例えばフランス語では過去分詞表現ながら、portée（一腹の犬または猫の子）、cochonnée（一腹の豚、猪の子）、nichée（一腹の兎の子）、couvée（一腹の鶏または鳥類のヒナ）等々〕。

「一腹の子」という概念も大いに関連するのであるが、家畜であれ、獣類であれ、その頭数を言い表わす時、多くの言語では数詞を用いるか、または「大小」「多少」といった数量を表示する語を用いるかして、それを指示する語の前後に付して複合語にするしか方法はない。こうした表現法はもちろんアラビア人も持ち合わせている。だが、非常に奇異に思えるのだが、アラビア人、特に家畜を扱っているアラビア人は、この他に以下にみるような、およその頭数を指示する語彙を持っており、それを用いて具体的な家畜を表現していたわけである。しかもさらに特筆すべきは、ここでは「ラクダ」だけの例示であることだ。おそらくは「羊、山羊」「馬」等にもこうした考え方はされていたろうし、体系化が観察されることだろう。

以下に二四種の「ラクダの頭数」を指示する語をみていく。この二四種のうち、数詞に語幹を持つのは一種のみである。このことは二つのアラブの思惟の反映を読み取り得る。一つは、順番、序列を表わすのに最も簡便な数詞による表現を敢えて採らないことだ。ラクダの年齢別呼称（第9章参照）も数詞表現は採っていないし、競技や賭け事における順位（一等二等、一番矢二番矢、さらに競馬のそれも）においても数詞表現はされていない（前記、拙稿「賭矢再現」参照）。それぞれ個有のものの属性をとらえて、それを数詞代わりに充当していく発想がある。この裏には、数による明示の不都合性（例えば、税金対策、敵対部族の襲撃予想、もっと深くは数詞の呪力ないし言霊観）ないしは最初期の数詞ないしは数体系の未熟性（「アラビア数字」の数学的体系化はイスラム出現の二世紀後であるが、「アラビア数字」自体はアラブは「インド数字」と呼んでいる）といったものも看取できる。他の一つは単に「沢山の」とか「少ない」とかの形容語も付加せず頭数を表わす語で、しかも単独語であるために、集合体、ムレといったものを視覚で把握する能力が存在することだ。我々が「おおよそ何十頭ぐらいのラクダの群れ」というべきところを、視覚による速断で、以下に述べる二四の語彙のなかのどれかを選択して述べねばならないことになる。ただし二四の語群といっても、マークを付しては大別できる。それは(1) dhawd（二〇頭足らずのラクダ）、(2) ṣirmah（四〇頭以内のラクダ）、(3) hajmah（四〇頭以上のラクダ）、(4) akrah（六〇頭前後のラクダ）、(5) ″arj（八〇頭以上のラクダ）、(6) hunaydah（百頭前後のラクダ）、(7) ″aknān（二百頭以上のラクダ）、(8) khiṭr（千頭以上のラクダ）である。この八個の体系化で分かるように数値「二〇」が判断の基準にあるようである。もちろん以下にみるように、数値「二〇」も我々の（ないしは現代の）数意識ほどには明確なものではないし、およその数の振幅も激しい。個々の意味をみていくと「数」というよりは、どのくらいの個体（の数）が集まるとどうなるか、というムレ的特徴が属性表現されている、といった方がより適切である。この意味でも「数」の意識化は薄く、我々から言えば、数値表現しないだけに具体的意味が通時的にも共時的にも多様な変化をみせてしまっている例が多々あって、マイナスとも受けとれる面があることになる。

二四種の語彙の意味成分を吟味すると、「ラクダの頭数」を表わすアラブ的発想はおおよそ次のような概念が基底にあることが分かる。(1)「人間のラクダへの所作、動作」↓

「追い散らす」「追いたてる」「急がせる」。(2)「人間のラクダへの所作、動作」→「分断する」「切半する」「二つに、二度、再」。(3)「ラクダの所作・動作」→「大地を踏む」「粉々にする」「尻尾を振る」「草を喰《は》む」「つなぎ綱を切る」「大声をあげる」「両足の長さ違いの」。(4)「ラクダの形容、連想」→「引っ掻き傷」「頭蓋骨」「乳房のしわ」「黒き一団」等である。もちろんこれは二四の語彙の意味成分を分析した結果であって、これらが有機的に結合されているというのではない。

以下二四種の「ラクダの頭数」を指示する語を大きく八つに分類して、その語と文化の関わりをみていくことにする。

2 〈二〇頭〉までのラクダ

アラブは「二つの～」を意味する双数の表現を持っているため、複数とは「三つ以上」という大前提がある。ラクダの頭数も同じ概念であって、「一頭のラクダ」は①バイール ba‘īr 即ち「雌雄の別なく単数のラクダ」と「二頭のラクダ」はその双数形である②バイーラーン ba‘īrān という形をとる。三頭以上の最も数の少ない複数の「ラクダの頭数」は③ザウド dhawd（複 adhwād）で表わされる。最も広くは「三～二〇頭のラクダ」を指示する語であるが、用いられ方としては、次のスィルマ sirmah「四〇頭以内のラクダ」の前に補助的にラサル rasal を置き、この後者を「一〇～三〇頭のラクダ」を指示させているために、dhawd は日本語では「数頭」に当たる表現となろうか。三～一〇頭のラクダを指示するのが普通である。dhawd の意味範囲としては、三～一九、三～一五、三～三〇までのラクダの頭数は適用される場合もあるが、「三」が基本的概念としてあり、それ以上を指示していることは共通している。dhawd はこのように「三頭以上のラクダ」を中心概念とするが、より頭数を明確にしたい場合、初めて「数字」に頼ることになる。例えば税金の対象となるラクダの頭数は五頭からである。この場合 dhawd という語だけでは広くは二〇頭までも含意してしまうために、dhawd 五頭（khams dhawd）と明言または明記されることになる。「dhawd 五頭を超えないものはサダカ（喜捨税）を払う要なし」。これがイスラムで定められた法である。

さて dhawd の語源を探ると、語根動詞 dhāda が「追いやる、散らす」ということから「家畜を牧草地へ追い散らす」「家畜を水場にもどって来ないように、そこから追い散らす」の動名詞形で、その対象となるもの、の意味である。家畜といっても、ラクダがその意味主体となっている。「追い散らす」対象が「数頭」と意味的連関を持っていることは、牧畜的世界の人間と家畜との行動及び対応を考えさせて興味深い。以下の頭数別名称でも、その原義に「追い立てる」とか「急がせる」とか家畜ないし群れと関係する意味を持つものがあり注目される。

dhawd が「二〇頭以内のラクダの群れ」であることは、具体的には人間一人が「追い散らす」限度でもあることを原義が物語っているわけであるが、この原義はdhawdと語根を同じくする語系列の意味場を追うと、これはさらに確かめられる。adhādaという四型動詞は「他人が家畜を追い散らすのを助ける、または手伝う」の意味から、「家畜」が「人」に代わると「自分の家または家族を守る」の意味に変化する。この場合、「家畜」も「人」も「厄介な、面倒くさいもの」に意味成分が変容している。またdhiyādという語はdhawdを追い散らすのに人手を借りたい場合の意味内容を実現し、「家畜または人を追い散らすのを助ける、または手伝う人」の意味なのである。こうしたdhawdの群れがいるところはmadhādというが、「家畜が好き勝手に餌をはむ牧草地」のことである。またdhawdを追い散らす道具はmidhwadというが、これは転じて「(自分、家畜、家族を守る)武器」、「槍」、さらには(口頭で追い散らし、かつ守る)「舌」の意味にもなる。dhawdを使った言い回しにal-dhawd ilāal-dhawd ibilun(dhawdにまたdhawdを加えればibilになる)がある(『俚諺集』Ⅲ一、四五六)。「ラクダが教頭ずつの少群でも増えていけばやがて大群になるものだ」。日本流に言えば「塵も積もれば山となる」なのだが、いかにも牧畜民的発想であることがわかろう。

3 〈四〇頭〉以内のラクダ

③ザウドdhawdに次いで群れの数を表わす基準語は④スィルマṣirmah(複ṣiram)と

言う。ṣirmahとは「一〇～四〇頭までのラクダの群れ」とされるのが一般的であるが、二〇～三〇、三〇～四五、三〇～五〇までの頭数の異説がある。いずれにしても中心的数値には三〇が想定されており、それの前後が許容されているものと思われる。

ṣirmahの語の中心概念は「ラクダ」とは無関係である。語根動詞ṣaramaは「切り離す」であり、「ロープを切断する」「果実を切り取る」等が中心概念である。従ってṣirmahは「大きな群れのなかから切り離されたもの」を意味内容としている。ラクダ三〇頭前後というのは、大群を分断しグループ化するに最小の単位がこれであり、放牧の最小単位となるのもこれである。また一頭の種雄ラクダが一時期に種付けできる雌ラクダもこれとされる。こうした現実の文化の営為が「三〇」という概念と結びついているわけである。この「三〇頭」を中心概念とする④ṣirmahを補強ないしは補助するものとして、「ṣirmahより少ないラクダの頭数」及び「ṣirmahより多いラクダの頭数」という語がある。

③dhawdを「三～一〇頭までのラクダ」、④ṣirmahを「およそ三〇頭のラクダ」とより厳密に固定する時、その間の空隙を埋める語が用いられる。それは⑤ラサルrasal（複arsāl）という語である。「ラクダの群れ」、とりわけ「一〇～三〇頭の群れ」を表わす語である。この語は語根系列がラクダに関係した場合、その「足」「歩き」「ゆったりとした」を意味成分とする。ラクダの「ゆったりとした歩み」はrasl、それを動詞化したrasila は「ゆったりと歩む」であり、従って rasal は「追いたてられゆっくり一団となって歩むラクダの群れ」であり、時には「ラクダの群れ」に伴う「人の一団」の意味が付加される。

⑤ rasal が④ sirmah（三〇頭ほどのラクダ）を中心として、それより数の少ないラクダを指示する一方で、それとは逆に「三〇～四〇頭のラクダの群れを指示する語に、⑥キスラ qiṣlah（または qaṣlah）がある。レキシコン類には sirmah と同じく「一〇～四〇頭のラクダ」とする説を載せているのもある（例えば『リサーン』）が、「三〇～四〇頭」が一般と考えられている。なお『リサーン』には qiṣlah の項に加えて「六〇頭を超えるラクダの群れ」は kidhah と言う、とあるが、同書のその項のところにはこの記載がない。qiṣlah の語根動詞 qaṣala とは「物の真ん中、中央（ないしそれ以下のところ）を分断ないし、切断する」の意味で「その全体の真ん中、ないしはもっと多くの部分に分断する」という分ける概念が qiṣlah「三〇～四〇頭のラクダ」に反映したものと受けとれよう。しかし語根 √qṣl は元来はラクダに与えるべき、ないしは食べるべく「刈られる牧草」がその意味的中心なのである。即ち qiṣlah にはこの意味的派生がずれた形で想定されており、生えている牧草の丈の半分ないしそれ以下のところから、ラクダが己の歯で喰いちぎるか、人が道具で刈り取るか、して「ラクダの食糧」とする。これが qaṣala の原義である。

4　〈四〇～六〇頭〉のラクダの群れ

ラクダの頭数別名称で④sirmahの次に基準とされているのが、⑦ハジュマhajmahである。hajmahとは「四〇頭以上のラクダの群れ」のことを言う。このhajmahにもかなりの数値の隔たりのある異説があるが、大方は「四〇～一〇〇頭のラクダの群れ」の枠のなかに収まる。一般には「四〇頭から六〇頭のラクダの群れ」が定説で、hajmahもレキシコン類がその定義の冒頭に指示するようにqit"ah al-dakhmah「厚く切ったもの」即ち「大群を分断したうちの比較的大きな群れ」の意味で、多分に三〇頭を指標とする「sirmahより大きな」という含蓄がある。hajmahも語義は「ラクダを急いで駆る、追い立てる」という動詞hajamaから派生したものである。同じ「ラクダを追う」であっても、③dhawdは牧草地に、水場から「気ままに」追われ、また⑤rasalは「ゆっくりと、追い立てられ」ているのに対し、この⑦hajmahは「急いで」追われる。何故ならば、hajmahには「襲撃」といった「突発性」が想定されており、こうした「襲撃」に対して、財であるラクダが奪い合いの対象とされ、「急いで駆られる」わけである。奪われないためにも、奪われて敵方にわたり逆襲に遭わないためにも、ラクダにとってはどちらにしても「急いで追われる」ことになるが、後者の場合は倍の「急ぎの」負担を強いられることになる。四〇頭以上のラクダを所有するとは、このように略奪の第一目標であるため、略奪に明け暮れた当時の武人たちのとりあえずの羨望の的であった。「ラクダはハジュマと

図23　座った姿を横と後から観ると……

なり、のんびりと草をはむ、その数は増すが必定、人の羨望駆りたてて止まず」とは『リサーン』（Ⅳ一八二）に引用された一詩人の句であるが、ラクダがハジュマであるということの理解のされ方を伝えている。また同時に「四〇頭」が種オス、種メスのいわば「内婚」でそのラクダ集団の数を自力で増していける頭数であることも暗示している。同じ概念から、盛りのついた雄は、「己の雌のハジュマ」に他の雄、人間、特に馬が近づくと攻撃してくることをジャーヒズは伝えている（『動物の書』Ⅳ五四）。

次の頭数単位は「六〇頭のラクダ」を指示するアカラ"akarah であるが、その前にもう一語資料から拾えたものを付け加えておこう。それは「五〇頭のラクダの群れ」の意味を実現する⑧ジムジマ zimzimah（複 zamāzim）である。「五〇」という数は現代の我々には区切りを置きたがる指標としやすい単位のように思えるが、この世界では、付加的、補助的表現でも分かるように、そうでもない。このzimzimahとは「五〇」という数が中心概念ではなく、「人が介在」し、「人畜一体」となった騒々しさを表わしており、具体的には「ラクダ五〇頭とそれを御する人から成る集団」がその厳密な意味である。語根動詞zamzamaとは、音に関連しており「鳴り響くような音をたてる」の意味であって、「雷鳴」「ライオンの吠え声」が第一義に想定されているが、類似した「ラクダの声」がここでは連想される。と言うのも、この派生Ⅱ型動詞tazamzamaでは「ラクダ」が中心概念となり、「ラクダがうなる、または大声をたてる」の意味となるからである。ラクダが人に御《ぎょ》されてその嫌さに大声をたてる、ということがzimzimahと同じラクダの意味場を作っているわけである。zimzimahは他の意義として「何らかの人間集団」「年少のものを含まないラクダの群れ」「体の大きいラクダたち」で、後二者は「使役、乗用になり得る」「群れ」という意味成分があり、「五〇頭のラクダとそれを御する人から成る集団」とも具体的内容に結びつく概念である。

5 〈六〇~八〇頭〉のラクダ

ここでは六種の語が登場する。そのなかで「六〇頭のラクダ」を指示する語は五つを数える。ラクダの頭数体系としての語との関連で把握されているのが、⑨アカラ″akarah（複″akar）である。先の⑦hajmah（四〇頭）と後述するアルジュ″arj（八〇頭）の間にあって、その数を約六〇頭として語彙体系をなしているわけである。語根動詞 ʿakara には「もどる」とか「再」とかの「動作の二度のくり返し」を意味の主成分としていることから、百頭以上の大群を大雑把に二分した意味の想定が考えられよう。次に、「大群を折半」した意味を持ち、それが「六〇頭のラクダ」をより強く指示しているのが⑩スィドア ṣidʿah（複 ṣidaʿ）またはサディーウ ṣadīʿ（複 ṣuduʿ）である。この語の語根動詞は「物を半分に割る、分ける」の意味で、まさに「折半する」ことであり、家畜の群れにも適用され、「畜群を二つに分ける」ことをも意味している。

他の三語はいずれも多義性のなかにその一つとして「六〇頭のラクダの群れ」の意味を与えられているもので、⑪ジュムジュマ jumjumah（複 jamājīm）とはラクダの「頭蓋骨」の連想が「頭数」に変異したものであり、⑫アジュラマ ʿajramah とは「急がせる」「せかせる」の名詞形で、「六〇頭」の他に「五〇〜一〇〇頭」「一〇〇ないし二〇〇頭」のラクダとの説もある。最後に挙げる⑬カドハ kadḥah であるが、これが「六〇頭のラクダ」の意味としているのは『リサーン』のなかでの dhawd の説明中に言及があるだけである。にもかかわらず、同書の当該箇所にはこの記述はない。kadḥah の一般的意味は「引っ掻き傷」である。

「七〇頭のラクダの群れ」は⑭ラアブ raʿab（複 riʿāb）という。この語は「ラクダ」及び「七〇という数」に結びつく意味単位は語幹義に持っていないところから、言語の恣意性によって意味が与えられたものと言える。ただし、この語の意味のなかに「偉大な指導者」があるところから、「六〇頭」の語彙素 jumjumah と同じく、ラクダの（巨大な）頭、ないしは頭蓋骨を「前提」としているのかもしれない。なお Dicksom のなかには rāiyah なる語が「七〇頭のラクダの群れ」として記されているが、これは東北アラビア半島部族の方言と受け取れよう。（『ディクソン』六四六）

6 〈八〇～一〇〇頭〉のラクダ

八〇頭以上一〇〇頭までを指示する語は二つある。⑧アカラ ʿakarah「六〇～八〇頭のラクダ」及び⑰ヒンド hind（一〇〇頭以上のラクダ）の間に割って入り「八〇～一〇〇頭のラクダ」の意味を実現している語彙素は、⑮アルジュ ʿarj（複 ʿurūj aʿrāj）である。「おおサルマー、恐れることはない。カルマーンの地であろうと、夕方ともなれば、ラクダの群れを駆りてキャンプ地に向かう我が姿を見るであろうから」（『ティリンマーフ詩集』一四―四）。このように己を気遣う恋人サルマーに謳いかけたのは遊牧民の詩人ティリンマーフであったが、彼はこの詩行中、「ラクダの群れ」をここで述べている ʿarj の複数 aʿrāj の語で表わしている。直訳すれば「八〇～一〇〇頭のラクダの群れのさらにいくつかの群れ」ということになる。ʿarj は語源からして「歩行などが困難な、または不自由な」という「不具性」「不規則性」を統合的な意味特性としており、直接に「ラクダ」及び「数」を指示していないために、頭数の設定に異説が多い。「八〇～九〇頭」の他に、「七〇～八〇頭の」「一五〇頭ほどの」「五〇〇～一、〇〇〇頭の」「二〇〇～一、〇〇〇頭の」「一、〇〇〇頭の」まで数に関しての異説があり、前記の詩の註釈者も″arjとは「八〇〇～一、〇〇〇頭のラクダの群れ」と記している。もし註釈者の解釈が正しいとすると、複数で表されているところから、まさに「何千頭」もの意味になり、氏族、部族という大きな単位でないと放牧も不可能になるはずである。より正しくは複数表現が「八〇〇～一、〇〇〇頭」であって、単数″arjはひと桁小さい「八〇～一〇〇頭」とすればはるかに異和感はないし、最も是認されている「頭数」表示となる。

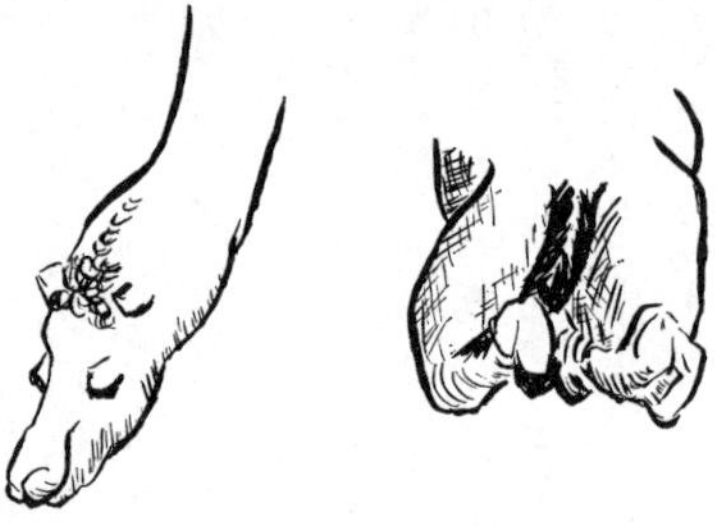

図24　頭部と尻尾のスケッチ

さて、″arjと同じ語根系列がラクダに関係した派生語の意味場を検討すると、「ibil（ラクダの群れ）を″arjの頭数所有する」ことをi″rājといい、その動詞はa″rajaで表わされる。これとは意味は直接関係しないが動詞″arijaは「（特に雄が）尿をとんでもない方向に排出する」、名詞″urayjāは「一日は水場に昼に来て、次の一日は明け方に来ること」

で後者はラクダの給水周期の最も短いものを言う（ラクダの給水周期については拙著『砂漠の文化』参照）。両者にも共通して「不規則性」「不具性」を意味特性としていることが指摘できる。

ʿarj とは別に「八〇頭のラクダの群れ」の意味を実現している語があり、これを⑯ジュフマ juhmah（複 juham）と言っている。この語は他の語義「夜の一部、または真夜中」を持ち、その語根動詞 jahima は「しかめっ面をしている」の意味からわかるように「険しい、またはあやしい、または暗い」といった形容を実現する語であり、従ってラクダの群れが「黒い一団」とイメージ化されて、それが数的に八〇と結びつき、「八〇頭のラクダの群れ」との意味になったものと思える。

7 〈一〇〇頭〉以上のラクダ

「一〇〇頭のラクダの群れ」を意味している語は三つあり、それぞれ特徴を出した意味が付随している。⑰ヒンド hind（複 ahnud, ahnād, hunūd）、⑱フナイダ hunaydah、⑲ダフダハ dahdahah である。⑰ hind は数の「百」を指示しており、具体的には「百年」及び「ラクダ百頭」がその使用域とされる。⑱ hunaydah は⑰の指小辞であり、従って「百頭足らずのラクダの群れ」で用いられることが多い。この⑱が意味的に関与する場合、⑰はそれ以上の数、即ち「一〇〇～二〇〇頭のラクダの群れ」を指すことになる。また⑱は

⑰の指小辞だからといって付随的に使われているわけではない。確かに今までみてきたような「二〇」を基本とする頭数体系では、⑰の補助的なものにすぎないだろう。しかし奇数志向のアラブは「三」「三〇」の頭数の体系も形づくっていたように思える。そして「一〇〇頭足らずのラクダ」は実はこちらの体系に属していたのだ。即ち、③dhawd（三頭以上）、⑤ṣirmah（三〇頭）、⑨ʿakrah（六〇頭）との系列に「九〇頭」を⑱hunaydahとして体系化していた、とこのように思えるのである。hunaydahはhindを基としては、それの指小辞であるために「百」より少ないということを表わして補助的機能を果たすにすぎない。しかし「九〇頭」という意味では、むしろhindでは表わせない数値を伴った主体的役割を果たしているわけである。

hindではないこのhunaydahを用いた詩句に次のようなものがある。「下賜されしはhunaydahとそれを導く八人の馭者、品物にはあらずまた消耗品でもなく」（『ムフタール』Ⅱ二二六）。このように詩に叙したのはウマイヤ朝の詩人ジャリールで、カリフ・アブドル・マリクの王妃を叙し、その褒美にラクダ九〇頭と馭者八人を与えられたのに対してカリフの寛大さを頌して歌った一節である。旅にあっては、物品を持ち歩くより、自ら動き、つき従うラクダのような下賜品は最高のものであった。

⑲ダフダハ dahdahah（または dahdahān, duhaydahān）は「百頭ないしはそれ以上のラクダの群れ」の意味であるが、加えて「乗り手」か「駆り手」、即ち「人間」が意識され

ており、「百頭ないしはそれ以上のラクダの群れと人々」の意味になる。この語の語幹dahdahaとは「ラクダの群れを集めて導いていく」の意味である。そしてこの二子音連続は擬声音であって、この場合「動物への掛け声」を表わし、ラクダを追い立てる際にduh duhといい、これが動詞化したものがdahdahaであり、さらにその名詞への変化が⑲dahdahahなのである。

8 〈二〇〇頭〉以上のラクダ

「二〇〇頭以上のラクダ」を表わす語は五つあり、そのなかの三つはアラブの奇数志向を反映して、「三〇〇頭のラクダ」を意味している。ここにも「二〇」と「三〇」との数概念の葛藤の痕跡が読みとれよう。まず「二〇〇頭以上のラクダの群れ」の意味を実現している語であるが、これには二つある。⑳アクナーンʿaknānであり、㉑ファディードfadīdである。

⑳ʿaknānとはラクダ頭数体系では⑱hunaydah（百頭）と㉕ヒトルkhitr（千頭）との間に位置づけられており、「数百頭」の他にもっと具体的に「二〇〇頭以上千頭以下の」という意味特徴を持っている。この語と語根的に関連するʿuknahは、「肥満のために腹に出るしわ」のことであり、ʿaknāʾとは、その意味的連関から「厚くしわの出た乳房を持つ雌ラクダ」を意味する。これらと数値「二〇〇」との関連は不明である。

㉑fadīd のほうは、「家畜の大群が（けたたましい音をたてて）大地を踏みつける」動詞 fadda の動名詞形である。この「大群」が「数百」とも意識されれば、より具体的に「二〇〇以上」「二〇〇～一、〇〇〇」とも意識されている。従って、fadīd の所有者faddād は「二〇〇～一、〇〇〇頭のラクダの所有者」との意味を持つ。al-Jāḥiẓ の大著『動物の書』の註釈者 A.M. Hārūn は、faddād の註のところで、fadīd が「二〇〇～一、〇〇〇頭のラクダの群れ」の意味となるのは、fadda に「大声で叫ぶ」の意味があり、家畜を扱う人々が「声を張り上げて大群を誘導し、御するからである」とする説を記している（『動物の書』V 五〇七）。

「二〇〇頭以上のラクダ」を指示する㉑fadīd の語根動詞に、「大声で叫ぶ」「大地を踏む」の意味があったように、「三〇〇頭」を表わす三語のうち、二語はこの意味と平行関係にある。㉒ラターナ raṭānah は重荷にあえぐラクダがつらいうなり声をあげる、即ち「ブーブー言う」ことが連想されており、また㉓タフーナ taḥūnah のほうは沢山のラクダの足が大地を踏みつけ、脚下のものを踏みつぶしてしまう連想がなされている。というのも、㉒raṭānah の語根は「わからない言葉または外国語で話す」という動詞 raṭana であって、㉒はその派生動名詞である。また㉓taḥūnah は同義の派生名詞形として taḥūn 及び taḥḥānah があり、それらの語根動詞 taḥana は「打ちつぶす」「粉々にする」が意味の中心をなすからである。こうした意味内容からは「三〇〇頭のラクダ」を直接指示させるのは困難である。㉒ raṭānah 及び㉓ ṭaḥūnah に関しては、共に「ラクダ」または「数・群」といった意味的関与はその語の中心になく、周辺にあるからにすぎない。この周辺的位置であることは、両者にはこれから述べる㉔ルフカ rufqah のような、特別な複数形を持ってはいないことからもわかる。

㉔ rufqah は前記二語とは異なり、「ラクダ」が「人間の足」となっていることを示している。即ち、「ラクダ」を上位概念として、「大群」プラス「馭者または所有者」プラス「駄載用」としての意味単位を実現している語なのである。㉔ rufqah（複 rifāq）とは「およそ三〇〇頭ほどのラクダの大群」または「（町や村へ、小麦やモロコシその他の糧食を調達するために）徴用されたラクダ群とその用を果たすための人達」の意味である。この語に並行して同語根の他の派生語の意味場は次のように展開できる。日常よく用いる rafīq（仲間、友達）であるが、これは団体として行動を共にする人のことで、団体を解消すればそうでなくなる人のこと、つまり、仲間とか友といっても「旅の道連れ」の意味である。他の人と rafīq になることを rafaqa, お互いが rāfiq になること、ないしは rāfiq となって道中を共にすることを tarāfaqa, rāfiq を求めて探し回ることを istarfaqa という。「ラクダ」を強調する rufqah の並列的語彙は marfiq（ラクダの肱）と rafaq（ラクダの乳腺炎）に関するものがあり、前者は「歩行」「枷」「横腹とのすり傷」とが、後者は乳腺炎の「病状」「患部」「治療具」などを意味成分としている。

9 〈一、〇〇〇頭〉のラクダ

ラクダの頭数としての名称で、その体系としても最後を締めくくるのが「一、〇〇〇頭のラクダ」である。「一、〇〇〇頭のラクダ」は、大氏族ないしは部族の所有が普通であり、個人が所有している場合、族長クラスか大金持ちということになる。「一、〇〇〇頭のラクダ」の意味を実現する語には二つある。㉕ヒトル khiṭr 及び㉖イーラフ ilaf である。

㉕ khiṭr（または khaṭr 複 akhṭār）の語義は「ラクダの大群」「一、〇〇〇頭またはそれ以上のラクダの群れ」である。この語にも「数」を単位とする意味成分は持たず、従って異説としては「四〇頭または二〇〇頭のラクダの群れ」といった数の漠然とした広がりが見られる。しかし頭数体系語彙として明別されており、「先の⑳ ʾaknān（二〇〇〜一、〇〇〇頭）以上のラクダの頭数で、千頭を超したものを言う」とある。khiṭr はスワヒリ語にも伝播した khaṭar（危険、破滅）と語根を同じくしているところから、「一、〇〇〇頭」を限界として、それを危険とダブらせている、とも考えられる。羊、山羊とは異なる大型家畜であり、しかも危険な砂漠中に分け入るラクダの大群が「一、〇〇〇頭」にものぼれば、一組の人間の牧畜管理ではその限界を「危険」と意識するのも無理からぬことであろう。

khiṭr が「危険」の意味を基底に持つことは、これと語幹を同じく、しかも「ラクダ」と有契な意味場をみていくとわかる。この意味場には「尾を盛んに振る」があり、これがハエやブヨを追い払うといった物理的なものでなく、心理的な「危険」を示しているのである。語根動詞 khaṭara は「尾を上げ、それを左右に振って腿の後ろを打つ」の意味であり、形容名詞 khaṭir はそのようにして「歩くたびに左右に揺れる」尾の状態を指示し、強調名詞 khaṭṭār はそのようにして「精力をみなぎらせ、歩くたびにピチピチと尾を左右に振るラクダ」の意味を実現している。さらにⅥ型動詞 takhāṭara は「尾を盛んに打つ」の意味であるが、それは雄の場合は発情して他の雄に挑みかかる直前の動作を、また雌の場合は自分が妊娠したことを雄や仲間（及び人間）に知らせる動作を表わす。いずれの場合も、尾を盛んに振る動作は「危険」を表わしているのである。

㉖ ilaf は㉕と同じく「一、〇〇〇頭ないしはそれ以上のラクダの群れ」を表わす。この語は数詞から採られたもので、alf「一、〇〇〇」を語根とし、「ある集合体を千にする」「数を千にする」の意味を実現する四型動詞 ālafa の動名詞形である。その意味でも「ラクダ」と直接に結びつくものではない。ただし「数」からの派生語であるから頭数に関しての異説は全くない。このような「数値」がラクダの頭数語彙のなかに加わった例としては⑰ hind（一〇〇頭のラクダ）とともに珍しい点を強調しておかねばならない。

第12章　ラクダが鳴く（1）
――アラブの擬声音文化考（1）ラクダ以外の動物のオノマトペ

1　「鳴く」という概念

西アジアは乾燥文化圏である。広大な乾燥地帯を効率良く利用して発達した生活形態が遊牧であった。この生活形態は、確かに自然環境、生活環境において人間に厳しさを強いざるを得ない。一度でも砂漠に入り、道に難儀した体験を持つ者ならば、『クルアーン』のなかで何故未来の言動、約束を交わす折に「インシャー・アッラー（アッラーの思召《おぼしめ》しあらば）」を付け加えるように、と述べられているのか合点がいくはずである。都市、定住の世界のように安寧と平和が約束されている世界とは異なり、遊牧をこととしている共同体には、それは移動、旅の折でも同じであるが、不測の事態が起こる可能性は十分あり、しかもそれは古い時代であればある程、その可能性は高かった。この意味でも「インシャー・アッラー」の持つ意味と、その生活への拘束力は、イスラーム自体が砂漠的環境に生まれた背景の一つをなすものと言えよう。

本章及び次章では、アラブの乾燥文化の特徴として顕著である遊牧民の、それも人間と家畜との深いかかわり合いのコミュニケーションの一面を紹介してみたいと思う。知的水準の高度なアラブ遊牧民は、その性格上、物質文化の面では太古からさほど変わらないと言えようが、非物質的文化の面では驚くべき知的発展を見せた。特に口誦、ないし口承文化に関係した領域では詩をはじめとして、今でも驚くべき才覚を見せている。ここでは「言葉」を介しての、ないしはコミュニケーションとしての「人間」と「家畜」との複合文化の一面をみてみる。

アラブ遊牧民の家畜と言えば、何と言ってもラクダがその主体であった。その意味でも、この人間と家畜とのコミュニケーションを探っていくと、アラブとラクダとの密接な文化的特徴が浮かび上がってくるのであるが、これを一章構成として後に譲り、他の家畜との「言葉」を中心とした文化複合もかなりのまとまりを見せて存在するのでこれを一章構成として記してみた。人間と家畜とのコミュニケーションといっても三種に分かれる。一つは家畜の「なき声」が中心であり、それを人間がどう表現し、それに対応しているか、であり、二つは家畜の出す「なき声」以外の音（体外音（例えば足音）とか、体内音（例えば生理音、反芻消化音））も結構存在し、その表現と理解の仕方があり、そして三つは人間が家畜に対して何らかの動作を強いる折、どのような声音を出すかということである。ここではその中の最初の「鳴き声」を中心に、関連がある場合（まだ未開拓な分野で、筆者の能力不足もあって）後二者にも言及するよう努めた。

家畜が「鳴く」といった場合、日本語では牛にせよ、山羊、羊にせよ、犬、猫、鶏、鳩、ブタにせよ、また家畜でなくても鹿や猿、果てはネズミや虫までもすべて「鳴く」だけであり、例外的に馬に「いななく」、犬に「吠える」、また低く「鳴く」のを「うなる」、鳥に「囀る《さえず》」ぐらいの語彙があるだけで、これから述べるアラブに比して極めて貧弱である。また「鳴く」という語そのものも、本来の字義からして「鳥」類が「なく」のであり、それが人間以外のあらゆる動物の「口」から出す「音」に流用されているのであり、家畜はいうに及ばず獣類までがこの意味では「鳥」に従属した形になっており、こんなところも興味深い。このゆえでもあろうか、個々の動物が「鳴く」際の「ワンワン」といった擬声音が日本語は非常に発達したような弁明がなされている。しかし、こと動物の擬声音に関しては、どこの言語文化圏をとっても日本語にひけをとらない方が多いのであり、ただ我々が未だそれの各言語文化圏の、これに類した知識、情報を「日本語」程に知らないだけのことである。

2　羊、山羊類の「鳴き声」

アラブの遊牧民の往時の牧畜の主体が「ラクダ」であったのに対し、現今の牧畜の主体となっているのは羊、山羊であり、この意味ではアラブ的特色といったものが薄らいでしまったことになる。羊、山羊とも雄、雌、成長段階に応じてさまざまな呼称を持っているのだが、それは別稿に譲るとして、アラブ遊牧民は、他の羊遊牧民も多くはそうなのだが、羊と山羊は一緒の群れにして飼育したり、放牧を行なっている。この故に羊、山羊を一緒にしてガナムといっている。とはいっても羊の方が毛や乳や肉すべてが上質なため、ガナムの主体は羊が担っているわけである。このガナムが鳴く、という語で最もポピュラーなのはスガーウ thughā’ であり、マウマア ma‘ma‘ah である。後者は日本語にも通ずる「メエメエ」といった擬声音そのままであるが、主に山羊の方に用いられる傾向が強い。これに対して前者は羊の方に主眼が置かれているようだ。またこのガナムが「メエーー」と長引いて鳴く声はヌアーク nu"āq と言われ、これもどちらかというと羊の方に主に用いられる。

　このガナムとラクダが遊牧民の財、即ち、動産の主体であったために、「彼にはサーギヤ（thāghiyah ＝スガーウするもの→ガナム）も持たなければラーギヤ（rāghiyah ＝ルガーウするもの→ラクダ）も持たない」という言い回しがあり、これは「家畜を持たない」という意味にとどまらず「財産（一切）を持たない」といった意味で用いられる。この諺は既に一二世紀の学者アル・マイダーニーの名著『俚諺集』の中に採録されている（同書Ⅱ三、八八八）。

　ガナムといっても山羊の方に比重が置かれた「鳴き声」という表現がある。ユアール

yuʿār とナビーブ nabīb がそれで、前者には「野獣を恐れて鳴く」の意味もあり、また後者には「子山羊が鳴く」の意味と、「雄山羊が発情期に雌を求めて盛んに鳴き声をあげる」という意味も別に持っている。

母のガナムを子の所に追い込む際の呼びかけはヒッル hirr ヒッルと言い、また搾乳に際して、母親を落ちつかせるためにタル tar タルと搾乳者（これは女性達の仕事である）が声をかける。また追いたてたり、急がせたりする時に特にガナムには「フス hus フス」と呼び掛ける。

3 馬の「鳴き声」

アラビア馬は世界的に有名であるが、実際には、純粋馬の馬格は、かけ合わせてできたサラブレッドのイメージとは異なって想像する程大きくはない。またアラビア馬は突進力、疾走力は素晴らしいが、跳躍力はそれ程なく、従って障害レースには向いてはいない。にもかかわらず、その姿、形はやはり素晴らしいものである。「馬が鳴く、いななく」という表現は、アラビア語ではサヒール ṣahīl が代表する。従って「いななく」ものといえば馬となり、後述するような成語も誕生している。この総称サヒールに対して、同じ意味ないし「いななきの終わろうとする声」で鼻にかかった音なのだが、これをワフワハ wah-wahah と言っている。また、餌を求める時や与える時に出す鳴き声ハムハマ ḥamḥamah

もよく聞かれる。擬声語から由来するこの語は「ねだるようにいななく」がその人への懐《なつ》きをよく示している。

馬が走った時の歩態別の名称も、ラクダと同様（ラクダとは異なった名称であることも断っておくが）アラブは持っているが、こうした疾走した折に出す鼻息、ないしはそれが声になったものはドゥバーフ ḍubāḥ ないしタブフ ḍabḥ と言っている。後者は、『クルアーン』第百章の第一節「あえぎあえぎ突進する馬にかけて」という聖句の中に記されている（本書三二六頁図33、真中、上段第一行参照）。また嫌いなもの、避けたいものに対しても、のどからくり返し音を出す。これはクバーウ qubāʿ またはカブウ qabʿ と言っている。まさにブーブー言うの意味である。

またこうした「鳴き声」に混じって「馬の体内音」の語彙も存在するのには驚かされる。これはとりもなおさず馬との近接関係、及び砂漠という静寂性の所産と言えるのかもしれないが、馬に乗っていたり、近くにいる人間には「馬の内臓、腸のごろごろなる音」が聞こえ、アラブにはこの「ごろごろ」という音は「カブカブ」とか「ブカブカ」とか聞こえるそうである。これをアラブはハディーア khadīʾah と言っており、さらに「急がせ疾走させる折に聞こえる馬の体内音」はルアーク ruʾāq と表現している。これに関連して日本語の「ハイドー・ハイドー」に当たる馬を追いたて、急ぎたてる言葉は特に「ハラー halā ハラー」と言う。

アラブ遊牧民の間では馬は決して使役には用いられない。急ぎの用、旅、戦闘の折にのみ用いられ、乳も利用しなければ肉も食べない。しかも馬は「渇水」に弱く、水をひんぱんに飲み、遊牧民の間ではこれを飼育するのは手間暇がかかる。水に乏しい場合、ラクダの乳を代わりに飲ませることもしばしばある。それゆえ、馬の所有はアラブ遊牧民のステータス・シンボルともなっている。財産の無い者、手間暇の無い者はこの飼育の維持が難しいからである。この意識を反映するものとして「サーヒル（いななくもの＝馬）とラガーウ（ガアガアなくもの＝ラクダ）の人々」という表現があり、遊牧民の間でもラクダ飼育をこととする一段と誉れ高い部族全員が、同時に馬の備えもしている、いわばラクダ遊牧民の中でも最も高貴な部族、ないし家柄をさし示していることになる。

4 ロバ、ラバの「鳴き声」

定住地域に近づけば圧倒的に多くなるのがロバであり、ラバである。あの突拍子もなく甲高い声をあげるロバのなき声は、実際それを目にしない限り同類の馬とは似ても似つかない、想像もできない金属音を出す。ロバの「鳴き声」を代表する語はナヒーク nahīq と言う。「ウーハー・ウーハー」と繰り返すいななき、即ちナヒークの出だしの部分をザフィール zafīr と言い、鳴き止む部分をシャフィーク shafīq と言っている。前者は「ため息をつく」、後者は「すすりなく」または「しゃっくりをする」の意味である。

ロバがナヒークより一段とかまびすしく激しく鳴くという語までアラビア語にはある。面白いことにこれをサヒール ṣahīr と言っている。馬のいななきもサヒールで、後述のラバのいななきもサヒールであって、日本語では同じ表記になってしまうが、ローマナイズの方をみれば分かる如く、馬は ṣahīl ラバは saḥīl に対して、ロバの方は ṣahīl である。音素も語根も異なっている。日本語では全く同じ表記のものが、三者それぞれ異なり、しかもそれぞれが馬、ロバ、ラバの「いななき」の意味を指示するこの微妙さ、ニュアンスは、アラブがどれ程かこれらの動物と親しんでいるかを如実に物語っていよう。

ラバのなき声は前記のサヒールの他に、もっとやさしい穏やかななき方をする語もあり、これをシャヒーフ shaḥīḥ と言っている。「物惜しみする、けちである」から由来している。『旧約聖書』では占師バラムが、乗っていたロバに急にものを言われ、諭されて、モアブに滞在中のイスラエル人を呪うようとの誘いを断ったという有名な話がある（民数記二二章以降）。一方、アラブの俗信ではロバは勘が良く、人間では感じられないサタンや悪性のジンの去来を察知し、その折に鳴き声を上げる。特に夜鳴いた時はそうだ、と言っている。それ故「ロバが鳴いたら、アウズを唱えなさい」という格言がある。アウズとはアウウズ・ビッラー（悪魔の害悪からアッラーが守ってくれますように！）と唱える文句である。また、もしロバがひと鳴きで「ウーハー」を一〇回連続して鳴けば縁起が良いとされ、これをタアシール ta'shīr と言っている。現地でロバの声を聞いていても一〇回まで長くは続かないので、めったに耳にすることはできない。それでこのタアシールを人間が模倣して行なうと、病除《よ》けになるという。特に旅に出かける時とか、伝染病が流行している地域に出かける場合の予防法にこのタアシールが良いとされている。なおロバ、ラバを追いたて急《せ》きたてる人間からの掛け声は「アダス ″adas アダス」が知られている。

5　牛の「鳴き声」

中東では、古くからメソポタミア、地中海周辺地域、及びイエメン等の水の潤沢な地域では牛の放牧もされていた。今では水のコントロールも政府によりなされ、純砂漠地帯以外ではいずこの地域でも飼育されている。そして現今では、牛の利用よりも、牛乳もまたそうであるように、水がより豊かな地域では水牛の利用が主体となっている。牛は、アラブでは元来農耕民の使役用（乳用）とされていたために、農業に対する賤業意識も働いて、土に縛られているもの、土の奴隷という観念を抱かせている。この点、馬のイメージと好対照になっている。牛が尾を振るさまは、まさに農耕で働かせる牛に対しての鞭が振られる様に喩えられる。「牛が鳴く」記述を探ってみよう。牛に関してのそれは僅か二語探り得ただけで、もっとも一般的なのはフワール khuwār と言う。我々の知る「あの低くうなるように鳴く」の意味であり、それよりも一段と高く声を張り上げた牛の鳴き声はジュアール ju″ār である、とされている。ここでも普通の鳴き方と、それよりも激しい鳴き方、即ち強調形が区別され、独立した語を形成させているアラブの動物観が示されており、興味をひくところである。

「牛のなき声」はその「どん重さ」が慎重さ、積み重ね、蓄積のイメージを与えているのであろうか、これが知的イメージと関連する時、理性の慎重さと結びつくことになる。アラブも夢占いが盛んで、牛のミルクを夢見た場合、合法的な富を得る予兆とされたり、牛が足で体のどこかを引っ掻いたりした場合、そこの部分が近い将来けがや病気になったりするのと並んで、「牛のなき声」を聞いたりした夢をみた者は、己が学識ある者になるか、学識ある者と会合する予兆とされている。

6　犬の「鳴き声」

犬はアラブ定住世界では汚らしいもの、卑しいものとして触れるのも忌避されている。その点ではユダヤ世界と観念を共有する。だが、砂漠地帯のアラブにあっては人間の存在を教えてくれるもの、家畜を害獣から守るもの、として重宝がられていることも忘れてはならない。特に猟犬サルーキーはその姿の優美さと狩の美事さから、砂漠の民には大事に扱われたものである。犬の鳴き声、吠え声はヌバーフ nubāḥ といい、「犬を鳴かせる者」をムスタンビフと言うが、これは特に砂漠の中で夜旅をする者が道に迷った時、ヌバーフ、即ち犬の鳴き声のまねをして近辺にいるテントの住人の犬の注意をひき、吠えさせ、その吠えることによって同時にテントの主人を目覚ませ、行動を起こさせることになる。従ってムスタンビフとは、字義以外に「助けを求める者」の意味にもなる。

犬の「遠吠え」これをウワーウ ʿuwāʾ と言うが、「声を長引かせて吠える」意味で、犬だけでなく、狼やジャッカル、それに猿や狐のそれにも適用されている。ウマイヤ朝の開祖ムアーウィアの名前は、このウワーウから由来しており、「ウワーウするもの」、即ち「吠える犬」の意味である。また犬がキャンキャン鳴いたり、恐れて鳴いたりすることをファクファカ faqfaqah またはワクワカ waqwaqah と言う。寒さや、辛さ、嫌さの感情を表わすクンクンと鳴くのはアラビア語ではハリール harīr と言っている。「鳴き声」ではないが、犬がうれしい時に尾を振る動作及びその音はバスバサ baṣbaṣah といってその擬態音は我々日本人にもそのまま伝わってくる。

犬の勘の良さ、鋭さはある種の超能力として理解されている。犬が夜間、人の気配もないのに急になき出すのは、ジンやサタンが近辺に来たことに対する警告であるとアラブは信じている。多くの家畜や動物に極めて身近に接し、この分野で多方面に詳しいにもかかわらず、犬のこうした俗信を保持している点は、アラブの動物観をうがったものと言えよう。なお犬に対して人間が呼び寄せる時には「クース qūs クース」また追い払うには「ハジュ haj ハジュ」という掛け声が一般的である。

7　猫の「鳴き声」

猫はイスラム世界どこへ行っても可愛がられる存在である。不浄な犬と好対照に、アラブは猫を清浄なものとみなしており、ハディース（言行録）の中にも、猫が飲んだ後の水や食べ残しを、預言者や愛妻アーイシャが飲み干したり、口に入れてきれいに片づけた話が残っているほどである。猫の鳴き声はムワーウ muwā' またはヌワーウ nuwā' と言って、いずれも擬声語の方が語源になっている。猫がお腹が空いて、ねだるように鳴きついてくるのをドゥガーウ dughā' と言っている。空腹時のねだり声であるこのドゥガーウは、他の動物のこうした折の鳴き声にも転用されている。猫はよく横になって眠っていることが多い。この眠た気な猫の鳴き声はハリール kharīr。また、この語ハリールは鳴き声ではないが、猫が眠っている時に出す呼気音、ないしいびき音とも解されている。後者の「猫のいびき」は同語根の他の派生語ハルール kharūr によって一層明瞭に示されている。このようなかすかにしか聞こえない「いびき音」などの語の存在は猫がいかに人間の近くに座を占めているか、を示すものといえる。

8　その他の獣畜類の「鳴き声」

同じ「ほえる」であっても、漢語の導入によって日本語では動物によっては異なる表現で僅かな相違ができる。「吠える」と書く場合、現今の語法では取り払われてしまったが、厳密には「犬（ないしは狼）」が鳴くことを指示していた。ライオンや虎といった猛獣が「ほえる」のは「咆哮」という言葉があるように、この二字のどちらかを当てるか、または「吼」を当てるかして「ほえる」の語を形造っていたのである。

アラブの場合、前記の牛馬、犬猫、後述するラクダの他にも、特定の動物が「鳴く」ことを指示する語がある。人間の居住地に近い動物ほど、また家畜に近い関係にある動物ほどこの層は厚くみられるのは、どこの文化圏でも同じことが言えようが、まず猿（アラブのそれは「狒々」であって、ペットにしたり、芸を仕込んで猿まわしの主役になったりしている）が「キャッキャッ鳴く」ことはズカーフ zuqāḥ と言っている。その鳴き方が人間の「ほっ、ほっ」と声を出すのに似ているために「吠え猿」と名付けられた猿の種類もあるが、ダヒク ḍaḥik というアラビア語がある。これは人間が「笑うこと」が原義なのだが、同時にその類似から「猿が鳴く」ないしは「吠える」の意味にもなっていることを記しておきたい。

またガゼルやアンテロープ、オリックスといった鹿類、カモシカ類の「鳴き声」もある。普通に「鳴く」場合にはヌザーブ nuzāb と言い、「甘えるようにやさしく鳴く」のをブガーム bughām と言っている。前者は「雄鹿」に後者は「雌鹿」ないし「子鹿」に限定する、と説く人もいる。その他虫類、鳥類にも「鳴き声」に基づくそれぞれの語彙体系が形成されており、また蛇が出す「音」が何種類か知られており、驚かされるのだが、それは家畜からは大分離れるのでここでは扱わないことにする。

9　『アラビアンナイト』のなかから

『アラビアンナイト』のなかに家畜ともども動物が出てきて鳴き声を発する描写があるので、ここでそれを紹介しておこう。第二〇夜から第二四夜までは「エジプトの大臣シャムスッディーンとバスラの大臣ヌールッディーンの物語」が語られているが、その二二夜でシャムスッディーンの娘シット・ル・フスンがむりやり卑しい背中の曲がった馬方に結婚させられようとした時、ヌールッディーンの息子バドルッディーンがイフリート（魔神）の力を借りて、この馬方を便所の中にまさに雪隠《せっちん》詰にしておいて恋人と一夜をそい遂げる情景が展開される。

バドルッディーンがイフリートと話を交えている中にも、馬方は（娘の部屋から）外へ出て、便所へ入りました。するとイフリートはこの馬方に対して水をたたえておいてあった桶の中から鼠の形をとって姿を顕わしたのです。そして鼠はジーク・ジーク ziqと鳴きました。それで馬方は「一体どうしたんだ？」と尋ねました。すると鼠は大きくなり、猫になるではありませんか。そして「ミャーウ・ミャーウ miyāu」と鳴きました。それからさらに大きくなり、今度は犬に姿を変え「ウォーフ・ウォーフ ʿūh」と吠えました。馬方はこれを見ると、おびえて叫びました。「出て行け！　この呪われもののめが！」。すると犬はさらに大きくなり、脹れ広がって、遂にはロバになって、馬方の目の前でいななき叫んだのです。「ハーク・ハーク hāq」。馬方はもうたまりません、ふるえ上って「家の皆さん助けて下さい！」と叫んだのです。するとロバはさらに大きくなり、水牛の大きさ程になったので、便所のすべてを塞いでしまい、人間の声で語りかけたのです。「罰当りの馬方めが！　臭くてたまらない奴めが！」。……こうして魔神は馬方を逆立ちにさせて、一晩中見張っていたわけである。

第13章　ラクダが鳴く（2）
――アラブの擬声音文化考（2）ラクダのオノマトペ

1　「ラクダの声」の多層性

アラブの動物（狭くは家畜）に関してのオノマトペは⑴鳴き声、⑵体内／体外音、⑶人間からの掛け声に大別できることは前章で述べた。⑵の体内音とは我々の腹の音と同じく、大型家畜の傍らにいてしばしば聞こえる内臓の音（反芻《はんすう》音も含めて）や生理音（例えば放屁音）のことで、また体外音とは足音や蹄音、尾やたてがみを振る音のことで、こうした明別はラクダ、羊、山羊主体の遊牧民ならではの発想と言えよう。⑴については以下に節立てをして詳しくみてゆくが、意味分析してみると次のような結果が得られる。普通の「鳴く」といっても「大声で」、「低く」、「明瞭に」、「不明瞭に」、「やかましく」、「長引かせて」、「くり返して」の語彙があり、感情表現として「うれしく」、「悲しく」、「不服そうに」鳴くがそれぞれあり、「悲しく」はさらに「口を開かずに」、「長く延ばして」、「死んだか遠く離れてかして子を恋しがって」鳴くがある。また「搾乳の際の」鳴き声は二種あるが、これは前述の「不服そうに」とも有契である。「鳴き声」のオノマトペでアラブの特異性をうかがい得たのは、「雌雄別」「オトナ・コドモ別」の存在である。例えば、雄ラクダが「腹の底から出すように」、「口に泡をふきながら」、「交尾する際の」鳴き声の語彙があり、また「アカンボ期の」、「コドモ期の」、「オトナ期の」成長段階による体系だった「鳴き声」語彙もあり、語の背後に持つ文化の豊かさが察せられる。なお「ラクダが咳をする」語が五つ拾い得て、(2)の体内音とも絡んでいるが、「因果性」「病」といった文化的背景を持っている。また「ラクダが水を飲む際に出す音」、「大地を踏む音」等もあり、これらは(2)の中に含めて良いし、あるいは「しぐさ音」という独立項を設けても良い。

(3)人間からの掛け声。アラブ資料体を調べていくうちに、こと牧畜的語彙に関してはその多様さ、豊富さに驚かされる。この「掛け声」にしたところで、家畜に対してすべて異なる「声」をかけているのである。いな、状況に応じて同じ家畜に対しても異なる「声」をかけているのである。ラクダ、馬、牛、ロバ、ラバ、羊、山羊、犬、猫、こうしたアラブ圏に存在する家畜に対しては（加えて、野生ではあるがガゼル鹿にも）、すべて独立した「掛け声」を持っている。「ひざまずかせる際の」、「立ち上がらせる際の」、「立ち止まらせる際の」、「追いまたは急《せ》き立てる際の」、「水場へ呼ぶ際の」、「呼び戻す際の」、「落ち着かせようとする際の」、「乳をしぼる際の」、「子ラクダの所へ行かせる際の」、「交尾を促すための」等があり、また特殊な例としてラクダが「つまずいた際」に掛ける声もある。

本稿で特に重要なのは「追いまたは急き立てる」項であるので、少しく言及しておくと、日本語で馬を囃《はや》す際に掛ける「ハイドー！」と類似した hayda または hīda である（関連上、アラブの馬へのそれは halā、ロバ・ラバ ″adas、羊・山羊 hūs、犬 haj 等）。またこれとは別に雌雄の相違により特別な「追いまたは急き立て」言葉がある。雄ラクダは √jwh が（例えば jāhi, jāhin, jāh, jūh, jawhan, jūhi, jawhi 等）、雌ラクダには √″wj が（例えば ″āj, ″āji, ″ājin 等）。同じくオトナ期になったラクダの雄に対しては ḥawbu または ḥawba、雌に対しては ḥal または ḥali がある。掛け声にもこうした雌雄別のものだけでなく、先の鳴き声と同じく、成長期によって弁別されるものもある。

動物への人間からの仕掛けは、このような掛け声に止どまらず騎乗した際の重心の置き方、脚の操作、手綱ないしムチの操作等の動作によっても扶助される。掛け声と同じく現地で騎乗する際聞かれるのは「舌打ち」ないし「舌鼓」であり、これは舌を丸めてその横からキューキューと音を出す。これにも何種類かあり、その意味づけもまた異なっている。我が国でも乗馬の際、元気づけるか注意を引きつけるかする時にこの音を出すが、これは西洋馬術、西洋馬を輸入してからのものかどうか知りたいところである。なお、アラブは動物に対してのコミュニケーションに、他の牧畜文化圏が豊かに持っている「口笛」は一切用いない。「口笛」は悪魔の言葉ないし楽器とする俗信があり、牧畜に限らずあらゆる面で忌み嫌われていた（西洋化されてきた最近は別である）。

2　ラクダの声を理解した預言者の話

イブン・マージャがタミーム・アッダーリーから伝え聞いたところによれば：我々が預言者と共に座っていた時のこと。一頭の雄ラクダが駆け足で我々の方に近づいてきたかと思うと、預言者の前で立ち止まって、うなり声を上げた。そこで預言者は「おおラクダよ、静かにしなさい！　もしお前の言っていることが本当ならば、真実がお前に益することになるだろう。だが、お前が嘘をついているのだったら、その嘘はお前を汚すことになろう。アッラーは我々のもとに庇護を求めてくる者には安全を約束し、その者に落胆を与えることはないのだけれどもな！」。

我々は尋ねた。「神の使徒よ、このラクダは何と言っているのです？」。預言者が答えるには「このラクダは、おのれの飼い主が自分を殺し、自分の肉を食べようと決めてしまったのが分かり、彼らから逃れ出てきて、あなた達の預言者に庇護を求めてきたのだよ」。

我々がこのような話をしていると、事実、このラクダの所有者達が走って来たのである。そしてラクダも彼らを見ると、再び預言者の面前に来て、庇護を求めた。飼い主とその仲間は申し立てた。「おお神の使徒よ、これはわしらの所有するラクダであって、三日前に逃げ出し、漸くあなたの前で捕まえることができました」。預言者は「でもな、ラクダの方では私に不平を訴え、その理由も述べ立てておったのだが」と答えた、彼らは「神の使徒よ、ラクダは何と訴えていましたか？」。預言者「ラクダが言うには、何年間かは確かにあなた方の庇護のもとに育った。だがその間にも、夏になればあなた方を牧草の地に運んでやったし、冬になれば暖かい地域に連れていってあげた。成長しきってからは、種ラクダとして用いられ、あなた達の放牧地に多くの子ラクダを満たしてあげた。それなのに、このように豊かな年を迎えているにもかかわらず、あなた達は彼を殺し、その肉を食べようとしている、となし。

彼らが言うには「神の使徒よ、（驚きましたな）ラクダの推測した通りのことを我々は決めていたのです」。預言者は「しかし、そうすることは、相応の奴隷にふさわしい主人の報い方ではありませんね」。彼らが嘘ぶいて言い訳するには「神の使徒よ、それでは我々は彼を売り払ったり、屠殺したりはしないことにします」。預言者「それは本心ではないでしょう。このラクダはまずあなた方にそのことは訴えたはず、それをあなた方は聞き入れてあげなかった。その意味ではこの私の方が慈悲をかけるにふさわしいと言えます。というのもアッラーは偽りの信者の心からは慈悲心を取り上げており、一方真の信者の心に慈悲を据えておいでだからです」。

こう言ってから預言者は百ディルハムで彼らからこのラクダを買い上げた。そして、ラクダに言うには「これラクダよ！　どこへでも行くが良い。お前はアッラーのおかげで自由となれたのだから！」。するとラクダは預言者の面前でうなり声を上げた。それに答えて預言者は「アーメン（そうあらんことを）」と答えた。するとラクダは再びうなり声を上げた。それに答えて預言者は「アーメン」と答えた。さらにラクダは三度目のうなり声を上げた。預言者はそれに対しても「アーメン」と言った。それからラクダは四度目のうなり声を上げた。これに対して預言者は泣いて答えた。

そこで我々は尋ねた。「神の使徒よ、このラクダは何と言っているのでしょうか？」預言者は答えて言った「おお預言者よ、イスラムとクルアーンに関してあなたに神の善い報酬があらんことを！」。で私は「アーメン」と答えた。ラクダが二度目に言うには「最後の審判の日まであなたの宗教共同体に何ら危難なく無事に存続しますように、ちょうど私の危難をあなたが救出してくれましたように！」。そこで私は「アーメン」と答えた。ラクダが三度目に言うには「アッラーがあなたの共同体を敵の流血から守りますよう、ちょうどあなたが私の流血を守ってくれましたように」。そこで私は「アーメン」と答えた。四度目の彼の言は「アッラーがあなたの共同体の内部に憂慮の種をまきませんように！」。預言者はこれに対して「この言葉に私は涙を禁じ得なかった。というのも、我々のイスラムの共同体に内部反目のないように神にお願いしたのだが、最初の三者に対しては赦《ゆる》しを得ることができたが、四つ目の請願に対しては神は拒絶されたのだ。天使ガブリエルが神の言として私に告げるところによれば、私の宗教共同体は武力闘争によって衰退してゆくことになるであろう。これは既に予定されていることである、と告げられているからなのでな」と語った（『動物誌』Ⅱ二二八）。

ラクダが真にこのように預言者に語りかけたのかどうかは別として最後に、第四番目に語りかけた言葉は、イスラム宗教共同体が、後世スンニー派とシーア派とに分裂し、さらに政治的に分岐してゆくことが、預言者の存命中に既に報《しら》されていたことの一つのハディース（預言者言行録）として知られている。このハディースの中では、ラクダの言葉を解し得たのは預言者だけではないことが分かる。教友達が預言者に尋ねていることからも知れるように彼らはできなかった。しかし、ラクダの飼い主達は「それでは売り払ったり、屠殺したりはしないことにしましょう」と言った時の「それは本心ではないでしょう。このラクダはまずあなた方に訴えたはず、それなのにあなた方は聞き入れてあげなかった」の預言者の答えからラクダの言葉を理解できたことが分かる。

3　総括語「ルガーウ」rughā' について

この預言者の伝承ではラクダは預言者に何度か語りかけたわけであるが、そのいずれも「語った」言葉はすべて原語ではラガー raghā という動詞で表現されている。ラガーとは、ラクダ特有の発声音に関連しており、その意味でもラクダ以外の「声」には用いられない言葉である。「ガーガーと鳴く」の意味であって、決して馬や羊類のような甲高い鳴き声ではない。低く、ぶつぶつうなるような声を出すことを特徴とする語である。この類推から、時には人間や駝鳥やハイエナの低いうなり声にも転用されるが、あくまでもラクダが主体である。ラクダの発するこうした声は普通の人間には、ただ右のようにしか聞こえない。それ故、人が不明瞭に何か言ったり、また聞きとりにくい発音で話したりした場合にも、このラガーが転用され、ムラッギー muraghghī 即ち「ラガーするもの」と言われたりする。

ラクダの「鳴き声」にもさまざまな感情表現を表わす語彙があるのだが、このラガーと表現される声を発するのは、ちょうど人間の赤児がそうであるように、何かして欲しいこと、不満がある折であると言われている。右に引用した預言者に語りかけたラクダもそうであるように、不平、不満のある時、背中に重い荷物を乗せられたような場合等に発せられる声であるという。このように発せられた声そのものは、ラーギヤ rāghiyah とかルガーウ rughāʼ とか言う。また一鳴きとか二鳴きとかの回数表現もあり、それはラグワ raghwah と言っている。アラブ世界ではラクダが余りに生活に深くかかわっていたので、こうしたラクダの鳴き声という言葉も繁用され、ごく普通に人間生活に登場している。

この動物と人間との近接性を考えると、アラブの場合、さらにその根の深さを知ることができる。即ち日本語では大型家畜は、馬の「いななく」を除けばすべて「鳴く」の一語になってしまうが、アラビア語では、多くの動物の「鳴く」にも固有の語があり、例えば既述のラクダが「ガーガー鳴く」がラガーならば、ガナム ghanam 即ち羊、山羊が「メーメー鳴く」動詞はサガー thaghā と言い、その名詞形はサーギヤ thāghiyah と言う。従って「彼はサーギヤもラーギヤも持っていない」との語呂の良い言い回しがあり「彼には羊、山羊類もラクダの類も無い」の意味にもなり、また家畜が財産、即ち動産であることから「彼は何も財産がない」、「彼は素寒貧である」の意味としても用いられる。この言い回しはマイダーニーの『俚諺集』の中にも第三八八八番として記されている。また「若ラクダのラーギヤの如くに厄難が彼らの上に襲った」との言い回しもある。これは何らかの前兆として厄害が起こることを報されていたにもかかわらず、怠って何の対策もとらずに厄難にあった折の言で「予期されていた不幸なことが起こった」の意味で用いられる。この由来はサムード族の「神聖ラクダ」の伝説の中にある。第3章「神聖ラクダの特徴」及び「神聖ラクダの殺害」の部分を再読していただければお分かりのことと思うが、サムード族に神兆として岩山の中から顕われた「雌ラクダ」は子を後に従えていた。この子ラクダはサクブ saqb ともバクル bakr とも表現されている。母親の「神聖ラクダ」は何の前触れもなく殺害されてしまった。その折この子ラクダは殺害者の手から逃れて岩山の方に走ってゆくのだが、その折にそうした状況を描いた部分は筆者の乏しい資料体の中には無いのだが、岩山の手前で捕えられ、殺されてしまうまでの間、鳴き声を、即ちラーギヤを発し続けていたに違いない。そしてそのラーギヤは、その言葉を解する人間がいたならば、必ずやサムード族が滅びることを予言していたものであったろう。

この推論に妥当性を与える論拠は、前述の諺言が既に引用したマイダーニーの同上書の

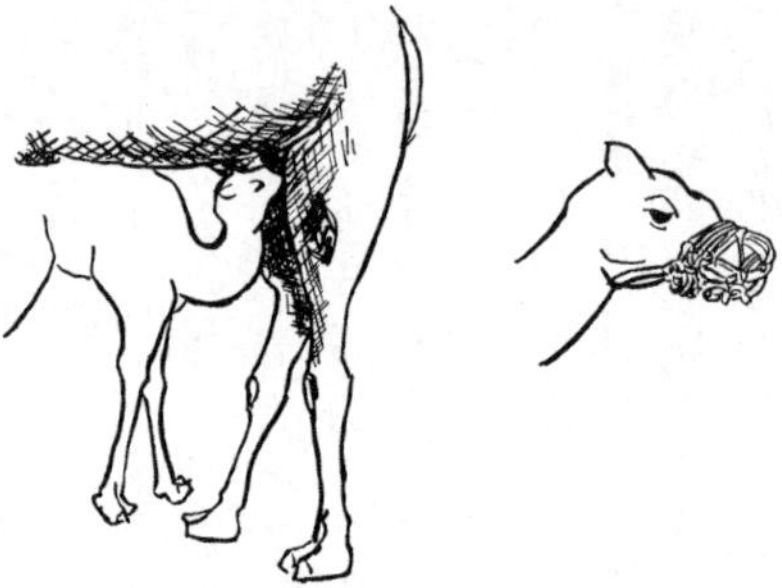

図25　乳を飲む子ラクダと、交尾期の雄につける轡。

中に第三〇二九番として記載されている事実、即ち中世イスラム社会に民間伝承としても広まっていた事実に加えて、この子ラクダの存在そのものが「サムード族滅亡」及び「サムード族の神聖ラクダ」伝説の記述中に直接的には何の意味も持たせられていないからであり、意味を持たせるとしたら前述のことが関連して然るべきと思うからである。また、ルガーウを用いた諺の中にも次のようなものがある。「声をかけるのは彼女（乗用雌ラクダ）のルガーウだけで十分」（『俚諺集』三〇三二）。元来は砂漠の中で、何か困ったことが起こったり、急用ができて、付近の遊牧民のテントの前に援助を求めに来た者に対して、そのテントの中にいる主人かそれに代わる者が、それに応じて、中に招じ入れる際に言われた。このことでも分かるように、誇り高いアラブは、直接的な表現で自らの窮状を訴えたり、助け手を求めたりはしないし、またそれに応ずる者も、相手の尊厳を重んじて同じく直接的な答え方をしないものである。「声をかけるのは彼女のルガーウだけで十分」は、このように相手が何か目的とすることを言葉で切り出す前に、その意図をくみとったり、目的にそったことをすることの意味で用いられる。「ルガーウをさせる」即ち「おのれのラクダにうなり声をあげさせる」動詞をアルガー arghā と言う。「彼女（母ラクダ）のために子ラクダにアルガー（うなり声をあげ）させよ、そうすれば彼女は静かになるだろう」とは、子思いの母ラクダが乳児と離されているのを悲しんで人間の言う事をなかなかきかないので、子ラクダにうなり声をあげさせれば、それで安心して静かになろうという意味である。この格言で、母ラクダがいかに子思いかの習性をいったものだが、同時にマイダーニーの『俚諺集』（一、五四八）によると「何か欲しいものがあって、それでいっかな言うことをきかない者には、その欲しがっているものをあげなさい、そうすれば落ちついて命令に従うものだから」という意味で、人間にも用いられるとのことである。

4 「明瞭な」ラクダの鳴き声

「ラクダが鳴く」と言った場合、どんな状況下においても用いられる総括語がルガーウであって、「ルガー」と鳴くことから来る擬声語に由来しており、この語の用法が一番広いわけであるが、これに劣らず繁用されるのがハディール hadīr という語である。ハディールとは擬声語とは無関係で、「ラクダがはっきりした声を出して鳴く」の意味である。ハデこの明瞭さはラクダが成長しきって、ハンジャラ hanjarah ＝のど笛がしっかり形成された後、そこから発声される時に初めて出ると言われる。ラクダの出すはっきりした鳴き声であるハディールは、人間にも適用されている。「彼はフトバ（説教）において、あるいはマンティク（弁説）においてハディールである」という言い回しがある。朗々と響きわたる声調、流れるような巧みな演説を行なう者に対して言われる。なお、ラクダの鳴き声hadirに対して、鳩の鳴き声をhadilと言い、rとlの相違にすぎない。鳩の方のhadilについてはジャーヒズの『動物の書』（Ⅲ二四三）に面白い記事が載っているので参照されたい。

ラクダの鳴き声の中でも「明瞭さ」を指標とする語は他にもいくつかある。ハディールと同じだが、「より澄んだ」声で、しかも「繰り返し」ラクダが鳴くことはカルカラ qar-qarahと言う。原義は我々が「うがい」をした時に出す口の中の水音と関係している。同じ明瞭さでも、「大声で激しくラクダが鳴く」という語があり、ラジュス rajsとかザグド zaghdとか言う。前者は「激しい鳴き声」の意味が強調され、後者は「鳴き声は短か目で、あたかも咽喉を締められたような鳴き声」を特徴とする。「くり返しの鳴き声」はさらにタザッグム tazaghghumとかタザムザム tazamzamがあり、前者はラクダが人間の「吃音」に擬せられ、また後者は「祈禱師」が念ずる時の「くり返す言葉」に擬せられた表現である。

これに関連して、さらに注目すべきは、現地を訪れた方なら誰も目にした光景かと思うが、お祝い、婚礼、旅出、出征、凱旋などのお目出たい折にアラブの女性達は「舌笛《したぶえ》」をならす。舌を左右、ないしは上下に素早く、激しく振動させて、その口先から「オロロロロローイ！」という風な甲高い発声音を出す。初めてこれを耳にした人には、すっ頓狂な奇態と思われること必定なのであるが、これをアラビア語ではザグラグ zaghradah と言っている。このザグラダは、男達は普段は行なわないが、行なったとしても、女性の比ではなく、女性のそれは非常に甲高く、また遠くまで聞こえる。出て行く者、帰って来る者を励まし、祝ってやる配慮から、より高く響き渡らせ、少しでも長く遠くへ届かせようとの気持ちを伝えるための慣行なのである。ところで、このザグラダも、実はラクダの繰り返し音から人間が学んだものである。元義は「ラクダがくり返し鳴き声を上げる」にあり、のど笛を、言うなればルガーの「ガ」を鳴振させて長く伸ばす、ことを言ったものであり、この意味でも実際用いられているのである。

5 不明瞭な鳴き声

「明瞭さ」を指摘する鳴き声があるから、当然のことながら、「不明瞭な鳴き声」を意味する語もいくつか存在する。いずれも擬声音から転じたものと思われるが、二子音畳語構成になっている。シャフシャハ shaḥshaḥah とは「(ラクダが) ハッキリしない鳴き声を繰り返し発する」ことであり、カフカハ kahkahah とは「何かにおびえていて、ハッキリ

図26　きれいな鳴き声というのもあるそうである

しない鳴き声を発する」ことである。またハドハダ hadhadah とは「不明瞭な鳴き声をちょうど鳩のそれのように発する」こととされている。日本語でも不明瞭な聞き分けにくい言は「ぶつぶつ言う」というが、ハドハダ同様の二子音畳語構成になって共通している。

ところで、ラクダの不明瞭な声は、人間の聴きようによっては、意味ある言葉となる場合もある。第2節の預言者の獣語を解した超能力のエピソードでも分かるように、それに親しい人間にとっては、時にはラクダの不明瞭なうなり声が、人間の心理と呼応する、と考えられているのである。以下にそうしたエピソードを二例記そう。

アル・クシャイリーが『リサーラ』という本の中で次のように言っている。アフマッド・イブン・アターウ・アル・ルーズバーリーの話として：私がメッカへ行く道中でのこと、道行の一人が語るには、荷を背負ったラクダが、夜間首を前に伸ばして（即ち、急ぎ足で）私の前を通り過ぎて行くのを見て、思わず「スブハーナ・ッラー（神に讃えあれ）！　お前達（ラクダのこと）の重荷を少しでも肩代わりされる神に讃えあれ！」と唱えた。すると中の一頭のラクダが私の方をふり返って、「クル・ジャッラ・ッラーフ（「アッラーこそ敬うべき方」と唱えなさい！）と言うではないか。私もすぐに唱えた、「ジャッラ・ッラーフ（アッラーこそ敬うべき方）！」と。

また同じアフマッド・イブン・アターウの話として：私がラクダに乗って旅をしていた折のこと、ラクダの足が砂中深くもぐり込んでしまった。私は思わず「ジャッル（jall 神よ偉大なれ＝神よ救い給え）！」と口に出して叫んだ。するとどうだろう、私のラクダも「ジャッル！」と答えて和すではないか（『リサーラ』三三九―四一）。

こうした事例は多く見出されるが、「ジャッル」にしても「クル・ジャッラ・ッラーフ」にしても、共通したところがある。それらのどの子音を例にとっても、口先や舌や歯の前部を調音して出す音ではなく、どちらかと言えば口の奥か側音で発音する陰にこもった音である点と、うなり声であるからせいぜい数語どまり、つまり文切り型短文に過ぎないという点とである。いずれにしても人と動物との感情移入が声を通して行なわれる事例として興味深い。

6　ラクダの感情表現

感情を表わす「ラクダの鳴き声」もアラブは持っている。動物が声を出すこと自体何らかの意志表示、感情表現をしているわけで、その意味でも既に述べた「鳴き声」の中にもそうした意味合いはあるにはあるのであるが、これから述べる語はその感情表現を弁別指標としているものである。うれしい時の鳴き声はバフバハ bakhbakhah という。これはもっとも良く知られた感情表現であって、ラクダがうれしい時は「バフ・バフ」と人間に対して鳴くと言うのだ。「彼は私との同行にバフ・バフと言った」とは、これから旅に出かける者、また再出発する者に対して、その足となるラクダ（この場合は雄）が「喜んで、同行します」と言っている、というわけである。これは人間にも転用されて、同行を依頼された者が快諾した際ラクダの鳴き声の模倣としてこの言い回しをすると言う。同じくこの語から派生した「バヒン・バヒン！」というのも同意する時とか賛成の意志表示する時発せられるが、これもラクダがうれしい時に発する擬声語であって、それが人間に模倣されたわけである。「バヒン・バヒン」は中世の説話集『マカーマート』の第一二話の中にも、相手が詩を吟じ終わった折、それを讃えて主人公が時をおかず、言っている例が見出される。

「悲しい鳴き声」の代表はハニーン hanīn である。すべて悲しい折に発するラクダの鳴き声に適用されるが、特に「母ラクダが子ラクダを思って悲しく鳴く声」とされている。語尾を長くのばした、悲しげの鳴き声である。放牧や旅用のため、子と離された母ラクダは放っておくと子ラクダの所へ臭いを頼りに戻ってゆく。それができない場合は、悲しげな鳴き声をたてると言われる。「風、音をたてり／恰かもイビル（ラクダの複数の総称）

のハニーンの如く」という言い回しがあることから分かるように、ハニーンの音は吹きすさぶ風がたてる泣くような音なのである。

「口を開いて発する悲しげな鳴き声」ハニーンに対して、ルズマ ruzmah という表現がある。これは前者の甲高い鳴き声に対して、「口を閉じたまま悲しげな音を出す」こととされており、従って低い、やさしい鳴き声である。自分の悲しみをハニーンで甲高く叫ぶのも、またルズマで抑えて叫ぶのも、母ラクダでは余り乳を出さないようである。「ルズマに良いこと無し。ルズマの雌ラクダに豊かな乳無し」。この諺は、子ラクダを持つ母ラクダなのだから本来は乳をたくさん出して然るべきなのに、子を思うばかりに乳の出を悪くしていることに由来している。従って、「約束しておきながら、それの履行を怠った者」、「希望を持たせておきながら、実現を計ろうとしない者」、「好みや愛情を見せながら、それを証そうとしない者」などを指して言われている。「ラクダの悲しい鳴き声」は他にもサジュウ sajʿ 及びスジュッウ sujuww さらにサジュル sajr があり、いずれも「ひと鳴きを長く、尾を引くように鳴く」こととされている。最初のサジュウは「同じ仕方で何回も長く鳴く」が強調され、ハトの鳴き方が連想されている。

前述のルズマ、サジュウ、スジュッウの語意の中にも「主人に従う大人しい、静かな」ラクダのイメージがある。これに対して、唖ではないのだが、全く鳴かないラクダもおり、これはカティーム katīm と言われている。主人が乗り降りする際にも反抗せず、また全く何も声を発しない従順なラクダとされている。

人間の側が母ラクダを子ラクダのいる所へ追いたてる言葉はタドウィーフ tadwīh と言う。それは母ラクダに向かって、「ドフ duh ドフ！」とか「ディフ dih ディフ！」さらには「ダーヒ dāhi ダーヒ！」とか言葉をかける意味でもある。もっとラクダ一般に「追いたてる、せきたてる」言葉としては、「ハーイ ḥāʾi」と、また注目すべきは「ヒード hīd」と並んで、「ハイド hayd」があり、偶然ではあろうが、我が国で馬によびかけるはやし言葉と同じものである。

さらに雌雄にそれぞれ別の「せきたて言葉」があるのも興味深い。雄をせきたてる言葉は「ジャーヒ jāhi」、「ジャーフ jāh」、「ジューヒ jūhi」、「ジューフ jūh」、「ジャウヒ jawhi」と多少の相違はあれ、ほぼ同じ呼びかけでなされる。これに対しての雌へのそれは「アージュ ʿāj」か「アージ ʿāji」である。また雄に対して「ハウブ ḥawb」または「ハウバ hawba」と呼びかけるところもあり、これに対しての雌へのそれは「ハル ḥal」か「ハリ hali」かが弁別的呼びかけになっている。ハウバを用いて「ハウバ・カ（急ぎなさい！）搾乳時に遅れて水で薄めた乳でごまかす気か？」との言い回しがある。キャンプ地に遅く帰ると、暗くなって搾乳も十分にできなくなる。乳が少ないと、水でその足りない分を補って夕食とせねばならない。この直接的意味から転じて、約束しておきながら、なかなかその全部の履行をせず、一部分を果たして済まそうとする人に対して言う諺となっている。

ハウブは本来ならば雄ラクダに用いるべきなのに、ここでは雌ラクダの諺言となってしまった。誤用の一般化した例としてもこの諺は有名である。

7 成長段階による「鳴き声」の相違

ところで「ラクダの鳴き声」にも成長段階に応じた特称があることに注目したい。先に「明瞭な」鳴き声のところで挙げた代表語ハディールは成長しきったラクダ、成年ラクダの発する音だと説明しておいた。この意味に対する対義語も存在するのである。bakr（若ラクダ、青年ラクダ）の段階ではカティート katīt と言って、ハディール程明瞭で響き渡る音は出ない。またもっと若い子ラクダが鳴くのはカシーシュ kashīsh と言う。これには別の説もあり、ラクダが成長しきった後の声音の明瞭さの段階を言ったもの、あるいはカティートとカシーシュとは共に bakr の段階で、後者の方が初期の、前者の方が後期の鳴き声を指示している、との説もある。

成長しきらないラクダの鳴き声カティートと同義に、インカード inqāḍ があり、鞍がきしむ音、鳥類のキーキー声に類似したものといわれている。成長しきったラクダの澄んだ鳴き声ハディールと同義語には既述の「大声でくり返す明瞭な鳴き声」を意味するカルカラ、さらにはワウド waʿd がある。ワウドはハディールと同義の他に、「大地を激しく重く踏みつけるラクダの足音」の意味もあり、相関したものと思われる。

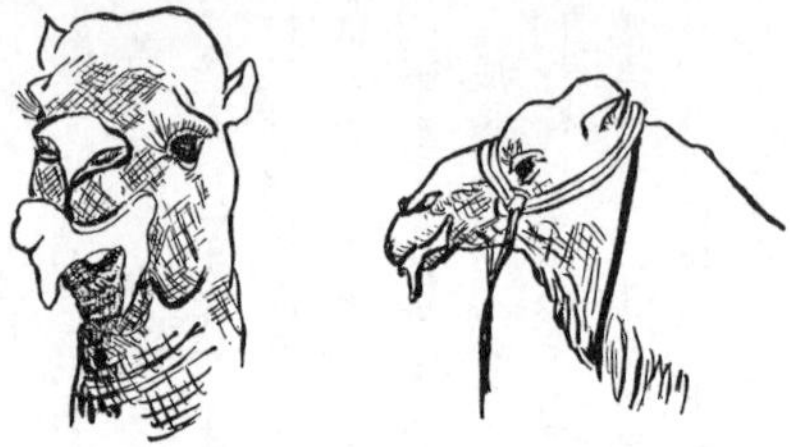

図27　冬、交尾期が来ると、雄はさかんに泡をふく。

成年ラクダ以前と以降のこの「鳴き声」の語の相違は、さらに驚くべき事実を明らかにしてくれている。人間がかけるラクダの掛け声の中にも、また成年以前と以降との相違があるのだ。成長しきったラクダが場を離れたり、あらぬ方角へ行ったりする場合「ハード hād ハード!」または「ジイ jī ジイ!」と声をかけて呼び戻す。即ち、この二語は成年ラクダへの「呼び戻し」を指示する掛け声なのだ。これに対してまだ成年に達していない若ラクダへのそれは別に「ヒダウ hidaʾ ヒダウ!」と言う。この呼び戻しに関しての両者の相違が主題となる格言及びそれを生み出した話がある。アル・マイダーニーの『俚諺集』第二、〇八三番に「彼はラクダの本当の齢を言った」という諺がある。この諺の由来は、ラクダの売り手がバクル（若ラクダ）であるのにバージル（成年ラクダ）だと偽って買い手に高く売りつけようとしたが、当のラクダが交渉中その場を離れて逃げて行ってしまった。気付いた売り手はあわてて「ヒダウ・ヒダウ!」と叫んだのである。買い手はこの掛け声に、売り手が自分をだましていることが分かり、右のように言った、と記されている。この諺は「思わず本音が出た、正体を顕わした」折などにも言われる。

8 「性別による」鳴き声

既に述べてきた鳴き声の中で、折に触れ、雄、雌ラクダの鳴き声について触れておいたが、性別の鳴き声の範囲に入れて良いものとして他に以下のものがある。ジャマル（雄ラクダ）の中でも特にファフル faḥl（種ラクダ）は、雌ラクダより大きくて頑丈で、たくましい。そのため、その声も大きく、クラーフ qulākh とかカルフ qalkh とか言う語は種ラクダの鳴き方、つまり「腹の底から出すような鳴き方」を指してのみに用いられる。特にこうした鳴き方をするのは交尾期に近い時で、それは晩秋から冬にかけてである。口に泡を盛んにふかし、それを飛ばしながらの鳴き声も発する。この鳴き声をシャクシャカ shaqshaqah といっており、この時期の種牡は管理する人間にとっても恐いもので、食物を与える時以外は口輪をはめさせる。それでも口泡の量はすごく、口の周囲にあふれ、鼻息と共に二、三メートル先まで飛んでいくほどである。

またナーカ（雌ラクダ）に関したものでは、搾乳の折の「鳴き声」も挙げねばならない。ダジュージュ dajūj とアスース ʺasūs がそれで、前者は「搾乳されるのが嫌でうるさい程に大声を出して鳴く」ことを、後者は搾乳する者を足で蹴りつけたりしながら「うなりを発する」ことを、指示している。後者はうなり声だけでなく、仕草自体が意識された表現

図28　立ち上がる、または座ろうとする際の三段階の中段。後脚を一気に立てたところ。

となっている。搾乳に際して乳の出が良くなるように人間の側から乳ラクダを慰め、すかす掛け声をブス・ブス bus・bus といい、そうする行為をイブサース ibsās といっている。

9　その他鳴き声に関係する声音

ラクダは「咳」もする。そして「ラクダが咳をする」という動詞及び名詞をアラビア語は持っている。人間が咳をするのはスアール suʿāl というのに対して、ラクダのそれはクハーブ quḥāb、ヌハーブ nuḥāb、フカーウ hukāʾ、それにジャシャル jashar と予想外に多くあり、すべてヌハーズ nuḥāz、即ち「肺、気管系の病い」が原因から起こるとみなされている。アラブでは「咳をする」動物はラクダがその生活の近さ故にその語彙の主体となったが、他にも「馬」や「犬」、「猫」などの場合にも前記の語が、特にクハーブの語が流用されている。

ラクダが水飼いさせられる時、ラクダ追いは水場に近づくよう「ジャウト jawt」とか「ジャウタ」、「ジャウティ」との掛け声を発する。そして水を飲む際のラクダの舌の音は、「シービ shībi」という擬声音として知られている。

最後に、これは第6節の「感情表現」の中で記すべきであったが、ラクダが命令されて嫌さ加減を表明する「鳴き声」を指示する語もある。ラクダを、ひざまずかせる時にはイフ ikh、イッフ ikhkh、イーヒ īkhī、ヒーヒ hīkhī、ニッヒ nikhkhi などと声をかける。こうして座る動作に入らせ、また立ち上がらせる時はヒージ hījī、ヒジュ hīj、ハーブ hāb などと声をかける。その際あげるラクダの鳴き声はジャウジャア jaʻjaʻah といい、これを度を越してうるさく叫びたてる声はダジージュ ḍajīj という。余りさわぎたてるラクダは不服従のものとみなされる。「もし彼ダジージュせば、いま一荷加えよ」との諺言は、運搬用ラクダを立たせようとする者が、背の荷が重すぎるとばかりごねて鳴きさわぐそのラクダにお灸《きゅう》をすえる意味で用いられる。また同じ意味で人間にも用いられている。

第14章　ラクダが運ぶ——駄用ラクダ

1　「ラクダ荷」——重さ、運搬の単位

日本語にも「荷駄《にだ》」という表現がある。『広辞苑』では「駄馬で運送する荷物」とある。「駄馬」という記述から、日本では駄用には牛も用いられたが、基本的には馬であったことが分かる。「駄」が馬偏であるところから、中国でも「南船北馬」といわれるように、動物での荷物運送には「馬」が中心概念であったのであろう。そして馬一頭毎に駄用としての支払いを受けたり（「駄賃」の語源）、税金をかけられたりしたのは、とりもなおさず「一荷駄」としての算定の結果であった。江戸時代盛んであった「中馬制度」も「一荷駄」が基本であった。「馬力」という語は西洋の horse-power の訳語で「引っ張る」概念が中心なのだが、我が国の荷駄は「背上運搬」である点が異なる。「一荷駄」として馬にどれほどの荷重が可能かということは、馬方や馬喰《ばくろう》はおそらく知っていたことだろう。

アラブでは「駄用」とされた中心的動物もまたラクダである。馬を駄用に使役するということは六世紀以降のアラブの歴史をひもといても皆無であった点、文化を異にすれば動

物観・家畜観も異なる例となろう。馬は実役には戦さ、襲撃、遠出等に使うのみで、他は競馬か鑑賞用というぜいたくな家畜、つまりステータス・シンボルを示す動物であった。馬は肉利用、毛皮利用、乳利用は一切されなかった。他の文化圏での馬の役割はアラブ圏ではラクダが果たした。否、それどころか馬の食料源もラクダが負っていた。というのも遊牧民のテントでは馬の餌は主としてラクダの乳があてがわれていたのである。アラブ世界の「駄用」動物はラクダの他にロバ、ラバが存在した。後者は定住世界に近いほど、また運送距離が短いほど「駄用」量がひんぱんに見られる。即ち、後者は町や村といった定住地域の内部またはその周辺で運送手段とされているが、一旦砂漠地帯や遠隔地へ、しかも日数をかける本格輸送手段の足とはなり得なかった。

「一荷駄」といった場合、アラブでは「ラクダ荷」ということになる。ロバ、ラバのそれはゆるやかではあるが、この「ラクダ荷」の体系に組み込まれて最近までは理解されていた。「ラクダ荷」を構成する主な内容物は穀物、豆類、干し果実などで、いわゆるdry measure乾量と呼ばれる容量単位で計られた。アラブ圏は広くさまざまな単位が入り乱れ、一つの単位にしても地域と時代によって換算が異なっている。このため、ここではその全体には触れず、「ラクダ荷」に関与するサーウとムッドに言及するに止める。サーウの下位単位がムッドmuddである。そしてムッドはサーウの四分の一とされている。「ラクダ荷」の最小単位であるムッドは人体を基準としており、この意味でも分かり易いし、

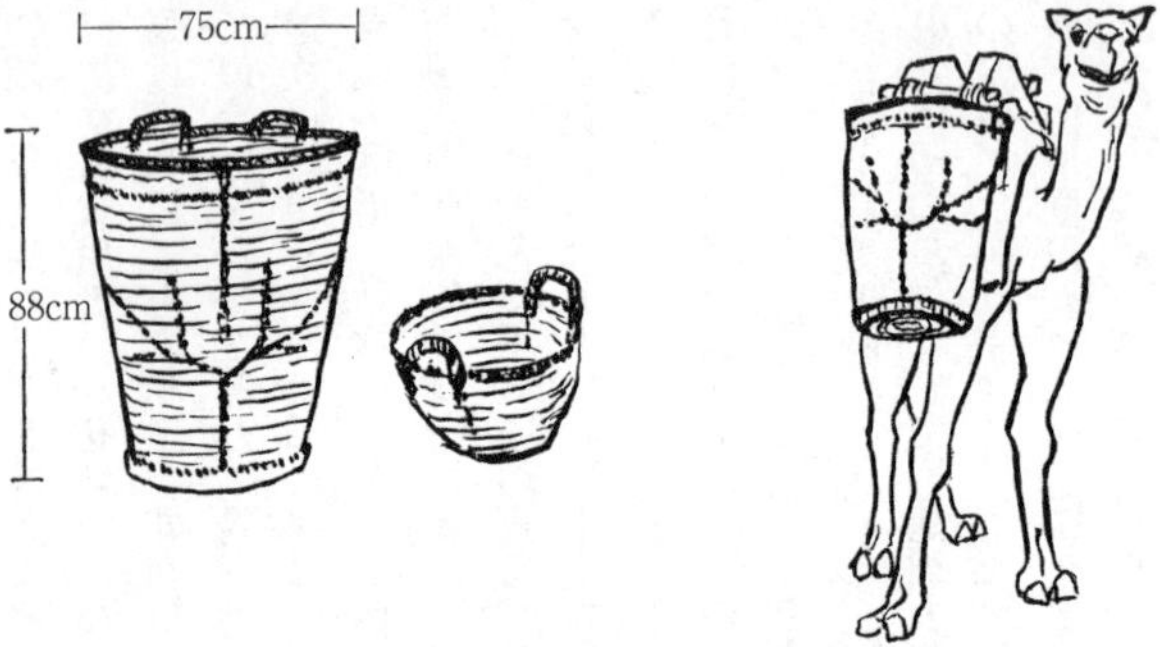

図29　ラクダカゴとそれを一つずつ負ったラクダ

換算率が地域や時代によって大きく変わるということはなかったろう。ムッドとは語根義「手を広げる、延ばす」から派生したもので「大きすぎもせず小さすぎもしない標準の男が腕と掌をのばして両手一杯に満たし得る穀物の量」の意味である。「ラクダ荷」の平均荷重から割り出すと、ムッドの量は大約$\frac{2}{3}$キログラムないし$\frac{2}{3}$リットルということになる。しかしこの「両手一杯にすくった量」と一見定量に思われる人体基準も時代差、地域差による変化を余儀なくされたようだ。一・〇一リットル（またはキログラム）とされた場合もあれば、〇・八一キログラム（またはリットル）だとの記録があり、後者はアッバース朝下バグダードの場合の換算である（『Ahsan』146 n）。ウマイヤ朝のハッジャージュ（六六一頃〜七一四年）がイラク知事を勤めた頃小麦の価格は一ムッド当たり二ディルハムであった（『アル・アリー』

一三一）、との記録も残っている。ムッドを四つ合計した乾量の単位をサーウ sāʿ という。サーウもムッドと同じく、さまざまな乾量体系に組み込まれて用いられていたが、基本的には「大きくも、小さくもない男の両手に満たされる穀物量を四つ合わせたもの」である。サーウの語根は「かたまりとなっているものを一旦散らし、しばらくしてその後集める」というのが元義である。これから動詞 saʿa とは「かたまりのものを散らしてその後集めて計る」→「サーウを単位として穀類を計る」の意味になった。

「両手四杯分」であるこのサーウがラクダの運搬と極めて密に結びついているのである。「一荷駄」としても、また「一荷駄」を構成する単位としての「入れ物」としても。後述する「ラクダ荷」の単位とされるワスクは六〇サーウであり、そして第20章で触れるザンビール、より厳密にはミクタラはラクダ荷用一五サーウ入りの荷カゴとされていたのである。即ち、一五サーウずつ入れたミクタラを四つ背に負って運ぶ、これが荷運び用ラクダの一荷駄と称するワスクであるわけである。穀物を両手一杯にすくって六〇杯分がザンビール一袋に相当し、二四〇杯分がラクダ一頭の運ぶ容量とされていたわけである。

ラクダでの「一荷駄」はワスク wasq という言葉で表わされた。a camal-load と英訳されている。ラクダが一頭普通の状態で運ぶ荷のことである。wasq の意味は「ラクダに荷を積むこと」であって、中心概念は「重量」を指示しているというより、「荷を積む」ことなのである。いずれにせよ、駄獣としてのラクダは想定されており、そのことは、こうした「荷駄《ワスク》」を積んで追われる「ラクダの群れ」のことをワシーカ wasiqah ということからも分かろう。ワスクは大型の荷物として「陸の船」であるラクダのそれのみでなく、後には「海のラクダ」である船のそれにも適用され、船荷における「一荷駄」の意味ともなった。

ワスクがラクダ荷の乾量単位であったといっても大よその目安であったことに留意しておかねばならない。それを背負うラクダは、年齢、性、体つき、疲労度が異なればその運搬重量は相当のばらつきが出ようし、さらには使用目的の異なるラクダ（例えば駄載専用のものと乗用もしくは乳用のもの）でも違いが出よう。また地形や距離に応じても平均荷重は異なってこよう。

普通の長距離運送用のラクダならば、平均荷重は一六〇キログラムとされている。ちなみに最大荷重は三〇〇キログラムとされるが、それには限定があり、種オスのような屈強なラクダで、近距離ならば可能とされている。この一六〇キログラムの重さは、ちょうど前述した荷カゴザンビール四つ分に相当する。これからも分かるようにラクダの背にザンビール四つを載せ、それを（ラクダ荷と称し、アラビア語では）ワスクといっていたわけである。

かの商人はふたりの子供に莫大な財産を残しましたが、それらの中には、とりわけて駱駝百駄分の絹織物、錦、繍、袋入りの麝香《じゃこう》などがありました。そしてこれらを荷造りしたものには、みな「バグダード行き」と書き記してありましたが、それは故人がバグダードに向かって旅立とうとしていたとき、いと高きにおわしますアッラーのお召しを受けたためでありました。

（『千一夜物語』前嶋信次訳Ⅲ八九）

『千一夜物語』の「ガーニム・イブン・アッユーブの物語」の冒頭、バグダードへ出立する直前ダマスカスでガーニムの父が亡くなる件りである。「駱駝荷」として、ラクダの旅においてはこうした情景は馴染みであるが、英訳者 R. Burton はここの部分の註釈として「1 camel-load は長旅の場合は二五〇ポンド（一一三キログラム）、短い旅ならば三〇〇ポンド（一三六キログラム）である」と記している（『バートン(1)』Ⅱ四五）。

しかしこの算出法は「楽な旅」の場合であろう。Burckhardt の方は長距離ならば三～四〇〇ポンド（一三六～一八二キログラム）、短距離ならば四～五〇〇ポンド（一八二～二二七キログラム）であるとしており（『ブルックハルト』Ⅱ七二）、伝統的な概念としてもこちらの方が妥当していよう。

なお同書には一八一四（一五）年のエジプト総督ムハンマド・アリーのワッハーブ遠征軍がジッダに上陸したことに触れ、そこから約一五〇キロメートルの高地にあるターイフに軍を進めた際、ラクダに荷を運ばせたが、その荷重を二五〇ポンド以内に抑えた記述がなされている（同上書Ⅱ七一）。荷重としては軽く抑えたのはおそらく急ぎであったこと、及びターイフが山岳地帯にあり、道が平坦でないための配慮があったように思われる。

ラクダの一荷駄の下位単位となっているのが、ロバ、ラバの一荷駄である。前者をワスクといったのに対し、後者はウィクルといった。この関係は荷カゴで、ラクダ用のそれがザンビールまたはミクタラといったのに対し、ロバ用のそれはキルターラといった概念と呼応している。「ロバ（ラバ）の一荷駄」を意味する語ウィクル wiqr も先のワスクと同様ロバを中心とする駄用動物の背に「荷物を積む、乗せる」という語義から派生したものである。

この同語根系列を探ると、「駄獣に荷をのせるためにおとなしくさせる」ことはタウキール tawqīr と、「駄獣への積載」はキラ qirah とかイーカール īqār と（この場合「重荷」が想定されている）、「積荷を背負わされた駄獣」のことはワクラー waqrā とかマウクーラ mawqūrah と、それぞれ意味場をウィクルと共有している。

ウィクル、即ち「一ロバ荷駄」はワスク（一ラクダ荷駄）の半分と見積もられていたが、実際をみると、それは多く量目を見積った場合で現今の荷カゴで比較しても「半分以下」というのが妥当していよう。

ロバ荷であるウィクルという弁別語があったにもかかわらず、ラクダ荷であるワスクが「荷駄」を概念的に代表していたのは、隊商とか、市場とか商業取引にラクダが必然的に関係していたからであろう。

これは税の問題にもいえる。「五荷駄以下にはサダカ（税）は不要」とハディース（言行録）ではうたわれ（『ブハーリー』Ⅱ一四七、『ムスリム』Ⅲ六六）、イスラム法に規定されているが、ここでの「荷駄」もワスク、即ち「ラクダ荷」の語が用いられており、こうした駄獣での運送が「ラクダ主体」に想定されていることが分かる。他のハディースにはこれを補足した形で「穀物にせよ、ナツメ椰子の実にせよ、五ワスク以下にはサダカ（税）は不要」（『ムスリム』Ⅲ六七『ブハーリー』Ⅱ一四八）とある。なお、ユダヤ人の間では「ロバ荷」homerが荷駄の最大単位であったが、一ロバ荷を一七〇キログラムと算定している（『新聖書大辞典』付録五〇）。しかし、ロバにこれほどの平均荷重を負わせることは不可能である。

2　荷駄を運ぶ

ラクダがその背に標準以上の荷駄を乗せられ、いわば「重荷」になった状態をラクウrakwと言う。ラクウは「倍の荷駄」の意味にもなる。こうしたラクダはひざまずいて荷を積まれた後、容易には立ち上がることはできない。また立ち上がっても、しばらくはその状態にじっと立ったままである。動きにおいてもやがてはしっかと確実に足を運んではゆくが、始動ではよたよたしたものである。やがて一歩一歩が地面にのめり込むように進む。こうしてラクダが重荷を背負って歩を運ぶ様はザウブ zaʻb とかイズディアーブ izdiʻāb と形容される。道が平坦であったり、砂地であったりして良好であれば良いが、岩地やでこぼこ道であれば難儀するし、最も困るのは地面が軟弱な場合である。踏んばりようのないぬかるみの中では、ラクダは往々にして立ち往生してしまう。こうした泥土にはまり込んでしまって上の荷からも、下の地面からも窮地に立たされたラクダの状態はハジャル ḥajal と表現される。「人がどうしようもなく困惑する、途方にくれる」という語の比喩化されたものである。こうしたハジャルの状態は積荷を降ろして身を軽くしてやるしかない。こうして降ろす荷は足場も悪いものだから「投げ出す」ように降ろされる。これをハドゥジュ ḥadj というが、文字通り「投げ降ろす」の意味である。なお「重荷を背負ったラクダ」の意味でラダーフ radāḥ といわれることがあるが、これは「動かずにいる、またはそのままの状態にじっとしている」の意味を元としている。

荷駄が重いためということが、その主たる理由になろうが、これに加えて長い旅であったり、道が険悪で揺れが激しかったり、また荷ひもがしっかり締められていなかったり、さらにはラクダの疲労度が激しく背のコブの消耗が急激であったりした場合、荷駄が傾いてしまうことが多い。ラクダの背にはコブがあって、それを支えとして荷鞍が据えられ荷が積まれることから、この荷駄の傾きは他の駄用動物のように左右だけではない。コブの前後にも傾いてしまうことも多いわけである。

アラブにはこの二様の「荷の傾いた」表現がある。ごく普通の荷が左右に傾いてしまうことをライム、ラクダ特有の前後に傾いてしまうことをイズラークと言っている。ライム raym の語根√rym は「傾く、片寄る」の基本義を実現しており、その派生語ライムは「過度または超過」を意味し、ここでは荷のバランスが適度ではないことから「荷が左右に傾くこと」を意味することになった。「このイドル（半荷）はあちらよりライムがある」とは、駄獣の背の振り分け荷物を見比べて言う表現であるが、比喩的に「公平ではない」評価を下す時に使われる。またライムは抽象的概念「荷の傾き」の意味から具象的には傾きを平行に保つために「付け加えられた荷」の意味に転じている。しかしこうして付け足された荷は、往々にして逆の方にバランスを傾かせることになる。これは同時に二つの意味を持つ。平行を保つべく「付け足された荷」は普通はそれが加わることにより、その反対側の半荷よりしばらくすると付け足した荷の側を傾かせてしまうことが多い。即ち平行に保つべく「足された荷」は逆に平行を失わせる結果になる。また「付け足された荷」はそれ自体に重さがあり、その荷重が加わることになる。振り分け荷のバランスをとるために重い方の半荷から軽い方の半荷に荷を少し移し変えれば良いのだが、そうせずに軽い方に積荷を足すわけであるから、この荷を負うラクダにとっては二重の苦労が加わることになる。それは運ぶべき荷物の増加、及び運搬の途中間違いなく襲ってくる背上の荷のアンバランスである。「ライム（付け足された荷）はダワーッブ（駄獣）にとってはヒムル（駄荷本体）よりも重い」という言い回しは「本末転倒して厄介なものをかかえこんで困苦している人」を指しての喩えとされている。

同じ「荷の傾き」でも前後のそれはイズラーク izrāq といい、この語根$\sqrt{zrq}$は「顕《あら》わになる、または明らかになる」の意味で、イズラークは「背中またはコブを明らかにする」即ち背上の荷駄または荷鞍が前後に傾くか、ずり落ちてしまって駄獣の覆われているべき背中またはコブが顕わに、明らかになってしまうことを言う。前後に傾くといってもコブのうしろに傾いたり、ずれ落ちたりするのがほとんどである。これはラクダの歩態、側態歩から必然的にそうなるのであって、背上にあるものは歩行のたびにまずうしろに引っ張られるようになるためである（背上の人間の場合、腰は前に胸から頭までうしろにまず引っ張られ、それから揺り戻される）。こうしたことからイズラークは「ラクダ荷がうしろに傾くこと」が一般的概念とされている。

3　「駄用ラクダ」の名称九種

乗用、輓用、乳用他いくつかあるラクダの機能の中で、背上運搬に主たる機能をになっていたラクダにはいくつかの特称が存在している。「駄用ラクダ」として用語化されたものはアラビア語には九つある。(1)ダーッバ、(2)ハムーラ、(3)ザーミラ、(4)ジャニーバ、(5)

アリーカ、(6)ダーフィタ、(7)ジャルーバ、(8)ラーウィヤ、(9)ハファドである。これらは以下に個々に言及してゆくが、このうち(1)~(3)は一般的、包括的名称であって、そのいずれも「荷駄用、運搬用」の意味では用いられて良い。(1)~(3)の中での相違は(2)、(3)はラクダが中心であるのに対して、(1)はラクダのみでなく、ロバ、ラバ他の駄用動物一般を指す。それゆえ系統樹を作成するとすれば、(1)を頂点に(2)~(3)が中段、(4)~(9)までが下段となる。(4)~(9)は背に運ぶ荷物に限定があり、特殊な、ないしは専用的な名称と言える。(4)~(7)は売買の対象となるものを運ぶのに対し(8)~(9)は生活に関連する水、食料、家財道具を運ぶ違いがある。また(4)~(7)のうち、売買の対象物が(7)は「物品」であるのに、(4)~(6)は「穀物・食料品」であるという相違がある。

駄用ラクダならば、どんな荷も関係なく運んで良さそうである。確かにその意味では(1)~(3)の語は(4)以下のものより使われ方が多いはずである。しかし(4)~(9)の特殊なマーク付きのラクダの呼称の存在は農耕地が限られていること、交易が頻繁であること、多数のラクダの存在とその有用性といった要因が絡み合って生まれたものであろう。これらはキャラバン用ラクダとして用立てられるが、キャラバン用は個々のラクダとしては扱われず、ラクダ集団の中に融合してしまい、個として特に言及されない限り前記のような言い方はされない。

(1)ダーッバ dābbah とは「上に人や荷物を乗せる動物」であって、「駄用動物」の意味としてポピュラーに用いられている。「ラクダ」もこの意味では対象の中に含まれているが、より中心的には馬類、即ち「馬、ラバ、ロバ」を指すことが多い。また駄用であるから、馬類の中でも「馬」ではなしに「ラバ」birdhawn がその中心概念となり、狭義には「ラバ」、の意味で用いられる。ダーッバは、その語根√dbb が「(大地を)這《は》う、ゆっくり歩く」ことから、広義には地を這う動物、即ち蛇やトカゲなどの「爬虫類」から「地球上のあらゆる動物」まで包括している。「あらゆる動物であっても、生きて呼吸をしている」ことも含まれており、「生きていず呼吸をしていない動物」は√drj の対義語を形造る。この対義語を用いて「大嘘つき」を指示する言い回しがある。「生者であれ (dabba) 死者であれ (daraja) あれほど嘘つきな (akdhab)」(『俚諺集』三、一九八)。「現代にも過去にもそれほどの嘘つきはいない」、「古今未曽有の大嘘つき」の意味である。

なお、ダーッバが「駄用動物」の意味を持ったのは、「その歩き方が地を這うようにゆっくりしたもの」という、「走り」を前提とする「乗用動物」との著しい対比連想の結果と思われる。

「駄用ラクダ」の意味で用いられる代表語は、(2)ハムーラ hamūlah (複 hamulāt) である。ハムーラの語根√hml は「(物を)運ぶ、背負う」の意味であり、ハムーラとは「その上に荷物が乗せられる動物」の意味である。概念的にはラクダが中心であるが、他に馬、ラバ、ロバも想定されている。ハムーラとほぼ同義で「その上に荷物、特に着物、贈与品を運ぶ動物」の意味ではフムラーン ḥumlān という語も用いられる。背中に乗せられる荷物、即ち「駄荷」のことはヒムル ḥiml と、また回数、量の表示で「一回分の駄荷」のことはハムラ ḥamlah という。「駄荷を動物の背中に乗せる」ことはタハンマラ taḥammala、またはイフタマラ iḥtamala という動詞で表現される。そして一頭分としては重すぎる「駄荷の積み過ぎ」はムハンマル muḥammal といわれる。これらすべて語根 √ḥml からの派生である。

中世アラブ文学の一ジャンルにマカーマ（講話）がある。内容的には悪漢小説のはしりのようなものだが、旅の無事、人間やジンからの危害を呪文によって防ぎ、砂漠をわたっていくシーンがあり、その中に駄用ラクダも叙されているので引用しておこう。

我々はその男の唱えた誦句を納得のゆくまで学び理解に努めた。そして忘れないように暗記して、皆して反復しながら誦え合った。それが終わってからようやく我々は旅に出立したのである。荷を乗せたラクダ ḥamūlah を導きながら。それもキャラバン・ソングではなく神への誦句でもって。荷物を護りながら。それも戦士によってではなく、呪文によって。（『マカーマート』一〇六「ダマスカスのマカーマ」より）

もう一つ「駄用ラクダ」の意味で用いられる語に、(3)ザーミラ zāmilah（複 zawāmil）

がある。より詳しくは「荷物、家具、または旅用品、食料を運ぶために用途たてられるラクダまたは他の動物」の意味である。ザーミラもまたハムーラと同義語である語根$\sqrt{\mathrm{zml}}$「物を運搬する、乗せる」の派生語である。

しかしハムーラの語根は「運ぶ→妊娠する」の意味的拡大からも分かるように、より人間が中心概念であるのに対し、ザーミラの方は同じ動作であっても、ラクダ（を中心とした動物）が意味の中心領域を占めている相違がある。この同じ語根からhimlと同じ「荷駄」を表わすziml の語が派生しており、zumlahというと「一隊または一団」の意味であるが、これは元来「ザーミラを引き具した人々」の意味であった。また「仲間、連れ」の意味で現代用いられているzamilも、元をただすと運搬用ラクダであるザーミラの背に「後から乗る人」のことをいったものである。即ち、乗せるべく荷物をそこそこに乗り込む二人の人間の後者（第16章で言及する相乗人ラディーフと同義）をいったものである。

なおザーミラと似た語にザウマラ zawmalah があり「旅用または隊商用ラクダ」の意味で使用されるが、この語は語根$\sqrt{\mathrm{zwml}}$「ラクダの群れを駆る、追う、急がせる」から由来するものである。

「運搬用」でも特に「穀物、食糧用」のために用立てられるラクダもあり、その名称もある。遠方に金銭を持たせた人足ともどもに送り出して、穀類や食糧を買い出し運んで来させる用向きに使われるラクダのことである。この「穀物、食糧の運送に携わるラクダ」

は特称として二語存在する。(4)ジャニーバ janibah（複 janāʾib）と(5)アリーカ ″alīqah（複 ″alīqāt, ″alāʾiq）とがそれである。ジャニーバとは「体の側面のもの」の意味で、穀物や食糧が振り分け荷物として背の両側に据えられるか、両側面の荷袋の中に入れられて運ばれるところから名付けられたものである。またアリーカの方は（″alāq または ″alaqah の別名もあるがそのいずれも）「掛けられたもの、吊り下げられたもの」の意味で、穀物袋が両脇にバランス良く掛けられてまたは吊るされて運ばれたところからこの名前を持っている。こうしたラクダにはそれ用の荷カゴ、荷袋が常時セットされており、用の無い場合にさえもこうした荷カゴ、荷袋をつけたままで放っておかれることも多い。「運搬用ラクダ」が「じゅずつなぎ」の連想から名付けられたものもある。(6)ダーフィタ dāfiṭah またはダッファータ daffāṭah がそれである。共に「荷物を運ぶラクダ達」の意味で用いられる。これには集合名詞であるため複数形が存在しない。語根 √dfṭ は「一緒に結える、または共にきつく縛る」の意味を実現するもので、従ってダーフィタ、ダッファータは「一緒に結えられたもの」であって「じゅずつなぎ」となったラクダ達が連想されることから「キャラバン」を意味するイール ″īr と同義語とされている。こうしたラクダ達を率いて「旅を行なう商人」のことをダーフィト dāfiṭ という。これはダーフィタ、ダッファータと語根を共有し、他の派生形能動分詞なのである。

「運ぶ」ものが「穀物、食糧品」でもなく「家具類」でもなく、売買の対象となる「商品」を専ら背に担うラクダ、これを(7)ジャルーバ jalūbah（またはジャリーバ jalībah、複jalā'ib）といっている。語根√jlb「家畜を追う、または駆りたてる」から由来しており、「売買のため、また輸送のため、商品を背中に乗せて一地点から他の地点に駆り立てられるラクダ」の意味であるが、背上に荷物を乗せることなく「売買のため、または輸送のため自らが商品となって一地点から他の地点に駆り立てられるラクダ」の意味としても用いられる。従ってこれに差し向けられるラクダは、放牧していても経済的価値を持たない雄、それも血統正しくあるわけでなく種ラクダとしても選別されなかった大多数の雄（去勢されたものも含めて）なのである。こうして「売買のために遠い地点を定めなく追いたてられ駆り立てられるラクダ」は雄ラクダの代名詞になり、ḥalūbah（乳ラクダ）の雌と対象的に用いられる。ajlaba とは「雄ラクダを出産する」ことを、aḥlaba とは「雌ラクダを出産する」ことを j と ḥ の一文字違いで全く対象的に弁別している。

同じく一文字違いで、雄ラクダとは jalūbah（荷物運搬用）に、雌ラクダとは ḥalūbah（乳用）に、対語《ついご》化され、雌雄のラクダの用途としてこの両者が最も一般的なことを示している。それゆえ相手を妬《ねた》む者は ajlabta, wa-lā aḥlabta、即ち「お前にジャルーバが産まれますように、ハルーバは産まれませんように！」と呪いの言葉をかける。ラクダの出産が近づき、それを妨げることができない場合、せめて経済的価値の低い雄を産んでくれるようにと願うわけである。人間の出産は男の方が喜ばれるのに、こと家畜に関しては雄の出産は落胆させられるだけであって、この対称化もまた、人間・家畜の錯綜した文化の中にあっての価値観として注意すべきことである。

前記のラクダには、第20章でみる如くそのほとんどが動物の毛やナツメ椰子の葉の繊維でできた荷袋が背中を中心に振り分けられているのに対し、「水運びラクダ」は液体を運ぶのでこうした袋では用をなさないため、皮をはり合わせて袋にした大きなマザーダ mazādah と呼ばれる皮袋が振り分けられる。普通は両側に一つずつであるが容量が余りに大きいとラクダの負担もそれだけ増え、また扱いも大変なので、小型のマザーダを両側に二つずつ振り分ける場合もある。容量は三〇〇リットルに達する場合もあるが、普通は二〇〇リットル前後に抑えられて何回もの運搬に耐えられるような配慮がなされる。

こうした「水運びラクダ」は特に(8)ラーウィヤ rāwiyah（複 rawāyā）と呼ばれている。ラーウィヤの語根√rwy は「十分な水がある、水に不自由しない」ことを意味し、この語根から派生した形容詞 rayyān（<rawyān）は aṭashān（水に渇れた、のどが乾いた）と対《つい》になって、その反対概念で繁用されている。ラーウィヤは「水を運ぶラクダ」であるが、意味の中心が「水を運ぶ」にあるため、ラクダだけではなく、ロバやラバ、牛も「水を運ぶ」用途である場合、この特称で呼ばれる。しかしラクダが用役されているアラブ世界では、ラバや他の動物に比して能力がはるかに大きいために、ラクダが運搬動物の主体であることが多く、ラーウィヤと言えば「水運びラクダ」が最も一般的な意味となってい

る。

「運搬」の対象が住居一式であってそれを運ぶためのラクダという名称もある。住居一式とはもちろんテント及びその中の家具調度品のことを言い、従ってテント生活をする人々、遊牧民の間に限られることになる。こうした「住居一式を運ぶラクダ」のことは(9)ハファド ḥafaḍ（複 ḥifāḍ aḥfāḍ）と言う。この名称は元来ラクダそのものを指したものではなく、移動する際にテントがたたまれ、家具調度品が一箇所にまとまっている状態、いわば「運搬の用意の整った家具類」のことをいったものである。この「家具類」の意味がそれを乗せて運ぶラクダの意味にまで拡大されて一般化したわけである。

第15章　ラクダが引っ張る——牽引用ラクダ

1　〈牽引〉の概念

駄獣利用に関しては前章の「背上で運ぶ」という用途に平行して、「引っ張る」用途がある。動物を使って荷物を引っ張るというと我々にはすぐ「馬力」が念頭に浮かぶ。しかし「馬力」という使いなれている言葉は horse-power の訳語が日本語として定着したものである。即ち、日本では動物を基準にしたこうした動力を単位化する考えは存在しなかったわけで、あくまでも「何人力」であり、「人力車」であって、人力が動力単位であった。西欧では馬がごく普通に荷物を引っ張っていたわけで、「一秒間に馬が引っ張る動力量」が一馬力とされた。それは「一秒間に五五〇フィートポンド（七六キログラム）の物体を一フィート動かすだけの力」だとされている。ワット量でいうと「七四六ワット」とされる。

しかしアラブ文化圏では、牽引の主体は「人力」でも「馬力」でもなく、ラクダの力、即ち「駝力」であった。この三者を比較すれば、アラブの「駝力」は畜力利用という点では西欧の「馬力」と共通しており、後述するように胸ではなく肩ないし背に力が集中するという点では日本の「人力」と共通していると言える。「動力」としての視点においても、文化が異なれば、利用法もまた異なるわけである。

馬はアラブの場合、運搬には用いなかったと同様、牽引にもまた用いることは少なかった。この牽引の動力源はラクダであり、もっと限られた定住地域ではロバ、ラバであり、さらに限られた農村や水の豊かな地帯では牛（水牛）であった。

2 あくまでも牽引〈車〉ではなく

牽引としても使役せられるラクダの特徴を調べていくと、アラブ文化の他の性格が浮かび上がってくる。「車輛を引かせる馬」、これを輓馬《ばんば》と言うならば、アラブには輓馬はなかった。馬車や牛車と同じく、普通に考えるならば、ラクダの牽引力の用途として最も一般的なのは、人を乗せたり、荷物を運んだりする「車」がセットとして想定されよう。ところが、「ラクダ車」なるものはアラブの伝統社会では繁用されなかった。というよりも駄獣に車を引かせるという考え方自体、アラブにはほとんど念頭になかったといってよい。ロバ、ラバ等の他の駄獣も含めて、この理由はラクダだけならば、生活環境及び機能する場が砂漠ないしその周辺地域であって、道路をはじめとする車を円滑に走らせる好条件が整わなかった点が指摘できよう。しかし同じ駄獣のロバ、ラバはしっかりした道路を持つ定住地域に活用されていたのであり、当然「車」のさまざまな利用も考えられて然るべきであった。後者を説明するものとしては、背上運搬可能な駄獣がいつでもどこでも容易に活用できたこと、及び中東一帯の町や村の道路は狭く、曲がり、入り組んでおり、こうした定住地域の構造が駄獣として背の垂直利用はできても、車をつけての水平利用は不便極まりないものと受けつけなかったこと。また通行可能であっても石畳の路上にあがるあのけたたましい車輪の騒音の耐え難さにもよろう。

この故に近代になって、道路事情が変わってくると、馬車、ロバ車が登場してくる。ラクダ車もまたその例にもれず、道路に十分余裕があれば市街地にも登場した。自動車が十分普及していない地域では、未だロバや牛馬と同じく、荷車として、また人を乗せる車として用いられている地域もある。力作『ラクダと車』を著わしたBuilletはインド、パキスタン一帯では古くからこうしてラクダが用いられたし、ひとコブを移入したオーストラリアなどに一時期見かけられたという。またアラブ世界に限ってみれば、チュニジア北東部、モロッコの大西洋岸、アラビア半島のアデンに見られたという。このうちアデンのそれは最近のことであって、英国植民地時代おそらく同じ植民地であったインド、パキスタンで役立てられていた「車」が持ち込まれていたのであろう、と述べている（『ラクダと車』一九一二）。この記述からも分かるように、アラビア半島内で、ラクダが車を引くことなど、つい近年までは奇想天外のことであった。

図30　ロバと組んで鋤を引かせられるラクダ。歩き方も歩幅も全く異なり、アンバランスである。

3　農耕用ラクダ

「牽引ラクダ」といっても、前節で述べたように車を引くということはなく、大別すると野外でか、屋内でかに分けられる。野外で利用される牽引ラクダといった場合、アラブ地域において最も頻繁に目に触れていたのは「農耕用」と「井戸の水汲み用」であった。この両者もまたトラクターとモーターが導入されれば直ちにとって替えられる運命にあったため、急速に姿を消しつつある。どちらの場合も砂漠周辺においてはラクダが主体であるが、田園地帯や都市近郊になれば相対的に他の役畜の方が多くなり、ラクダは見られなくなる。前者の場合、牛、水牛が、後者の場合、ロバ、ラバがごく普通になる。

農耕用として使役せられるラクダは、ズィラーイッヤ zirāʿiyyah またはハーリサ ḥārithah と呼ばれる。いずれも女性形であるから、雌ラクダが主体として想定されていることが分かる。前者は農業を意味する

zirā″ahと語根を一にすることからも分かるように、農業用全般に役畜されるラクダを指しており、後者は「土地を耕す、または犂《す》く」を意味するḥarathaと語根を一つにしており、前者よりもっと具体的な「耕作用または犂用ラクダ」ということになる。両語とも農耕が意味の中心であるために、役畜とされる動物は必ずしもラクダに限らず、他の役畜獣もこうした農耕に用いられれば、同じ呼び方がなされる。田園地帯で使役されるこうしたラクダは、生態環境からしても気の毒な存在である。エジプトのナイル河デルタ地帯では、耕作用の牛、ロバに混じってラクダが犂を引かされているのを最近まで見かけたものである。他の役畜と一緒に並べられ耕作させられている姿は、体の大きさ、足の長さ、歩き方が異なるため、見た目には何ともアンバランスに映る。ユダヤ教では異種家畜が同時使用(例えば犂をラクダと牛が一組になって牽く)されるのを禁じているのは、こんなアンバランスのためかもしれない。イスラムでは、こうした異種家畜の同時使用は認めている。このアンバランスの印象が、「哀れな」「惨めな」それへと変わるのは、後に残す糞を見た時である。砂漠の中に点在するオアシスでの農地ならば、食物としても、砂漠的なものが与えられよう。しかし大河流域、デルタ地帯、湿地帯といった大農耕地帯が広がる地域では湿気も多いし、餌も水分の多いものが主体となる。そのため、ラクダが排泄する糞はまとまりもつかない、ゆるいもので、あの饅頭のような大きく膨らんだ円型をしたものではないのである。ラクダの餌は普通家畜に与えて喜びそうなものと全く異なり、砂漠の中に生育するサボテン類やトゲの多い乾燥した植物なのであって、田園地帯に見られる水分の多い緑草を与えると、かえって消化不良をおこし、我々が下痢をした時のような糞を排泄することになる。こうしたゆる糞が尻の囲りを汚しているのを目にするにつけ、砂漠中に放牧されている健康そのもののラクダとの対比を思わずにはいられない。「引っ張る」家畜には、その動力点となる胸部に「はも」と呼ばれる首輪が当てがわれ、それに補助綱や皮ひもで後方ないし横手の耕作具や梶棒が結ばれる。アラブ圏でも、馬牛、ロバ、ラバ用の「はも」は用いられており、タスディール taṣdīr（「胸当て」の意味）と呼ばれている。ラクダもこうしたタスディールをあてがわれることもあるが、他の方法が採られることの方が圧倒的に多い。問題はラクダの胸部が「はも」に不向きな構造になっていることである。他の役獣は首と前肢との間にほぼ垂直な胸部を持っているが、ラクダは長い首がわん曲し、その曲がりが直接脚部に連続しているため、その中間にある胸部は斜め下を向いている構造になっている。この胸部に「はも」は当てにくいし、当てたとしても首を締めるようなことになり、十分な牽引力とはならない。そこでラクダの場合、運搬用の荷鞍が使われ、その前方の肩の部分が原動点となる。荷鞍を用いる場合、その前輪《まえわ》に補助輪綱をつけて後ろの具に接続させる。荷鞍はそれが流用されること自体、「乗せる」と「引っ張る」とが兼用されることになるが、この両者の機能を果たせるのもまた巨大なコブを持ち、それが支えとなるラクダだけであって、他の役畜の鞍には期待しえない特異な点と言える。

図31　室内でゴマ油用に臼を碾くラクダ。目隠しされている。

荷鞍を用いない場合、コブから前方の肩、首にかけての斜面が利用される。体に傷をつけないためにも幅広い皮製のバンドをつけ、それがずれないために腹帯やコブの後ろに補助帯を回して固定化する。この部分を牽引の動力点として利用するわけである。

4　回転ラクダ

ジラーイッヤとかハーリサと呼ばれる農耕ラクダは、田畑が仕事場であり行動範囲が広く、その意味では空間の広さも加味されて、視野と行動の範囲とは砂漠に近い環境であるが、同じく牽引用とされる油搾り用 ʿāṣirah、引き臼用 madārah、水汲み用 sāniyah のラクダたちは、すべて定点の周囲一〇メートル前後を回るか、あるいは長くても七、八〇メートルのコースを往復するかの縛られた、枷のかかった場での労働になる。そして前二者の場合多くは暗い室内という条件が加わる。「油搾り用」にしても「引き臼用」にしても石や金物、木製の大型の受け器を中心に円を描き続けることになる。この回転運動によって碾臼《ひきうす》状のものや杵状の器具が、穀類・ブドウなどの果実類、ゴマやオリーブなどの油原料をすりつぶしたり、搾ったりする。牽引する原理は農耕用とほぼ同じであるが、こちらの方は回転労働であるだけに手綱が前者と異なる。手綱は、農耕用の場合、犂き手がラクダの後ろについて導くために余り用をなさずに済むが、定点回りのこうしたラクダにはラクダの頭部をそれなりに工夫して固定させる必要がある。手綱と回転軸とを僅かなたるみを見せるだけぐらいの長さで結ぶか、手綱代わりにその長さだけの細棒を首と回転軸とに結ぶかする。こうした梶棒をつければ、ラクダが先に進むとそれで自然に弧を描くことになるわけである。

こうして用途立てられるラクダは、目隠しされることが多い。それは背後に重荷として(想定されるものを)閉じられた狭い室内で、定まった小さな円を絶え間なく引き歩かねばならないラクダを慰撫するという人間の側からの感情移入も手伝っていよう。目をふさいで歩行させれば狭い所を単に回っているにすぎないということを感じさせずに済む、との考えもあってのことであろう。しかし、もっと大きな理由は、それを追う人間の功利・便宜のためである。即ち、ラクダを絶えず働かせるには、それを促したり励ましたりする人間が、この場合少なくとも一人はつかねばならない。そしてこの役を負った者は背後から鞭や杖を時折打ったり、声をかけたりせねばならない。こうした役も、目隠しをしておけば、その場を離れることができるし、時折の見回りでよいことにもなる。さらには幼児でもその用が足せる利点がある、という人間のみの功利が根ざしたものなのである。

「油搾り用」並びに「引き臼用」が室内労働であったのに対し、同じ用いられ方を戸外で行なうものとして、「脱穀用」と「引き水用」とがある。「脱穀用」は後ろに石や重い木材を引き回すことにより下一面にばらまかれた穀類の穂から穀粒が分離するよう考えられたものであり、「引き水用」とは shādūf と呼ばれる回転つるべを用いて、川や運河の水を田畑に引き入れるために働かせるものである。この回転つるべは古くから存在しており、エジプトのナイル河沿いにはよく見かけられた。

5　井戸水の汲み上げラクダ

「引き水」は大河地帯ばかりでなく、乾燥地帯ではどこでも重要な水確保の作業である。河川のない地域では、僅かな泉のあるオアシス地点を除き、そのほとんどが地下水に頼ることになる。地下水を地上水とするには、井戸を掘ってそこから水を汲み上げねばならない。地下水を掘り当てるのに大変な労力と犠牲を払っているわけであり、その結果一〇〇メートル近い深井戸もできてしまう。とてつもない深い井戸であるが、それとても水源のない地帯では他には替えられない水源なのである。深井戸から水を汲み上げるには、人力ではとうていできないので、畜力に頼ることになり、砂漠地帯ではラクダがその主役になる。

ラクダには、乗用とは異なる「荷鞍」が当てがわれるか、肩から首にかけてのわん曲部に幅広い皮帯が当てがわれて、これが引っ張る動力の支点になるわけである。この両脇に長いロープの先端が二手に分かれた補助綱が結ばれ、他の先端はつるべにつながれる。ロープは井戸の上に二本ないし二組の交差した四本の支え棒で固定された滑車に通される。この支えは通常ナツメ椰子の幹が丸太のまま組み合わされることが多いが、よりよい材はアカシアとされた。

図32 井戸水を汲み上げるために終日往復運動をさせられるラクダ

この汲み上げ作業には少なくとも二人の介在が必要である。一人は井戸の傍らにいて汲み上げられた水を受けとめてそれを他の容器や溝に流し込む人、他は乗るか追いたてるかしてラクダを水深と同じ距離だけ往復させる人。前者はカービル qābil（複 qabalah）と、後者はサーニー sānī（複 sunāt）またはサーイク sāʾiq（複 sāqah）と言う。カービル「受け取る人」は井戸のへりにぶつけないようにしてつるべを引き上げ、大きな水袋やハウド ḥawḍ（家畜の水飼い用のおけ）、または灌漑用に掘られた溝に水を流し込む。移し終わるとサーニーに合図を送ってラクダを井戸近くまで戻す。サーニーまたはサーイクは再び満水となったつるべを上げるべく、鞭を持ってそれを鳴らしたり、口で追い立てる音をたててラクダを定点にまで導く。定点には、定めがつかない場合には石などの目印をおくが、定まったコースなので踏みつけた跡があって、その終わりまで導いていく。この定まった踏みつけ道のことはマンハーとかマバーアとか言う。マンハー manḥā とは「方向づけられた、または一方向に前進する所」の、またマバーア mabāʾah とは「水が再び集まる所」の意味である。マンハーまたはマバーアはなだらかな傾斜がつけられ、ラクダの労働を軽減化する配慮がしてある。井戸を掘った際の土砂、及びコースとなる折り返し点の方の土を井戸側の方に寄せて傾斜が作られているわけである。こうした定まったコースを追い立てられるラクダは斜面で少しは楽とはいえ、繰り返していけば次第に疲れてくる。そうした折にはサーニーは折り返し点に当たる最も遠い所に一口分のラクダの餌を置き、そこまで到達したら食べさせるような算段をする。カービルが水を移し換えている短い休止の間に、サーニーの方はその餌を食べさせ、引き返す際には次のためにまた一口分の餌をそこに置いていく。こうした絶え間ない往復運動のことをカッラ karrah（「繰り返し」の意）と言っており、何回往復したか、という目安の表現に用いられ、それで水量も分かるようになっている。

一日の定まった時間、多くは朝夕の二回使役されるこうしたラクダは、長期間になればなるほど疲労がたまり、使いものにならなくなる。サーニヤ（水汲みラクダ）としての役目をより長くさせるためにも、ラクダを一頭ではなく、二頭にして、交互に使役したりするが、一、二か月は休息させて十分食べさせなければ健全に保つことはできない。またサーニヤに雌ラクダを用いているため、欲張りな所有者は乳までしぼろうとするが、これも寿命を短くさせる結果となる。従ってサーニヤとして用いるラクダは、それのみの用途として、規則正しく使役と休息とを繰り返すのが理想と考えられている。

この井戸の水汲み作業は単調であり、しかも重労働である。このため水汲み作業は主婦や娘が家庭用に少量を運ぶほかは、灌漑用にせよ、家畜への水飼い用にせよ、かつては奴隷であったり、貧しい者や身分の低い者がこの任に当たるを常とし、卑しい仕事と考えられていたことも付言しておかねばならない。

6 〈水汲みラクダ〉四種

「井戸の水汲みラクダ」の意味を実現する語彙には以下に記すように四つある。いずれもその語根の意味領域の中に「水」との関わりを指摘できる。しかし「井戸」と直義に結びつきを示すのは前二者であり、後二者は他の概念の連想として前記の意味に用いられているにすぎない。

「井戸の水汲みラクダ」として用いられる代表語は前節ですでに言及してあるサーニヤ sāniyah（複 sawānī）である。「それによって深い井戸から水が汲み上げられるラクダ」の意味である。語根 $\sqrt{snw/y}$ は「（土地に）水をやる、または灌漑する」であり、その行為者名詞の女性形が sāniyah である。女性形であるから「雌ラクダ」と厳密にいえば訳してよいわけであるが、「雄」にも適用されている。女性形である理由は、成長しきったラクダのほとんどは「雌」であり、雄は極めて少ないこと（即ち絶対量からの理由）、ah で終わる語尾は必ずしも「女性形」だけを指示するのではなく、「意味を強調する」機能もあり、ここではそれに当たる（文法的理由）こと、の二点から代表語として「雄ラクダ」の語形は採《と》られなかったと考えられている。

こうしてサーニヤを利用して水を汲み上げられる「井戸」は、同じ語根系列であるマスナウイッヤ masnawiyyah というが、当然のことながら単なる井戸ではなく「深い井戸」という意味である。またこのサーニヤを引いたり、追いたてたり、また乗って導く人のことをサーニーと言うことは前節で述べたが、このサーニーもサーニヤと語根を同じくするものである。

「井戸の水汲みラクダ」sāniyah を用いた諺に、「サーニヤの行き来は止むこと無い旅の如し」というのがある。「井戸の水汲み」に用いられるラクダは、深い井戸から重い水を長くて一〇〇メートルも引っ張っていくかと思うと、汲み上げられた水が空にされると同時にもとの位置に戻され、再び重い水を引っ張り上げねばならない。こうした重労働を絶え間なく繰り返すラクダは疲れきってもなお旅を続けねばならない旅人に想定されるわけである。そして一般には「打ち続く困苦・難題・試練に遭う」場合などに口にのぼる言い回しとなっている。

「灌漑用」であるかどうかにかかわりなく、「井戸の水汲み用のラクダ」の意味でマウド ma″d（またはマイド ma″īd）という語が用いられる。この語は「井戸から水を汲み上げる」という語根も√m″d に由来しているが、もう少し意味分析すると興味深いことが分かる。即ち、「汲み上げ方」が弁別され、その一つが名称化されたという事実である。水を満たした皮つるべを井戸底から引き上げる、即ち「汲み上げる」の表現法としてナザア naza′a とかナタカ nataqa という語が普通用いられるが、この他に「ゆっくり」汲み上げる、「急いで」汲み上げるという対照的な語もある。前者をラター ratā と、後者をマアダ ma′ada と言う。前述の他の三語ではなく、この最後者の派生名詞が井戸の「水汲みラクダ」の意味を担った語となったわけである。元義が「急いで水を汲み上げる」の意味であったから、その動力となっているラクダがいかに急《せ》きたてられ、追いたてられていたか、その酷使のされ方も想像されよう。なお「水汲みラクダ」の語マウドには他の意味が付加されている。「急いで」が強調されているため、「駿足ラクダ」とそのもう一つの意味を派生させた点も興味深い。

「灌漑用ラクダ」で上と同じぐらいひんぱんに用いられるのがナーディフ nāḍiḥ（雌は nāḍiḥah）である。この語意は直接「灌漑」にかかわっているわけではなく、乾いた大地や石畳・家の中などに「打ち水をする」「水を軽く撒《ま》く」という語根√nḍḥ から由来する語である。もともと「水を十分に与える」意味はなく、これが「灌漑」と意味的関連を持ったのは、風土観のしからしめるところであろう。というのも乾ききった穀物やナツメ椰子畑に水をやると、その畑地がたちまちに水を吸ってしまう。それが「打ち水」「水を撒く」という程度にしか感ぜられない連想がまさって適用された語であったろう。従って行為者名詞 nāḍiḥ は「灌漑用動物」の意味であっても語根本来の意味領域においては、その末端を占めるにすぎない。即ちラクダに限らず、ロバ、ラバ、牛等の「灌漑用」駄獣であれば、どの動物にも適用されることになる。最後に、「水汲みラクダ」の意味で用いられるもう一つの語はダージン dājin（またはダジューン dajūn）である。これらの語根√djn は「空が一面暗くなって雨が降り続く」意味であり、その派生形を概念的に大地が水びたしになる「灌漑」に適用したわけであるから、この語もまた「水汲み」の意味は語根義本来の中心概念ではないし、またラクダもその概念場にはない。従って水汲みに用いられる動物であれば、ラクダに限らず、すべての動物に適用される。「灌漑用に水を引く動物」、ないし「土地に水をやるため、その上に乗るか、追いたてるか、引っ張るかして水を井戸から汲み上げるのに使われる動物」の意味である。ダージンは雄ラクダの場合、ダジューンは雌ラクダの場合と使い分けられることもあるが、雌である場合マドジューナmadjūnahと特に呼ばれることもある。

7 年老いた「農耕用ラクダ」のエピソード

ここに訳出したのは、預言者ムハンマドが、なが年農耕用に使役せられたラクダが年老いて役立たなくなったために殺されようとしたのを助けた逸話である。この話も第13章の、預言者がラクダの言葉を解したエピソードと同類のものと言える。

アル・タバラーニーがジャービルから語り伝えたところによれば：我々（ジャービル）が預言者と共にザート・アル・リカーウに遠征を行なって、ハッラ・ワーキムに着いた折のことだった。雄ラクダがイルカール（急ぎ足）で我々の方に駆けてきて、預言者の所まで来ると立ち止まり、預言者の面前でルガーウ（うなり声）をあげた。

預言者が（聞き分けて）語るには、「このラクダは主人から私が助けてくれるよう訴えている。主人のためになが年耕作に精を出してきた（kāna yuḥarrithu "alai-hi）のに、その能力も失せ、疲れ衰え、年も老いた今、主人は自分を屠殺しようとしている、というのだ。ジャービルよ、この持ち主の所へ行って、その者をここへ連れて来なさい」。

私が、「このラクダの所有者を私、存じませんが」と言うと、預言者は「このラクダがその所有者のところへ連れて行ってくれるよ」との御返事。(まさにその通りで)このラクダは(預言者の許《もと》を)辞去すると、私の前を歩んでゆき、ハトマ(khaṭmah)族の集まりの場で私を止めた。そこで私は問いかけた、「このラクダの所有者は誰かね?」。彼らが、「それは誰それの息子誰それのものですよ」と答えたので、私はその本人のところへ行き、「神の使徒様がお呼びです」と告げた。彼は私に従って預言者のところにやって来た。預言者が彼に語りかけるには、「あなたのラクダは、長い間あなたに従って耕作に従事してきた。だが能力がなくなり、痩せ衰え、老年になった今、あなたが屠殺しようとしていると訴えておるのだがな」と。

するとその所有者は「おっしゃる通りです。私はそうしようと思っています」、預言者は、「しかしそれは所有するものに対しての正当な報酬ではありませんね」と、そう言ってから、「どうですか、私に売ってくれますまいか?」と尋ねられた。所有者は肯定で答えた。そこで預言者は、所有者からこのラクダを買いとられた。そうして後、預言者はこのラクダを木々の茂みの中に放してやった。するとやがてそのコブが再び盛り上がってきた。その後ムハージルーン(メッカからの移住信者)やアンサール(メディィナ在住信者)の誰かが、自分の使役用ラクダが何かの都合で使えなくなった折などには、そのラクダを貸し与えた。ラクダはこのようにその後もしばらく生きながらえたのである。(『動物誌』Ⅱ三三九)

第16章　ラクダに乗る——乗用ラクダ・旅用ラクダのこと

1　ドロメダリー dromedary について

英語で「ラクダ」を意味する語にアラビア語 jamal が訛《なま》った camel と並んで、dromedary という語がある。この dromedary は、しかしながら「ふたコブ種」は指示しておらず、「ひとコブ種」に限定される。さらに言えば、多目的のラクダの用途のなかでも特に「乗用」を指して言われる。即ち、dromedary とは「ひとコブ種の乗用ラクダ」がより厳密な意味であり、同時に「ふたコブ種」との性能の相違も表わしている。dromedary の語源は、ラテン語で「ラクダ」を意味する dromas にさかのぼり、更に古くギリシャ語では dromás「走るもの」に語源を発するからである。drome「飛行場」、dromon または dromond「大型高速の木造艦」、anadromous「河をさかのぼる、溯河性の」、catadromous「川をくだって海へ行く、または降流性の」、syndrome「症候群」等の語はすべて「走る、競争する」の意味を内包し、dromedary と語源を同じくする。

dromedary に最も近いアラビア語を探してみると、「走るための、または乗用」を特徴づけ、それに「ラクダ」を意味的に結合させた語がある。それはザルール dhalūl（複 dhulul, adhillah）と言う。ザルールとは「従順な、または服従的な」の意味で、人間に対しても用いられるが、「御しやすい」の意味で、ラクダや馬などの乗用動物に用いられる語である。「乗用ラクダ」は後述するように何種かの語彙が存在するが、ここでのザルールは「走るための」とか「快足の」とか意味的関与が来るのではなく、「御しすやい」という意味的特徴が先行する点、またラクダのみでなく馬も概念のなかに入っている点で dromedary と異なると言える。ザルールの語義が「御しやすい」からといって、ラクダの場合、駄用や乳用のそれを指しては用いられない。遊牧民やラクダを所有している集団では、個人がそれぞれ己のザルールを所有しているのが普通であって、こうしたザルールには固有の名前がつけられている。（第4章　歴史に名高いラクダ参照）

2　乗る時の唱え言

「慈悲深く慈愛あまねきアッラーの御名において」という定句はバスマラ Basmalah と言って、何か行為を始動する時に必ず唱えられねばならない。朝起きる時、物を食べる時、玄関を出る時、すべての行為に先立って唱えられる。こうした行為のなかに「乗る」行動も範疇化されており、アラブの有畜文化としての特色がうかがえて面白い。往古からのラクダやその他の動物の背に乗る時、またそれを動かし始める時にも唱えられねばならない

図33　乗用ラクダ、馬につける護符。『クルアーン』、ハディース、詩等よりの引用句。

のである。

サタンや悪しきジン（精霊）が浮世の至る所にたむろして、人間に悪さを仕かけようとして待ち構えている。常時人間が存在しない場所は特にそうである。バスマラを唱えることによって、こうした場所の邪鬼払いを行なうわけである。動物の背に乗る時、バスマラをうっかり唱えることを忘れると、この邪鬼の思うつぼとなる。タバラーニーは騎乗の際、バスマラを唱え忘れた場合次のようになると言っている。サタンはこの騎乗の人間の背後に radafa（相乗りして）、言いたい放題の命令を行なう。「お前、歌え！」。もし命じられた人間が歌を上手に歌わないと、「好き勝手にせい！」と命じ、己の気の済むまで乗り回し続ける。こうして自ら満足して背上から降りるまで騎乗の人間をたぶらかし続ける、と言われている。（タバラーニー著『ダウアート・ダミーリー』I七四四）

しかし往時は、こうした簡単なバスマラの唱句だけではなく、もっと厳然とした騎乗の際の唱え方があった。「主は汝らのために舟と家畜とを乗物として創造し給うた。汝らがその背に乗って安全であるよう願って、汝らがその背に乗る時、主の恩恵を念じて、これを我らに従わし給う御方に讃えあれ！　我らにはこのような能力はあるまじきこと！　まこと我らは主の御もとに帰りゆくもの！、と言うを願って」。これは『クルアーン』四三章第一二〜一三節の内容であるが、この聖句のなかの「これを……帰りゆくもの」までの節は、イスラームの信者の乗船の際及び騎乗の際の唱える言葉となった。騎乗の安全を祈る者、また敬虔な者は先のバスマラに加えて、この聖句を唱えることを怠ることはなかった。

現代では自動車がラクダその他に代わって人間の足になった。自動車に対しても乗用としては同じ「四つ足」の概念に変わることはなく、アラブは「バスマラ」は必ず唱えているし、またより正式には前述の『クルアーン』の聖句を口ずさむことは現地にいて観察できるところである。

3　ラクダに相乗る

アラビア語には ridf という興味深い言葉がある。元来は「（動物）の尻」を意味するのだが、これが「尻にもう一人乗る」こと、即ち「相乗り」の意味に転じ一般化している。この ridf の概念は動物の乗用を日常化していたこと、及び大型動物が乗用に使われていたことを端的に示している。ridf「相乗り」は、語根系列にさまざまな「相乗り」の相を広げている。「同じ動物の上で誰かの後ろに乗る」ことは radf と、「動物が二人の人間を乗せる」ことは ridāfah と、「人が己の乗っている動物に誰かを乗せる」ことは irdāf と、「お互いに助け合って乗る」ことは tarāduf と、誰かを「己の後ろに乗るよう頼む」ことは istirdāf と、そして「相乗人」のことを radīf と、の如くである。

ここで「相乗り」といっているのは、もちろんロバ、ラバなどの小型獣でもなく、また専ら戦闘用、スポーツ用にも用いられる大型獣の馬でもなし、ラクダがその想定のもととなっている。平均二〇〇キログラムの荷は優に運び得るラクダだからこそ、ひと二人ぐらいは普通に乗せ得るものとの前提に立って、相乗りが習慣になり得るのである。

4 「相乗り」の法

相乗りと関連して、興味深いことに、動物を乗用とする場合の法までである。同一の動物に相乗りする際、二人だけなら是とする。ただしその動物が二人の重量に十分耐えると見込まれる場合であって、その場合の目安が先の二〇〇キログラム前後ということになるわけである。この相乗人ラディーフは一人だけでなければならない。いくら重量的に許容範囲内であっても、三人またはそれ以上の相乗り（ラディーフには複数形が rudāfā, ridāf, rudafā' とあるが）は禁止されており、もしそうなれば非常な場合か道徳的に問題となる。これをみても、動物が「ラクダ」であること、例えば五、六人乗っても問題はないインド

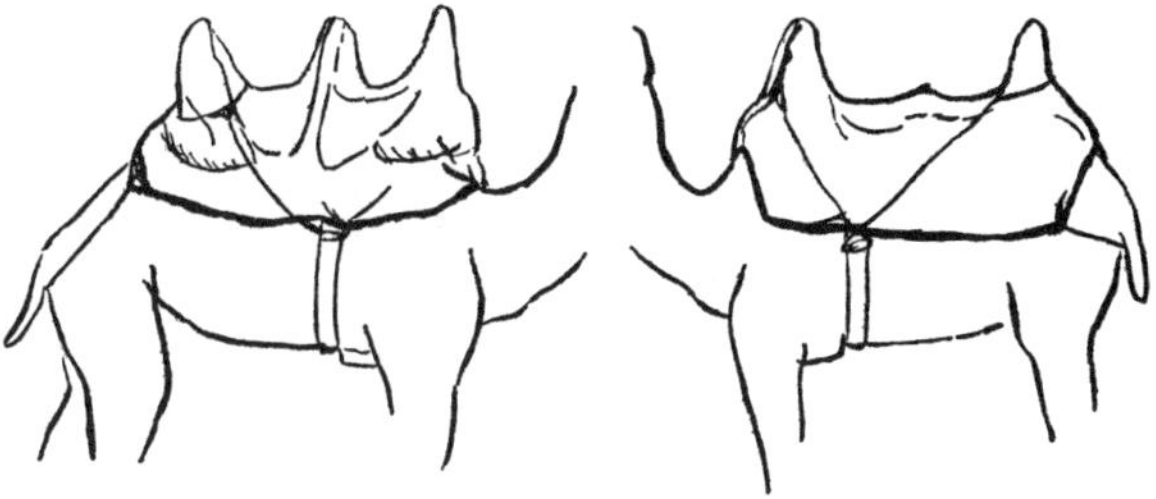

図34　パキスタンで今でも用いられている二人乗用鞍

の象などは対象外になっていることがわかる。

　相乗人ラディーフになるのにもエチケットがある。相乗りさせてもらう istidrāf の要請に対して、乗り手が体を前にするか、ラクダをひざまずかせるかすることが、それを許可するジェスチャーである。ラディーフとなるものは乗り手の後ろに回って着座せねばならない。こうして乗り手がラディーフのために空ける席のことを ridāf といい、ラディーフは乗り手の指示に従わねばならない。しかしラディーフが乗り手より身分が高かったり、ラディーフを喜ばせようとする場合には、席 ridāf を前に設ける場合もあった。リダーフを前に設けることは、乗っている動物の操作もあることであり、乗り手にとっては神経のいる厄介なものであった。

　預言者ムハンマドの『言行録』のなかには、彼がラディーフとした誉れある人物として、三十三人の名前を数えあげている Ḥāfiẓ ibn Mandah の伝承のようなものもあるが、代表的な『言行録』のなかにはいくつかのエピソードが記されている。預言者がメッカ巡礼を行なった時、アラファートからムズダリファまでウサーマ・イブン・ザイドをラディーフとし、ムズダリファからミナーまでは叔父アッバースの子アル・ファドルをラディーフとしたこと。「信者の母」となるサフィーヤとハイバルの地で結婚した時、預言者は彼女をラディーフとしたこと等が記されている。

5 乗用ラクダの名称三種

既に dromedary のところで言及したザルールを含めれば「乗用ラクダ」の名称は四種、さらに第6節で言及する「旅用ラクダ」の名称も広義では「乗用ラクダ」に含まれるので、もっと多くはなろうが、本節では狭義の「乗用ラクダ」について三種の名称分析を行なうこととする。「乗用動物」一般を指して広く用いられるのはマティッヤ maṭiyyah（複 maṭiyy, maṭāyā）である。ラクダをはじめ、馬、ロバ、ラバすべてを指して用いられるマティッヤとは「背中に関するもの、または背中に乗られるもの」の意味で、この語根 maṭā とは「動物の背中」を意味しており、その背中を占められることが即ち乗られることになる。注意を引くのはここでの「背中を占める」範疇のなかに、人間以外のもの、即ち荷物・穀物などの運搬用・駄用の意識がないことだ。この概念は後述する「背中が空いたもの」を意味する ẓihrī が「予備の旅用ラクダ」の意味を実現する発想と同じものである。

マティッヤが「乗用動物」を意味する時、その主体は「ラクダ」であり、時には「鞍を置いたラクダ」の意味まで持つ。動詞 maṭā とは「マティッヤを駆りたてる」こと、即ち「旅を急ぐ、または歩みを速める」ことを意味し、imṭāʾ とは「ラクダなどの動物を乗用に仕立てる、または乗用とする」「マティッヤにまたがる、またはまたがせる」ことを表わし、他の派生形 imtiṭāʾ もほぼ同様に用いられている。

サムラ・アカシアのたもとでたたずむ我に、
マティッヤをしばし留《とど》めて
連れの者慰めの言葉かける、
「悲しむ余り身を亡すな、耐えなさいよ」と。
(『ムアッラカート』一―五)

こう詩に残したのはプレイスラム期の大詩人イムルー・ル・カイスであった。乾季が終わって、共に過ごしたキャンプ地から恋人が去っていくのをアカシアの傍で悲嘆にくれて見送っていると、恋人を連れていく一族の者がわざわざ乗っているマティッヤを停めて慰めの声をかけてくれる描写である。

「乗用ラクダ」として最もよく用いられる語はラーヒラと次に述べるリカーブである。ラーヒラ rāḥilah（複 rawāḥil）とは文字通りには、「ラクダ鞍をつけたラクダ」のことである。「ラクダ鞍」の代表語は raḥl と言う。このラクダ鞍の raḥl が基本概念にあって、そこから語根系列が作られ、意味の場の拡大をみる。もちろんラーヒラもそのなかの一つにすぎない。動詞 raḥala は「鞍をつける」ことから「移動する、または離れる」、raḥḥala は「鞍をつけさせる」ことから「立ち去らせる、または旅立たせる」、rāḥala は「お互いに鞍をつける」ことから「旅立ち、または引き続く旅を助け合う」、arḥala は「(ラクダに) 鞍をつけさせる」ことから「(ラクダを) 乗用に調教する」こと、または「乗用ラクダを多く持つ」ことを。irtaḥala は「己の背に鞍を乗せる」ことから「自らを乗用ラクダにする」、即ち「(ある物事に) 従事する、関係する」ことを。istarḥala は「鞍をつけるよう頼む」ことから「自分の所まで来る、または旅するよう頼む」こと。これらが「ラクダ鞍」を基本とする動詞派生形である。

さらには名詞その他の派生の意味をみると、まずリフラがある。アラビア文学のジャンルのなかに『三大陸周遊記』などの紀行文学がある。これを原語ではリフラ riḥlah といっている。リフラは「旅」の意味であるが、この「旅」も元義は「ラクダ鞍をつける行為、またはつけ方」なのである。旅人のことは「鞍をつける人」の意味で rāḥil、旅をひんぱんにする人、「旅行家」は強調形を用いて raḥḥāl と、さらにイブン・バットゥータやイブン・ジュバイルなどの「大旅行家」は、そのさらに強調した形の raḥḥālah という。「鞍を置く、または放すところ」である marḥalah は、旅を中断する「宿場、泊まり場」の意味をも併せ持つ。乗用ラクダに仕立て上げる人、調教人のことは murḥil、調教や乗用の際、「鞍をつけた時のラクダの力強さ」は ruḥlah と言い、その度合いを見られ、品定めが行なわれる。興味深いのはraḥlが「ラクダの鞍」であるのに対し、馬の鞍は普通サルジュsarjが普及している一般語である。しかしsarjと同義としてriḥālahという語も用いられる。この発想はラクダ鞍であるraḥlを想定して、その類似表現を馬のそれに充てたものと思われることだ。発想の根本に「ラクダ」中心の概念のある一証左と受けとれよう。以上のようにraḥl即ち「ラクダ鞍」の語を基本としてその周囲には「乗る」「旅」といった意味場が形成されていることが分かろう。

「乗用ラクダ」が特別なもの、選ばれたものであることは、「並のラクダ」「ラクダの群れ」と対置されていることからも分かる。ムハンマドの言行録のなかには、諺となったものも結構多いが、そうしたなかに「人々は百頭のラクダの如きもの、そのなかに乗用ラクダ一頭がいるわけではない」がある（『俚諺集』四、二二二）。百頭の「ラクダ」はibilが、乗用ラクダはrāḥilahが対義的に用いられている。この諺には二通りの解釈がなされている。「イスラム共同体においてはすべての信者は平等であって、信者間に差別はない」が一説。「イスラム共同体の行く末は不安定であり、すべて凡々たる人々であって優れた指導者は出ることはない」がもう一つの説。後説では「指導者」の代わりに「敬虔な者」「篤志な者」を充てる考えもある。いずれの説にせよ、百頭の「ラクダ」ibilが特別なマークのつかない普通の「ラクダ」であり、乗用ラクダrāḥilahがマーク付きの特別な、選別された「ラクダ」であることが分かろう。

なお、「歴史に名高いラクダ」の第4章のところで、「ラクダの戦い」に登場する預言者ムハンマドの妻アーイシャの乗ったラクダ、アスカルもまた rāḥilah であって、「アブドッラフマーンはラクダの体のつもりであったと言い訳けして私の足を打っていた」との故事中での「ラクダ」も rāḥilah が用いられている。

次に述べる同じく「乗用ラクダ」を指示する rikāb は、集合名詞で複数扱いであるため、単数では表現できない。このためその単数を指示させたい時、ここで述べた rāḥilah が流用される。家畜、動物が弁別され、多様な語彙が展開される文化にあっては、このような集合名詞が非常に多いことも特筆せねばならないことである。「乗用ラクダ」という意味を実現する語のうち、先の rāḥilah は「ラクダ鞍」が意味の中心にあるのをみたが、ここで述べるリカーブ rikāb は「乗る」ことが意味の中心にある。即ち語根 $\sqrt{\mathrm{rkb}}$ は「動物の背に乗る」の意味であって、rikāb はその派生語になるわけである。語根に最も近い rakiba という動詞が「動物の背に乗る」の直義だが、特別な限定がない限り、動物は「ラクダ」であって、我々が想像するようにすべて「馬」偏で処理できる文化圏との違いを明らかに示すものである。

リカーブに関連して「乗る」の意味で実現する $\sqrt{\mathrm{rkb}}$ は語根系列をどのように持っているのか追ってみよう。「動物に乗る」ことから一般に「乗る」ことまで広く使われるのが動詞ラキバ rakiba である。また「乗って旅立つ」「乗って外出する」の意味にもなる。

「乗せる道具」を直義とするマルカブ markab は「車または船」の意味を実現させ、「乗せられるもの」が元義であるマルクーブ markūb は上とは対象的に「乗用動物またはラクダまたは馬」を指示し、更に「靴」までに拡大されているのは面白い。「幼獣が成長して乗用に適するようになったもの」、これを「乗せることが可能なもの」の意味でムルキブ murkib と言う。ラクダ（や馬）がこの時期に達することはアルカバ arkaba と言うが、これには他に「乗用動物を人に与える、または委ねる」という全く別な意味もある。「乗用動物の乗り手、または乗る人」のことはラーキブ rākib というが、これも何の限定もない場合「ラクダの乗り手」の意味である。ラーキブの強調形ラクーブ rakūb 及びラッカーブ rakkāb は「巧みな乗り手、または偉大な乗り手」とされる。この語は比喩的に「難題、苦境を自らの意志、知識、技術で克服する人」にまで広げられている。「乗用動物に乗る回数」、馬で言えば「鞍数《かず》」のこと、及び「その乗り方」はリクバ rikbah と言う。「乗り手達の一団」をラクブ rakb と言う。この語も「ラクダの騎乗者の一団」の意味であり、ラクダに乗る旅行者、キャラバン、巡礼の一団のことを指して言う。興味深いのは、このラクブ「乗用ラクダの群れ」と同じ意味で、ラカバ rakabah 及びウルクーブ urkūb があり、数量的な違いで用いられていることだ。ラクブを真ん中に設定して、それより多い方を前者として、少ない方を後者と呼び慣らわしているわけである。この数量的目安はラクブを「一〇」前後と目算する。一団の数が一目見て一〇人よりはるかに多い「乗り手の一団」と判断すればウルクーブと、明らかに一〇人以下だと判断すればラカバと表現するわけである。さらに一〇人以下でもラカバより数が少ないことを弁別したい時には指小辞が用いられ、ルカイバ rukaybah と表現する。こうした集団の数量的基準・規模を数詞を用いずに言い表わすアラブの習慣は「ラクダの頭数」の章でも触れた如く、単に「群れ」では済まされない牧畜民的基盤に深く根差した発想なのである。

乗用ラクダ rikāb には複数概念しかなく、単数表現がないため、先に述べたラーヒラが充てられている。これが普通なのだが、rikāb と同じ語根の他の派生名詞に rakūb があり、雌である場合、これが用いられている。つまり、リカーブのなかの一頭を指し示したい場合、雄ならばラーヒラが、雌ならばラクーブがそれを指示することになるわけである。ラクーブ自体、語形の上から女性表示なのであるが、これに女性接尾辞 ah をつけてラクーバ rakūbah というと、「乗用ラクダ」であり、「一頭」であり、「雌」であることが強調されることになる。このラクーバは文法的に同形のハルーバ halūbah と対置されている。ハルーバとは「一頭の乳ラクダ」の意味であって、従って「乗用ラクダ」と「乳ラクダ」とは他のラクダの群れとは区別され、選ばれたものとなっている。そしてこれらと合わせる形で「荷駄用ラクダ」のことをハムーラ hamūlah と言って、「彼にはラクーバもハルーバもハムーラもない」という成句をつくっている。これは、「彼は一頭のラクダも所有していない」ということから「財産となるものを全く持っていない」の意味で言われている。

放牧されている大群のラクダを指示せずに「乗用」「乳用」「運搬用」でラクダのすべてを言い表わしてしまう発想は興味深いが、ラクダの用途のうち、前述の三つが主なものであることも教えているわけである。己の大切な乗用ラクダ「リカーブ」を屠して部下にふるまった人物が歴史に名をとどめている。預言者ムハンマドの時代のカイス・イブン・サアド・イブン・ウバーダがその人である。彼は預言者に命ぜられ、一隊を率いてジハード(聖戦)に出かけた。異教徒軍に対して彼らは懸命に戦った。こうした部下に対して指揮者カイスは手持ちの九頭のリカーブを屠殺してふるまった。これを伝え聞いた預言者は「まこと、気前よさというものは彼の家系に属する者に備わった品性である」とほめ讃えたという。「乗用ラクダ」は既に述べたように、群れのなかから選ばれ、調教を受けたものであるから、これを屠殺して食用にすることはよほどのことでない限り決断できるものではなかった。しかもそれを九頭も行なったわけである。その勇気と寛大さは後世にまで伝わることになった。

乗用ラクダ「リカーブ」を乗用とするのはもちろん「人間」だけなのだが、人間と同等、いや見方によってはそれ以上の価値ある荷物がそれを乗用とすることがある。運搬用ラクダではなく、このリカーブに乗せられる人間と同程度に遇せられるものとは「オリーブ油」のことである。オリーブ油といっても、オリーブの生育するところはどこでも製せられるわけであるが、こうした一般のオリーブ油ではなく、シリア地方の特産であり、その特産のなかでも絶品のものを言う。この高級なオリーブオイルはリカーブに乗せられ、バクダードやカイロ、メッカといった遠方の大都市の王侯貴族や大富豪のもとに、季節になると送り出されたものであった。さらに、この高級オリーブオイルはリカーブに乗せられて運ばれることから、特にリカービー rikābī と称せられたわけである。

「乗用」であっても「若いラクダ」の場合、特にカウード qaʿūd と言う。カウードとは「ラクダの成長段階」のところで言及しているが、「コドモ期ラクダ」のことを指して言うのが一般である。カウードは語根からして「座る」ことを表わし、この時期のラクダは足腰がまだしっかりしていないことからよく座り込むためにこの名がある。「座る」性質を利用して立たせたり、座らせたりする調教が始まるのがこの時期であり、荷物を乗せたり人が乗ったりする調教がすぐこの後に続く。ラクダを放牧している遊牧民のところでは、この時期のラクダのうち乗用として後々使えそうなのを選び、牧夫が傍らに置いて手馴づける。放牧地に出かける際、ラクダを座らせ、野営に必要な物や食料をその背中に乗せる。放牧地に着くと、ラクダの乗用としての訓練を行なう。この訓練はいざという時にそれに乗って目的が果たせるまで続けられる。従ってカウードは「若い乗用ラクダ」の他に、「牧夫用のラクダ」の意味にもなっている。こうした「牧夫用ラクダ」のなかでも並はずれたものをクウダ quʿdah とか、ムクタアド muqtaʿad とか言い、こうしたラクダに騎乗することをイクティアード iqtiʿād と言う。

6　旅用ラクダ

「乗用ラクダ」とは別に「旅用ラクダ」があり、これは前者が個々に意識されるのに対して、後者の場合、集団、群れといったイメージで捉えられている。これはアラブ世界での「旅」の概念と関係している。「旅」とは、アラブ世界では一人で行なうものではなく、なるべく多くの同行者を募って集団で行なうのが慣行であった。旅行中の不慮のできごとへの対処、盗賊対策においても有効に作用するからである。従って旅用ラクダは、キャラバンと同じく、集団、群れとしてのイメージを持っている。「旅用ラクダ」の意味でウブル（"ubr、またはイブル"ibr、またはアブル"abr）という語が用いられることがある。ウブルとは「河を横切る、または渡る」という動詞アバラ"abaraの派生名詞の形となっていることからも分かるように、定まった二地点があって、それがどんなに遠距離であっても、また道が砂漠のなかであれ、岩場や荒れた道であれ、それをものともせず先へ進み、目的地までは屈しないラクダのことを言う。従って「旅用ラクダ」がこのウブルと言われる時、単にそれのみでなく、「屈強の」とか「忍耐強い」とか「旅に強い」とか標《しるし》付きの意味が明らかに加味されている。こうした有標性はラクダから人間にも適用される。「何《なに》某《がし》はあらゆる仕事に対してウブルである」とは、どんな仕事に対しても適応力を見せる人、やってのける人に対して言われる定句になっている。

先のウブルと同じく「旅に強いラクダ」の意味でアジャムジャマ"ajamjamah（複

"ajamjamāt）という語が用いられる。単に「強い」の意味から「旅に強いラクダ」の意味に具体化した語である。この意味の具体化のプロセスについては、レキシコン類では何も語ってくれないが、この語の語根動詞"ajama の意味は「前歯で物を噛む」であって、しかもこの同じ語根から派生した他の名詞アージマ"ājimah が「骨まで噛みくだいて食べるラクダ」を意味しているところから、アジャマが「旅に強いラクダ」の意味を担ったについては二通りの解釈ができそうである。一つは「強い」とは「物を噛みくだくほどの歯、またはあごを持っている」ことで、旅の途中での粗食に耐えることを意味している。他の一つは、他のラクダでは噛み砕けないような食べ物を食べることは、それだけ消化するのに時間を要する。ましてはラクダは反すうすることからその口のなかに残る食べ物の時間も長い。そしてその「噛む音、または口を動かす音」がジャムジャムと聞こえ、それが「旅用ラクダ」の名称になっていったのではなかろうか。アラビア語の特色として擬声または擬態音は、周知である場合、説明されない。従って文字化されない傾向があるのをここでは補足説明しておかねばならない。

夜行にもめげず、はつらつとしたラクダ達、カターー鳥の如く
先を争いて急ぎ行く、アジャムジャマとなりて。
（『シハーフ』V二二四七）

この詩は十世紀後半活躍した言語学者アル・ジャウハリーの大著 al-ṣiḥāḥ に載っているものである。「カター鳥」とは砂鶏《さけい》とも訳され、鳩ぐらいの大きさで水場と砂漠のなかの巣との間を朝夕に群らがって往復する鳥のことである。このカター鳥が群れて一方向に飛んでゆくように、旅用ラクダが夜間にもかかわらず、はつらつとして急ぎ足で先を進んでいく。これこそアジャムジャマではないか、と叙しているわけである。

旅用であっても「背中が空いている」ラクダもある。これをジフリー ẓihrī（複 ẓahārī）と言う。「背中が空いている」とは、そのラクダの背中に何も乗られたり積まれたりしていない意味である。即ち「予備の乗用または旅用ラクダ」のことをいう。キャラバンにおいては、乗用にせよ、駄用にせよ、突然ラクダが傷ついたり倒れたりすることがある。こうした不測の事態に備えて、予備のラクダが用意されている。キャラバンが大規模であるほど、またその隊の財力があればあるほど、予備のためのラクダの数は多くなる。この「予備」の比重は「運搬用」の方が数が多く、その分だけそちらに回されることになり、意味的にも「駄用の予備」に解されそうであるが、そうではなく、「乗用の予備ラクダ」がこの意味の中心であることは興味深い。即ち、不測の事態というのが、運搬用よりも乗用の方が多いわけであり、長距離歩行に加えて、急ぎ足での見回り、宿営地の段取り等にも使われ、消耗の激しいことがこれでも分かる。こうした「予備のラクダ」がジフリーであって、「背中の空いている」意味なのだが、他にも説があり、ジフリーとは「背後から行く」の意味であって、それはその所有者に乗られるのでもなく、その背後についていくものだからである、とする。こうしたジフリーの所有者をムズヒル muẓhir、またジフリーを怠りなく用意することをイスティズハール Istiẓhār という。

「旅用ラクダ」のなかでも特に「隊商ラクダ」を指示する語がある。即ち、荷を積んで一列縦隊に連なったラクダたちのことである。これをイール ʿīr（複 ʿīrāt, ʿiyarāt）と言っている。「元気がよすぎてあちこちに行こうとする」という意味の ʿāra の派生名詞である。この語根の意味はロバ、野生ロバが想定されており、他の派生形アイル ʿayr は語形態的にはイールと全く同じであるが、「ロバまたは野生ロバ」の意味を直接指示している。そしてイールもまた隊商の動物としては「ラクダ」が中心であるが、ロバ、ラバもまた概念のなかに含まれており、ロバかラバに乗った先導者が後にラクダの一群を従えるような場合が想定されるわけである。さらにロバと結びつくのが明らかとなるのはアイラーン ʿayrān（雌 ʿayrānah）がある。イールと同じ語根の他の派生名詞であるアイラーンは「元気はつらつとした駿足ラクダ」の意味である。そしてこれは野生ロバのはちきれんばかりの「元気のよさ、または敏速さ」が、こうした習性を持つラクダに適用されたわけである。隊商の比重がラクダからロバに傾くほど、背の荷物の内容が商品価値の高いものから低いものへ、遠距離用のものから近距離用のものへ、と移行する。隊商がロバ主体で構成される場合、それは「穀物ないしモロコシを運ぶ一隊」といった具体的な意味を担うことになる。

イールが「ラクダ」であって「隊商ラクダ」の意味で用いられている諺がある。「イールのなかにもナフィール nafīr（戦士集団）のなかにもいない」がそれである。この諺は「イール（隊商ラクダ）に騎乗している者のなかからも、また戦《いくさ》のために出陣してきた者のなかからも戦場へうって出る者がいない」の意味から、「敢えて危険を犯そうとする者、勇気ある者はいない」の意味で用いられる。『俚諺集』の著者マイダーニーによれば、このとの由来は預言者ムハンマドの最初の聖戦「バドルの戦い」の故事にさかのぼる。シリア交易を終えて郷里にもどって来るメッカの隊商の一団は、メディナから出陣してきた預言者の一団が待ち伏せしている情報を得て、急遽メッカに援軍の使者を出す。預言者の一隊が待ち伏せしていたバドルを迂回して衝突するのを避けた隊商は、その旨メッカからの援軍に伝言する。しかし一部を除いて援軍は、戦利品目当てに預言者の軍に挑みかかり大敗を喫する。これがヒジュラ後三年目西暦六二五年に生じた史上名高い「バドルの戦い」であるが、帰路にあった隊商は戦わずして引き上げてきた援軍の一隊に途中で会った。その時、隊商の長であってメッカの有力商人であったアブー・スフヤーン（ウマイヤ朝をおこすムアーウィアの父）が、その一隊に投げかけた言葉がこれであった。己の集団に対しても、援軍として出陣してきた一団に対してもその情けなさに憤懣やるかたなく「イールのなかにもナフィールのなかにもいない」とぶつけたわけである。尻ごみしていたり、集団のなかから勇気ある行動をおこす者が存在しない時、激励したり、落胆の気持ちを表わす際に口にのぼる言い回しとなっている（『俚諺集』Ⅱ三、五四二）。この諺はイスラムに敵した者の言行が後世にまで生きのびたわけで、諺ならではの稀有の例と言えよう。

第17章　ラクダが歩く——距離単位、ラクダ日

1　ラクダの話題

サマル samar とは夕食後の一時、お茶を飲みながら歓談することをいうが、町中ではテラスや出窓に座って、また砂漠ではテント前やテント内の男の間に円座を組んで行なう。日中の暑さと労働とから解放され、涼しさとくつろぎを味わう場となるのがこのサマルである。そのサマルの話題もまたその日のでき事や情報が主であって、遊牧民であれば当然のことながら家畜が話題の中心を占めることが多い。以下の引用は、こうしたサマルの一例である。外国人には未踏であったアラビア半島最大の大砂漠ルブウ・ル・ハーリーに挑んだ冒険家セシガーは、その砂漠の東端オマーン寄りのワーディー・アマイリーからバイルに向かう途上、同行のこの辺りの地理に詳しいベドウィンの話に耳を傾け、それを旅行記の中に綴っている。ベドウィン達の日常会話がどのようなものか、またラクダがどのように日常と深く関与しているか、その一端を垣間見させてくれる。アウフは年輩のリーダー格、イブン・カビナは茶目っ気のある若者である。

アウフは話を続けた。「わしはイブン・ドアイラーンから譲ってもらった三歳のに乗っておった」。「ヤーム族から略奪したマナーヒル族のあのラクダなんだね」とイブン・カビナは尋ねた。「ああ、そうだ。そいつを奴から交換してもらったのだ。イブン・ハームから獲たわしの黄色毛の六歳ラクダとをな。ジャナージルはバーティナ種のに乗っておった。お前、あの雌ラクダを憶えとるかい？ あれはワヒーバ族のハラハイシュが飼育していた有名な灰色種の娘なんだ」。マブハウトは言った、「憶えてるとも、去年ハラハイシュがサラーラに滞在していた時そのラクダを見たよ。大きいのだったな。おれが見た時にはもう盛りを過ぎて老いてはいたが、それでもまだ本当にきれいなラクダだと感心したもんだよ」。アウフは続けた。「わしらはアファル族のライとその夜を過ごしたんだ」イブン・カビナはまた話に割って入り、「ライとだったら去年会ったことがある。彼はハバルートに行く時だった。ライフルを持っていてね、〝十発打ち〟っていうやつで、グドゥーンで殺したマフラ族からせしめたやつだ。それでイブン・マウトラウクがそのライフルを欲しがってね。ファルハの娘で灰色の一歳ラクダとそれに加えて五十リヤル出すから譲ってくれって持ち出したんだが、ライはことわってたよ」。アウフはさらに続けた。………

（『セシガー』一四一）

2　一日行程

砂漠の広がる中東地域の旅は、自動車が普及する前はラクダがもっぱらその足であった。キャラバンにおいても、またメッカ巡礼行においても旅は日常的なものであって、それはラクダの介在を抜きには考えられないことであった。アラブ世界におけるこうした「旅」に関しての単位もまたラクダが基本になっていた。距離とか時間とかの区分は、昔は今日程厳密ではなく、また厳密である必要もなかった。「旅」の目安は、一日行程、半日行程、四半日行程ぐらいで、距離とか時間は用をなしたわけである。ラクダに乗っての旅は大きく四種に分けられていた。タウウィーブ ta″wib（昼旅）、イドラージュ idlāj（夜旅）、イージャーフ ījāf（急ぎ旅）、タクリーブ taqīb（ゆっくりした旅）であって、これらの用語の使い分けによっても「一日行程」の距離や時間は概念的に割り出されていた。「ラクダによる一日行程」即ち「ラクダ日」はこのように地形、夜、昼旅、急ぎ旅か否かの相違により多小異なるが、約三〇マイル（四八キロメートル）ほどとされた。アラビア半島内を踏破し、名著 Arabia Deserta を残した英人 Doughty は、キャラバン行の場合 one camel journey は三〇マイル、一時間は最大で二・五マイル、一分間五〜六〇歩であることを記している（同書I五三）。

四八キロメートルを一日行程と考えるのは、ユダヤ教徒も同じであったらしい。彼らは、『旧約』の時代、逃がれの町を六つ配置した。誤って人を殺したり、罪を犯した者が逃げ込み無罪となるまで保護される町である。この六か所はゴランやヘブロン、カデシュ他であったが、これら「逃がれの町」は逃亡者がどこにいようと一日行程でこのなかのどこかに辿りつけるよう配慮されており、それが四八キロメートルだとされている。またこれらの町は、ユダヤ教徒の支配以前からこうした逃亡者を保護する性格があったようで、半島内ではメッカなどもまた古くから聖なる町として同じ機能を果たしていた（『新聖書大辞典』一〇四八参照）。「ラクダ」日はラクダに乗っての旅であり、それが大約四八キロメートルなのであって、徒歩による旅、ロバ・ラバ・馬による旅は、速度において、また耐久時間においては、これよりも短い「一日行程」と見なければならない。

3 距離の単位

「一日行程」の具体的事例は後述するとして、アラブ圏で距離を表わす伝統的用語を少しみていってみよう。

距離を表わす単位としては、最大のものとしてバリード barīd（複 burud）及びファルサフ farsakh（複 farāsikh）がある。両語とも古代ペルシャ語からとられた距離単位で、バリードは「宿駅」であって、駅逓制にあっては早馬、伝馬を乗り継ぐ距離に当たり、およそ二四キロメートルと考えられた。このバリードを四分した距離がファルサフであり、およそ六キロメートルに当たることになる。そしてペルシャ語 Parasang には「休息」

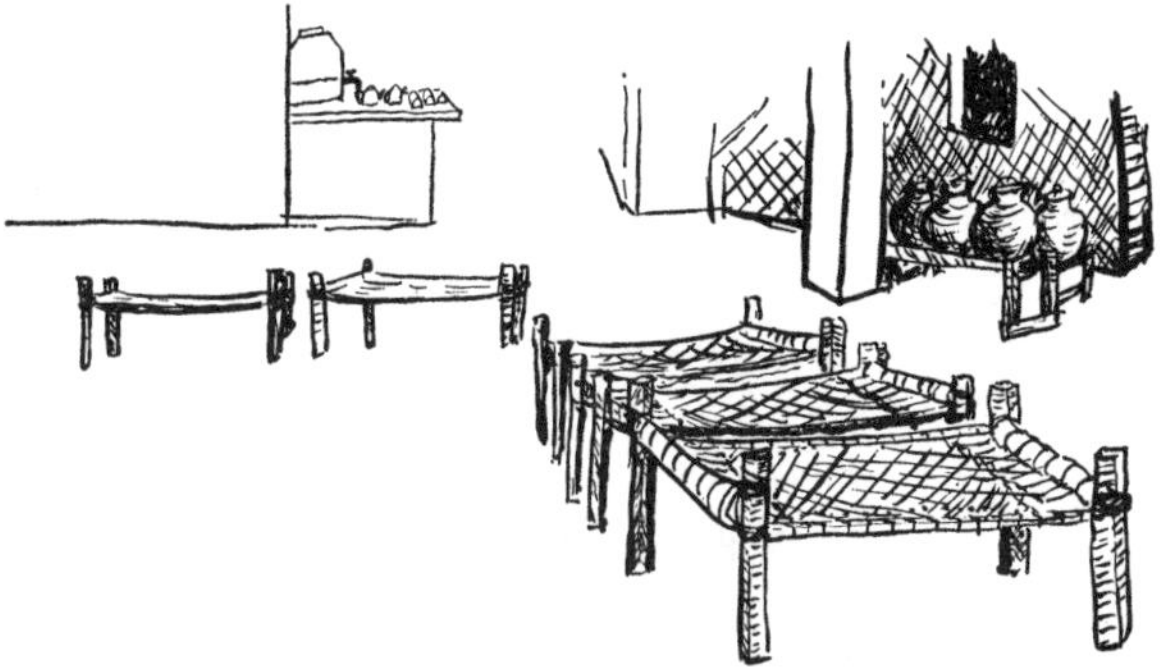

図35 長距離用バス、相乗りタクシーの溜り場となっている伝統的ハーン（茶店）。宿屋も兼ねる。

「安息」の意味がある通り、徒歩の旅行者は、これを目安として休息をとる算段がされていた。言わば「休息距離」であったわけである。

右の二つの用語はペルシャ語からの借入語であったが、アラブ固有の距離単位で最大のものはウクバ ″uqbah（複 ″uqab）であり、バリードの半分、ファルサフの二倍を表わし、語義は「ラクダが水場に行って戻ってくること」から「バリードの折返し点、中間点」の意味として用いられた。「ラーヒラ（乗用ラクダ）に乗って旅する者で、ウクバに達してのち、降りて歩行する者は誰しも、奴隷を一人解放するほどに等しい」とは預言者ムハンマドの言（『バイハキー』五十五章参照）である。旅は半分騎乗し、半分は歩行するを最善とすることを教えたものであるが、同時に動物の酷使を避けようとする慈悲観をも顕わしている。

ウクバの下位単位にガルワ（射程距離）、ミール（視界距離）があった。一ウクバに対しては六〇ガルワ、六ミールと定められていた。「射程距離」の意味を実現するガルワであり、ghalwah（複 ghalawāt, ghilā'）の語根動詞 ghalā の意味は「限度を超える。過度になる」であり、「弓矢」に関係した意味領域では「弓をあらん限りの力をしぼって最も遠くに放つ」ことである。この距離はおよそ四百腕尺とされているから二〇〇メートル足らずに当たる。これを尺度として、例えばラクダレースや競馬が五〇ガルワ、一〇〇ガルワというような単位で行なわれたものであった。プレ・イスラム期の部族戦争として名高い「ダーヒス・ガブラーの戦い」は二人の族長の所有する名馬ダーヒス及びガブラーを「一〇〇ガルワ」走らす競馬がことの発端であった。

ガルワを一〇倍した距離で二キロメートルより少し短い単位がミール mīl（複 amyāl, amyul, muyūl）である。欧米のマイル mile の語源がどこから由来するのか定かではないが、あるいはこのアラビア語のミールも関係しているのかも知れない（古代英語では mīl である）。一マイルが一、六〇九・三メートルとされているが、多分往時はこんなに厳密なものではなかったろう。Swedish マイルは一〇キロメートルであることからもそれは分かる。アラビア語のミールは元来は「目の届く範囲」、「視界に入る範囲」がその意味で、それを長さにすると二キロメートル足らずとされているわけである。古く天文学者は一ミールを三、〇〇〇腕尺（一・五キロメートル）としたが、普通には四〇〇〇腕尺とする。

この違いは、手を使った長さの単位である指幅 digit の算定の相違によるもので、その指幅が九六、〇〇〇であることは一致している。

距離単位は、大まかには三カダム qadam（足の長さ）が一フトワ khuṭwah（歩幅）、一、〇〇〇フトワが一ミール、六ミールが一ウクバというように人体の「足」が基準となっていた。

参考までにアラブの「距離単位」と平行する「長さ」の単位を述べておこう。長さの単位は、同じ人体尺度を基準としていても「手」を基定とする。イスバウ iṣba‘ は指一本の幅を長さとしたもので、約一・九センチとされた（日本の「伏」、英語の digit、ヘブライ語 esba‘ 等を参照）。カブダ qabḍah は「握りこぶし」の意味で、イスバウの四倍、ジラーウの六分の一に当たり約七・五センチとされた（日本の「束」、英語 fist、ヘブライ語 ṭōpaḥ）。シブル shibr は親指と小指を伸ばした長さでイスバウの一二倍、カブダの三倍に当たり、およそ二三センチ（日本の「咫」、英語の span、ヘブライ語の zereṭ）。ジラーウ dhirā‘ は「肱から指先までの長さ」で、二シブル、六カブタ、二四イスバウに当たり、およそ四五センチ（日本の「尺」、英語の cubit、ヘブライ語の ‘ammāh）。またアラブではイスバウより小さい長さとして大麦粒を用いて六つ分の幅をイスバウとした。即ち六シャイーラ sha‘īrah が一イスバウであった。さらに細かく最小と思える長さに動物の毛を用いた。山羊毛シャアル sha‘ar がそれで、山羊毛六本の幅が大麦の一粒の幅に等しいとみなされた。即ち六シャアルが一シャイーラであった。

計る長さに応じて、人体を基準にしたり、歩行を基準にしたりする点はどこの文化圏でもほぼ共通していたろう。アラブの場合ファルサフをはじめとするこうした距離単位はあったものの、旅の観念で想定される距離というものは「何日行程」とか「何夜行程」とかという表現でなされた。日中の旅ならば前者が、夜間の旅をもっぱらとする場合には後者が用いられた。後者は日本では昼旅の延長であって急ぎの旅でしか馴染みではないが、暑い地方、または暑い時期、及び砂漠のような平坦で起伏の少ない足もとの危険性がない地域では、むしろそれが主体のごくふつうの旅の概念であった。昼旅の「何日行程」は、「昼」と同じ語義を実現しているヤウム yawm（複 ayyām）が、夜旅の「何夜行程」は「夜」と同義のライラ laylah（複 layāl）が充当せられている。昼旅はいずこも普通のことなので、夜旅にかかわる例をあげよう。「何夜行程」という表現は Ibn Kalbī の著 Kitāb al-Asnām（偶像の書）のなかに：

4　ラクダ日

これらの偶像のなかには、Dhū al-Khalaṣah があった。それは、白色の石英による彫像で、頭には王冠様のものをいただいていた。この偶像は、メッカとヤマンの間にある

Tabālah にあったが、メッカからは七夜行程のところにあった。彼女の管理者は、Bāhilah b. Aʿṣur に属する Banū ʿUmāmah であった。Kathʿam, Bagīlah, ʿAzd al-Sarāh および彼らに隣接していた Hawāzan のアラブ諸氏族、および Tabālah に住んでいたアラブは、彼女を崇拝し奉納するのが常であった。

（『偶像の書』一八四―五）

なお、N. A. Faris の同書英訳本では「ヤマン」の箇所がイエメンの現都「Ṣanʿāʾ」に、また「七夜行程」は at a distance of seven nights' journey と訳されている（『ファリース』二九―三〇）。

アラブは砂漠の規模もまたこのような何日行程という表現をしているところが興味深い。例えば第18章でふれるダッウ daww は「四夜行程の広大な砂漠」（三九六頁参照）であるし、またダイムーマ daymūmah と呼ばれるものは「一日か一日半行程の広がりを持つ砂漠」であるし、またマファーザ mafāzah は「少なくとも二夜行程にわたって水の欠ける広大な砂漠」を、ファラー falāh は「二日行程にわたって水の欠ける広大な砂漠」をそれぞれ意味し、中東に広がるさまざまな砂漠群の特称を分かっているわけである（拙著『砂漠の文化』第1章「アラブの砂漠観」参照）。

先のライラ（一夜行程）、ヤウム（一日行程）とは別に、夜旅及び昼旅にかかわりなく「一日行程」を表わす語にマルハラ marḥalah（複 marāḥil）があった。この語は夜旅・昼旅双方に用いられるため繁用された。「一日行程」の意味であるマルハラの原義は「旅においてラクダから降り立つところ、ないし時」であり「ラクダをひざまずかせるところ、ないし時」である。「一日行程」というのは「どこそこまでは、あと何日行程だ」というような距離単位として用いられた。例えば「al-Rabadhah と言う地はメディナから三日行程 thalāthah ayyām にある」(『諸国誌』Ⅲ二四)。また親戚、友人、客人などの旅立ちに際し、親しさ、尊敬をこめて「一日行程」さらには「二日行程」を伴にするのが習いであつた。例えば第四代正統カリフ・アリーと戦って破れた預言者の愛妻アーイシャに対し、メディナに送り返す旅において、カリフ自ら中途まで、またその息子ハサンとフサインを一日行程の道のりを護して行った(『タバリー』Ⅳ五四四四)。

5 almanac(暦、年鑑)とラクダ

横文字の流行と共に、我が国でも「暦」、「年鑑」という代わりに「オールマナック」またには「アルマナック」と称することが多くなったが、この almanac のそもそもが「ラクダ」に深く関係している、と聞いて驚く方も多かろうが事実はそうなのである。まずこの almanac という語がアラビア語起源であることは、alcohol(アルコール)、algebra(数学)と並べれば分明しよう。al はアラビア語の定冠詞なのである。この語はまた almanack とも綴られる。即ちローマ字表記の c 及び ck は、caliph(カリフ、原語 khalīfa)や

mohair（モヘヤ、原語 mukhayyar）と同じく、口蓋垂有声破裂音 /x/ であり、西欧語にはないために /h/ か /k/ で発音される。このため、スペルとしても上記のように訛って外来語として入っていった。/x/ は音韻論の方では［kh］と表記される。従ってこの語の原綴は almanākh である。manākh の ma とは「場所」または「時」を指示する接頭辞である。そして nākh とは、その語幹「ラクダをひざまずかせる時の掛け声」に関係した言葉である。

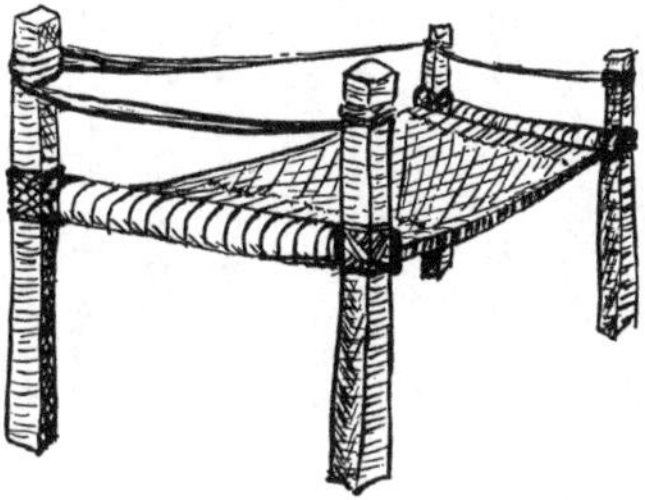

図36　ハーン（茶店）にある長椅子セリールは幅広く作ってあり、夜は有料の寝台に代用される。

nākh をもう少し具体的に説明すると、何らかの理由で意図的にラクダをひざまずかせようとする時（例えばラクダから降りる時、雌を雄に交尾させようとする時、ラクダ群の中から何頭かを税として取り立てる時）、ラクダに対して nakh nakh または ikh ikh と声をかける。このような声をかけてラクダをひざまずかせる動詞、これを nakhkha または nakhnakha という。この他動詞に対して、自動詞「（声をかけられて、ラクダが）地面にひざまずく」ことは tanakhnakha という。また前述の他動詞と同じく「nakh nakh または ikh ikh と囃《はや》してラクダをひざまずかせる」他動詞で

nawwakha または anākha があるが、こちらの動詞は特に「交尾」のため「雌ラクダ」をひざまずかせる場合が中心概念になっている。「乗用」及び「旅」の意味成分で用いられるのが派生名詞群であって、nawkhah とはラクダを留めて、野宿・投宿するために「一地点に滞まる」ことを、nāʾikhah はラクダを留めて休む「遠隔地」を、manākh または munākh は「ラクダをひざまずかせる所または時、宿泊所、駅」、「ラクダが夜間休息する所または時」を指示する。

ラクダに乗っての旅は当然長旅であり、一旦ひざまずかせるとそこが休息地ないしは休憩時になり同時にまた一日の全行程か、半分ないし四半分の切れ目になる。nākha の語根系列が展開した上の意味場のなかにも「遠隔地」とか「宿泊所」「駅」という意味内容が、「旅程」と有契であることはお分かりのことと思う。「ラクダをひざまずかせる」ことが旅の休息ないしは一区切りを意味することと同じく、アラブは「杖を投げ出す」、または倒す」という表現でそれを表わす。manākh「ラクダをひざまずかせる所または時」は一方では距離概念を、他方では旅程の時間概念を生んだ。ラクダによる陸の旅、旅の行程は船による海の旅、海路の行程にも採用された。そしてこの almanākh は通年の旅の行程・予定として「暦」の意味に、それが書かれたものとして「年鑑」の意味になる。

この語の西欧への借入はおそらく航海術、それに伴う天文学の知識体系に伴ったものであろう。ラクダ及び陸路での旅の技術は、西洋には無関係であり、むしろ最初期にはアラブが高度に発達させた航海術、天文学との関連で借入されたものであろう。もちろん、これとて海の航海は、砂漠の夜旅の勘と経験が下敷となって可能になったわけであるから、ベースにはラクダの関与がある。月と星とを方角と距離の道標としての夜旅の概念は、海への旅に応用され、同時に天文学や羅針盤の発達に伴って、アラブは盛んに海へ乗り出した。こうした経験と理論に裏打ちされた秀《すぐ》れたアラブの航海術は、天文学用語と共に技術用語として西洋に導入された。船長である admirar、関税である tariff 等多数にのぼる借用語が何よりもそれを物語る。almanac もこうした用語として導入されたものであろうが、「暦」として「年鑑」としての意味になる前に、その導入の最初期では航海における「日程」「航路予定」としての意味であったろう。

「ラクダをひざまずかせる所または時」である almanākh は砂漠の舟であるラクダから海の舟に延長され、砂漠で目安とされた方位、星の運行は航海術、天文学に発展をみ、almanac として西洋語「暦」「暦書」「年鑑」の意味となった。現代では the nautical almanac「航海暦」「天測暦」、the world almanac「世界年鑑」、Whitaker's almanac「ホイッテカー年鑑」の如く、ごく一般に「暦」「年鑑」の意味となっている起源は「ラクダ」と「旅」とが結びついたものであった。

6 同一ペース、変更ペース

ラクダによる旅も長距離であったり、日数を要する旅ならば、ゆっくりとした一定のペースで行なったであろうし、逆に近距離であったり、急ぎ旅の場合にはラクダに多少の無理をさせてでも先を急がせたことであろう。長距離の急ぎ旅の場合は、宿駅宿駅でラクダを乗り継いで間に合わせる設備もあった。さらに旅程中に起伏の多いところ、岩場などの足場に気を使わなければならないところなどは、速度もそれなりに落とさなければならない。

こうしたペース配分に関しても、アラブ民族は語彙体系を持っている。一定のペースで旅を続けることをタダーフィー tadāfi またはタダールク tadāruk という。前者は「背中を右に左に交互にゆすって調子をとりながら歩を進める」ことをいい、後者は「お互いに追いつこうとする、接近した状態を続ける」ことをいう。前者はラクダの歩行を指してのみ用いられたのに対し、後者は馬、ロバ、ラバも含めた dābbah（乗用動物）にも、人間その他動くすべてのものの歩行にも用いられた。この同一ペース歩行に対して、ペースを速めたりゆるめたりの旅の続行をタダーウル tadāwul という。「順ぐりに操り返す」ことの意味である。こうしたペースは地形、ラクダの体調、日程の関係などに応じて異なるが、乗り手の声、重心の動き、手や足、持っている杖の一定の軽い叩きによってペース配分が行なわれた。

図37　ラクダを急がせ駆け足で走らせる。上下動は馬以上にある。

7　ラクダの走り

ラクダの機能のうち、「走る」ということがラクダ遊牧民の機動性、即応性、攻撃力、判断力を養う認識論を支えていたものと言えよう。「走る」という機能が十分発揮できる動物は馬がまず想定されようが、水を要し、かつ砂上の走りは得意ではなく、長い遠征や長距離を全速力で走る能力ではラクダにはかなわない。走るラクダは他のラクダを走らせて連れ去る。財産であるラクダの群れを駿足であるラクダに乗って連れ去って、己の財産に加えること、これがアラブ遊牧民の理想であった。駿足ラクダを譲り受けたり、買いとったり、また訓育したりして所有することは自己のプライドを増すと同時に、ライバルの部族には恐れと不安を呼ぶものであった。敵部族所有になるラクダを、相手に己が誰かを知られずにいかに巧みに奪い去って自部族のもとに戻ってくるかが、ラクダ遊牧民の勇者の心を砕くものであった。

従って財産という概念は、家とか田畑とか土地に持つ農耕都市民とは随分と異なるものであった。この後者のものは容易には消え去ったり、移動はせず、防禦が可能なのに対し、家畜が財産の場合、一朝にしてそれを失ったり、巨額な財になったりするわけであって、決して恒常的な概念を基本とはしていないのである。そこにラクダ遊牧民の勇者としてのあり方、気風のよさ、刹那主義的倫理観の素地をみることになる。この「所有」及び「財産」という概念は「略奪」と同一概念範疇にあること、この特異性は有畜文化圏ではすべてに共通していようが、牧用家畜が同時に乗用及び戦闘用機能を持つ家畜文化圏では特にこれは言えよう。

ふたコブの鈍重さ、ひとコブでもアナトリアラクダのような頑丈さだけのものと異なり、アラブのひとコブ種を、あのスマートな長い足を生かした快速、ないし駿足なものとして長い世代に亘って訓育し、それを完成品としてみがきあげたのはアラブ遊牧民であった。第2章でも触れたように乗用、走用のラクダとしてはオマーン産のものが特に秀れており、その訓育を受けたが、走力、スピードのあるラクダは急ぎ旅だけではなく、ラクダレース用、都市間を結ぶ駅逓用、戦闘・略奪用にも用途立てられた。今日でもオマーンでは定まった日にラクダレースが行なわれ、かつての華やかさの遺影を見ることができる。

駿足ラクダは、馬に比して、短距離ならば及ばないが、持続力があるため距離の長いほど有利になる。馬はフルスピードでは二〇分と持たないが、ラクダは三〇分余りは十分全速力が出せる。最高十二〜十五マイルの速度は、砂上のスピードでは馬に追いつき追い越してしまう。そして速歩程度の走りならば、一日中の走行が可能とされている。Burckhaldtによればバクダード—アレッポ間を七日（普通は二十五日行程）で、カイロ—メッカ間を十八日（普通は四十五日行程）で踏破した急使の話を伝えている（『ブルックハルト』Ⅱ八一）。

「駿足」を特徴とする動物ならば、そのフルスピードで走るまでにいくつもの段階をもっていようし、その段階ひとつひとつとっても、その走法の様子もさまざまに形容されていよう。周知の馬を例にとっても、我が国の馬術用語では「常歩《なみあし》」「速歩《はやあし》」「駆歩《かけあし》」があり、英語圏では、walk, trot, canter, gallopがある。

アラブ世界では、「駿足」の動物は馬だけではなくラクダが馬とともにその範疇に入ってくることに特色がある。血統的に、また体型的に、また性質的に、乗用に向くとみられるラクダは半職業的な調教師によって訓練せられ、普通の乗用に、長距離の旅用に、また駅逓や通信用にさらに、競馬ならぬラクダレース用にと仕立てられていたものである。ラクダレースは、競馬同様、「賭け」と結びつかない限りにおいては、法に触れるわけではなく、宮廷から庶民に至るまでの娯楽の中心を占めたほどである。

ラクダの歩態の体系化も可能である。その歩態の呼称を探ってみると、六つの分類法が存在することが分かる。ここではこれ以上触れないが、三段階から十一段階のものまで体系付けられる。三段階、四段階分類型は、馬とも用語としては共通するものだが、それ以上の分類型の呼称の多くは、ラクダの走る際の、首の位置（立っている、水平、前に突き出している等）、歩幅の広さ（背と脚の伸長、収縮具合い）、体の震動（肩の筋、コブの揺れ具合い）、大地の形状（蹄跡の残り具合い、土の崩れ具合い）等がその目安となっている。

第18章　ラクダが踊る――キャラバンソングについて

1　文学作品のなかのキャラバンソング

アラブ世界に「詩人のプリンス」と謳われるアフマッド・シャウキー（一八六八～一九三二）は詩興に委《まか》せて悲恋の物語として伝説化した「マジュヌーン・ライラ」の韻文戯曲を編んでいるが、その第二幕の中に二組の隊商（qāfilah）を登場させている。失神して地面に横たわっているマジュヌーンの傍らを、一隊はナジュド高原からメディナに向かって、また一隊は逆にメディナの方からナジュドに向かって先導者ḥādin の歌の調べに乗って静かに通り過ぎてゆく。

先の一隊は正統第四代カリフ・アリーの御曹子ホセインを乗せ威風堂々と通り過ぎてゆく。時節は内容から「冬」かと察しがつこう。なぜならアラビアに雲が見られ、空の高く澄むのは冬の期間だけなのであるから。

ゆっくりとした調子で先導者はそのナジュドの雲に歌いかけて ḥudāʾ（キャラバンソング）を次のように歌っている：

おーナジュド／ラクダのたずな／取りていざ
　この隊商を／迎えに来たれ。
浮雲を／乗り物として／ヤスリブへ
　この我等をば／送りに来たれ。
旅に在る／この一行は／預言者の
　御令息なる／ホセイン様ぞ。
教主の／威光あまねく／広がりて
　砂漠の中も／あふれる程ぞ。
導けよ／いざ我等をば／低き地にも
　高くは月に／至らんまでも。
導けよ／アラブの民が／皆あげて
　等しく範となす／ホセイン様を。

（『シャウキー』四一）

この美しい ḥudāʾ に聞きほれたウマイヤ朝の役人ヌサイブは、自分の役職がらホセインを讃めてはならないのにそれを忘れて声を上げて賞讃してしまう。やがて別な隊商がナジュドに向かって前の一隊より早い調子の ḥādin（先導者）の調べに乗って登場してくる。今度の一隊はおそらくナジュドに帰って来る途中の qāfilah（隊商）であろう。彼らの

ḥudā'には旅の憂愁が表現され、しかもマジュヌーンとライラの一件が歌のなかに盛り込まれ、二人がかつて一緒に遊んだタウバーズ山をも歌って一層の憂いをかもし出している。荒寥として果てしない砂漠にラクダの鳴らす鈴の音だけが空しく響き渡る、その様を愁えて次のように歌い出してゆく：

いざ行かん／砂漠越えて。
恋する者に／旅人に雨雲よ来たれ！
ヤシの木の／枝に止りて鳴く鳥の如《ごと》
ラクダの鈴の音《ね》／広く砂漠に鳴り渡り、
　憂《うれ》い侘《わび》しさ／つのり来る。
心の室《むろ》に鳴り響く／この鈴の音は、
思わずや／嘆きかさなくば謡《うた》いか、
或るは遣《や》る方無き／恋情か……

（『シャウキー』四五—四六）

そして ḥādin（先導者）はこの愁いから激情のほとばしりを顕わにしたところで世間に有名となったマジュヌーンとライラの住むこの地方を、ライラにこと寄せながら恋愛の情を歌いあげてゆく：

いざ行かん　心和《なご》やかにして先へ進まん、　　小鳥と
なって　オアシスにまた草原に天翔《あまかけ》ん。
いざ飛ばん　ライラの許に赴いて、　　ガイルでのこ
と　結びし契り恋生れし地、
それ等すべてを　想い起さばや。　おー神かけて　先
達よ、　タウバーズの山を
求め行かん、
心は荒れたワジには在れど
想いは既に　その山道に着
きければ。
おー月よ　顕れ来たれ上り来
たれ、　愛の世界が　ナジ
ユドの御座に創られければ。
さればこそ　そこ許をラクダ
に揺られ　旅行く者は　い
かばかり素的なれや！
（『シャウキー』四六）

図38　気絶して倒れているマジュヌーンの側を、キャラバンが通りすぎていく、カイロ版『マジュヌーン　ライラ』のさし絵。

アラビアの大地はところどころ町や村が点在するほかは、ほとんどが砂漠で埋め尽くされている。この町や村だとて、水源が枯れたり、戦争や大略奪にあって無人と化してしまえば、たちまち砂の中に埋まって消えてしまう。アラビアの三月から五月は砂嵐の荒れ狂う時期で、連日砂塵が空一面を被い尽くし、辺りを黄色く暗く染める。このなかにあっては太陽が照っているのか、空が晴れているのか皆目分からない。気温が高いために汗ばむ体の皮膚に細かな粒が付着して離れない。砂漠のなかにあっては、砂は空から降ってくるだけではない。下からも粗い粒が吹きつけてきて難儀この上ない。だが現地人は「一年のうちの決まりきった自然現象だ」との悟りから、範囲や程度は小さいながらも日常活動を続けている。時には霧のような、また時には雨粒のような砂粒を目に受けながら活動する彼らに、眼病や片方の目のつぶれた者、目がいつも真赤に充血した者の原因を垣間見る気がする。そしてアラビア古典の文学者のなかにもマアッリー（Abū al-ʿAlāʾ al-Maʿarrī 973～1057）やイブン・ブルド（Bashshār Ibn Burd 714～83）のような盲人やアーシャー（al-Aʿashā Maimūn）などの視力の極度に弱い人の存在することを想い浮かべたりもする。

この砂嵐の季節がすぎて、太陽の光がギラギラと強く大地を照らす夏を迎えると、砂漠の様子は一変している。砂丘の山は、風のために大きく移動したり変形したりして、元の様を留めない。熱い日差しを吸収した砂原が収まる夕方、一番高い砂丘に上《のぼ》って辺《あた》りをみまわすと、その文様の多様性に驚かされ、凹凸のおりなす稜線や光のかげりは神秘的な感を抱かせる。そして、そここに散在する灌木に目をやると、丸く鋭い葉だけが幹にしがみついていて、砂はその灌木の風の向きの反対側に四半円を作って、そこだけは風の直撃を防ぎえた名残りをとどめている。

2　ラクダのリズム感覚

こうした砂漠の大海を渡る舟はラクダだけしかなかった。砂漠の民にとってはラクダの無い生活など考えられないことであった。ラクダを飼い、その乳や肉を食用とし、他の必要物資をラクダと交換する生活、それにもまして旅をする場合のラクダは旅人の生死を決めることにもなった。このコブ付きで、足長の、そして全くひょうきんな顔を持ったのんきそうなラクダも、しかしながら、嗅覚を除けば驚くほど繊細な感覚を一つ持ちあわせていた。それは聴覚である。その小ざかしこく、さとい耳は主人の声を聴きつけ、その調子に合わせて歩《ほ》を歩む音楽を理解する耳であった。したがって茫漠とした砂漠を旅する者には、その大海を航海する舟をどのように操ったり、スピードを調整したりするかを知っている必要があった。その操縦術は偏《ひとえ》に彼らの声にかかっているのだった。それゆえ大規模な隊商 qāfilah には、必ずラクダ群を指揮し、一隊の先頭に立って、その美声で並居る音楽の理解者達を魅了しながら導いていく者、ḥādin（先導者）がいた。批評の耳をもったラクダの聴衆を相手にするからには、ḥādin は美声の持ち主であらねばならなかった。ḥādin の美声がラクダ達をどれ程狂喜させるかは、アラビア、ペルシャの古典の著作物の中に夥多《あまた》の例を見出すことができる。

我々はここでその実例を三つ挙げて、その例証としてみていくことにしよう。最初はイスラームの宗教思想界の最高峰に位するガッザーリー（Al-Ghazzālī 1059~1111）、二番目はペルシャの三大詩人の一人として高名なサアディー（Saʿdī 1184頃~1291）、そして三番目は現代の学者で『アラブ民族における娯楽』の著者アッラーフ（al-ʿAllāf. ʿAbd al-Karīm）からそれぞれ引用したものである。

①ルカー（al-ruqā 護符）の名で知られるアブー・バクル・ムハンマッド（Abū Bakr Muḥammad Ibn Dāūd al-Dīnawarī）は語った：

かつて私が砂漠に旅していた時のこと、あるアラブの部族の一団に巡り会った。そのなかの一人が私を客として迎えてくれ、彼のテント khibāʾ の内に招いてくれた。テントの中に入った私はそこに黒人奴隷が枷 qaid をかけられているのを見出した。またテント bait の前には何頭かのラクダが死に絶え、そのなかの一頭生き残っているのすらも衰弱しきって nāḥil dhābil 今にも息絶えそうであった。その若者（黒人奴隷）が私に語りかけた。「あなたはここのお客さんだ。あなたは客としての権利をお持ちだ。どうかあたしのことで主人にとりなしをなさって下さいまし。主人は客に名誉を与える人ですから、この件 qadr に関してのあなたのとりなしを拒みはしないでしょう。そうしてきっとこの枷を取り外してくれるでしょうから」

アブー・バクルは語った：

　家の人達が馳走を運んできた。しかし私は食べるのを拒んで言った。「この奴隷のためにとりなしをし終わるまで、私には食べることはできません」。すると家の主人は「この奴隷はわしを素寒貧にしおって afqaranī、わしの身上を潰してしまったんじゃよ ahlaka jamīʿa mālī」と言った。私は「彼が何をしたのです」と尋ねると、主人は「やつは確かに素晴らしい声をしておる。だがそれが元凶となってしまったのですじゃ。わしはこれらのラクダの背の運ぶものによって生活をたてております。やつはラクダ達に重い荷物を乗せたのです。そしてあろうことか、ラクダ達にキャラバンソングを歌ってしまったのです kāna yaḥdū bihā。やつの歌の余りに上手なために min ṭayyib naghmatihi 三日行程の道程《みちのり》を一晩でやり遂げてしまったのですじゃ。だからラクダ達は荷をおろしてもらうと、このラクダ一匹を残して全部死んでしまったんじゃよ。だが仕方ない、あなたはわしの客人だ、あなたの栄誉に免じて許してやることにしましょう qad wahabthu laka（字義通りには、やつをあなたに差し上げることにしましょう）」。

アブー・バクルは語った：

　私は黒人奴隷の声を聞きたく思った。家の主人は、そこで翌朝になると、近くの井戸から水を運んで来た一匹のラクダにキャラバンソングを歌いかけるよう奴隷に命じた。彼が歌い始めて、声を張りあげた時、件《くだん》のラクダはそれを耳にすると、つなぎ縄を切って狂ったように駆け去ってしまった。……

（『ガッザーリー』Ⅱ二七三）

②あるヘジャーズへの旅（メッカ、メディナへの回教従の巡礼の旅）の折、信心深い若者の一行が私と仲よく行をともにしていた。彼らはしばしば口中私《ひそ》かに礼讃を繰り返し、聖句を口誦《くちずさ》むのであった。ここに托鉢僧のさまざまを否定し、彼らの苦悩のほどを知らぬ一隠者が我々と共に旅路を辿っていたが、ベニーヒラール（アラビアの一部族名）の棗《なつめ》椰子樹林に到着した際、色の黒い一少年がアラブ人の部落から現われて声高らかに歌い始めたので、空飛ぶ鳥もためにに舞い降りて来たが、例の隠者の駱駝もまたその歌声に躍り出し、隠者を振り落として砂漠の方へ馳せ去るを見た。私は言った。

「おお隠者よ！　あの歌声は獣をすらいたく感動させたが、其方《そなた》には何の変化も起こさせませぬか？」と。

「汝は朝の鶯が私に何と語ったかを知っているか、
汝はいったい何たる人か、愛を弁《わきま》えぬ！
駱駝もアラブの歌に法悦と歓喜の境にあるのに、
もし汝がこれを好まぬなら、汝は頑《かたくな》な獣にほかならぬ！」と。……

（『サアディー』一四四）

③先導者のサッラーム Sallām al-Hādī はアッバース朝時代の一アラビア人であるが、彼の hudā' は諺にもなっている。彼は（アッバース朝第二代）カリフ・マンスールに言った。「ラクダ追い共 al-jammālīn に命じて、ラクダの喉を渇かせておくよう、またその後でそうしたラクダを水飲み場に連れてゆくようにさせて下さい。そうすれば私が hudā' を歌いましょう。きっとラクダ達の頭を上げて見せますから」と。それに従って彼の言った通りにラクダ追い達は行動した。そこでサッラームはラジャズ調で次のように歌った (irtajaza)：

おー我が最愛の　バーンの木よ、
バグダードの岸辺に　育《お》いし汝《なれ》！
汝《な》が枝の上《え》で　さやぐ時
歓喜《よろこび》我を　満たし占む。
そのさわやかな　さわやぎで
想い出ずるは　ワジに住み
美調奏《かな》でる　かの婦人
彼女《かれ》歌いなば　我が駱駝
浮き足立つが　我が歌で
一層その歩を　早め行く。

するとその声を聞いた途端ラクダ共は一斉に頭を上げたではないか。：

（『アッラーフ』一〇七）

また、アッラーフは ḥudāʾ がラクダに与える影響について、さらに次のように記している。

ラクダは（ḥudāʾを耳にすると）その首を伸ばし、頭をもたげる。そしてその歩調をリズムに合わせ tanẓum khuṭwata-hā 旅の道を急いで行く（同書三）。
hādī（先導者）の歌声に耳傾けたラクダはその首を伸ばして、有頂天になった（tahīm）。疲れ taʿb や倦き malal は、その歌に影響されて活力を漲《みなぎ》らせているために感ずることもなく、積荷がどんなに重かろうがおかまいなしに maʿa thaql al-aḥmāl 定められた道をどんどん行くのだ tasruʿu fī sayri-hā（同書一〇六）。

歌の愛好家のなかには歌い手の裏声にしびれる人が多いと聞く。①、②の例から察するに、キャラバンソングに聴耳を立てていたラクダ達は、hādin（先導者）が声を甲高く張り上げる段階になると、人間と同様しびれてしまって自らの動作の制御が効かなくなる程に興奮の度を急激に増すように思われる。このように動物であれ、人間であれ、裏声とか甲高い声とかが聞き手に引き起こす情動の高揚はこの稿の主題であるキャラバンソングに限らず、これを元として派生した歌謡一般にもごく普通に見られる現象であって、それは更に言うならば、謡い物としての歌謡にとどまらず、歌謡性を帯びたもの、語り物ともいえるもの、例えばアザーン（adhān 礼拝呼集）の節回しのなかにも、またキラーア（qirā'ah クルアーンの読誦）のなかにも見られる技巧である。キラーアの場合、そのなかで最もゆっくり抑揚をつけて誦せられるタルティール（tartīl クルアーンの詠誦）において著しく観察できるもので、クッラー（qurrā' 単数 qārī' クルアーン読誦者）のかなでる高音でバイブレイトした節回しは、クルアーンの章句の聞かせどころでいかんなく発揮されている。

3　砂漠の特性との関連

アラビア歌謡によるキャラバンソング ḥudā' の地位は非常に大きい。その起こりは少し後に述べるとして、キャラバンソングが成立する過程でラクダがなにゆえにかくも音楽に敏感な耳を持っているのか、また ḥādin（先導者）の存在とその美声がなぜ必要かを、砂漠の持つ特徴、特にそのなかの静寂性にスポットをあてて考察してみることにしよう。

砂漠は砂原とは異なって相当な広がりを持っていなければ砂漠とは呼ばれない。アラビアにおいては巨大な砂漠が半島の大部分を被いつくす。北方のヌフード al-Nufūd 砂漠、南方のルブウ・ル・ハーリー al-Rubu'u al-khālī 砂漠、その両者を結ぶダフナー al-Dahnā' 砂漠、この三つの広大な砂漠を中心にさらに無数の小さな砂漠で成り立っている。このような砂漠の多くは砂砂《すな》漠である。広大な砂漠の砂丘の群れ、そしてそれを形成する音を吸い込む砂の大群。砂漠はまさに静寂そのものである。この静寂の只中を行くラクダ、隊商、hādin（先導者）はその静寂に埋没して、聞くものも見るものもないままに単調な旅をしていることになる。が、しかし実際そうなのであろうか。なるほど広大な砂漠を旅できるのも、確かに水なくして何日間も生きていられるラクダという舟があったればこそと言い得よう。しかし我々はもう一つのラクダの大切な機能を考慮の対象外に置いてはならない。

その一生を砂漠のなかで全うするがゆえに、静寂に慣れ、聞くものといえば己の砂を踏む音しかないラクダの耳は、それだけに他の音に敏感であった。特に歌声のように旋律をもった音に対しては反応が著しかった。しかもその声が美しいならば、さらにその反応が増した。彼の歩みは歌の律に自ずと歩調が合っていった。そしてその歌のあまりの上手さ、あるいは甲高い声の持つ情緒性はラクダの反応を前述の例に見た如く、恍惚とさせ、有頂天に導いてはその果てに動物的本能である生への執着心をも忘れさせる程であった。それ故ラクダが音楽に敏感な耳を持っているのは、彼がその生涯の大半を過ごす砂漠という環境の静寂性に帰することができよう。無論動物にはインドの蛇使いの笛に操られるコブラやダビデの美声に恍惚とされた小鳥達をその典型的な例として、概して音に関して反応する傾向がある。そしてラクダのように「砂漠の舟」たり得る家畜的動物があったならば、そうした動物の音の性向は砂漠的環境の影響を受けてさらに助長され、ラクダと同様な耳の持ち主となれたであろうことをも付言しておかなければならない。

砂漠という環境においてこれまでは静寂を通して人間の声がラクダの耳に与える面を見たが、今度は翻ってラクダが砂を踏む音が人間の耳にどう影響を与えるかを見てみよう。砂漠を旅するに、夜と昼とでは強烈なコントラストを示す。夜の旅は熱い夏に好まれ、月さえ出ていれば可能だ。冬の一、二か月を除けば砂漠の夜はさわやかで気持ちの良いものである。往時はこうした砂漠の一定の場所に集まっては歓談したり、宴を催したりした。そして恋の炎《ほむら》に燃える男女の群れは、夜のかもし出すロマンチックな雰囲気のなかで、密かなデートをその砂漠の一点に定めては、瞬時の逢う瀬を楽しんだ。こうした逢う瀬の刹那が育くむ情緒の絶頂は、自ら恋する者となって、誰にも見つからぬよう、砂に残る足跡を嘆かわしくも消してゆきながら、デートの場所近くの砂丘に身を伏せ、期待と焦躁に駆られながら、愛人を待つ詩人達、特にウマイヤ朝時に輩出し始めるガザル（恋愛）詩人達によって歌いこまれた。また夜、ベドウィン達がテントの前で焚火をたいて歓談を行なう集《つど》い SAMAR は、昼の仕事を終えた解放感と娯楽の欠如から必然的に生じたものであろうが、昼と比べものにならない夜のその空気の爽やかさを除いては考えられまい。そして夜の旅人は月と星を頼りにしては昼よりさらに深閑とした静《しじま》のなかに、歩をひたすら歩む。夜の旅は、昼のあの太陽の直射の連続や黄一色の環境とは全く対照的な、爽やかな風と空を見上げれば汚れない空の星の世界が随伴する。しかしながら夜の暗黒はアラビア人の信ずるジン（精霊）の世界である。大地の暗黒の中を、悍《おぞ》ましいジンの出没の恐怖におびえながら旅している。そしてジン達が好んで屯《たむ》ろする廃虚とか巨木、積み重ねられた石、ワジの一点などを通りすがる時の恐怖感は、さながら幽霊を迎える丑満《うしみ》つ時《どき》の如くである。こうした夜の旅人に砂丘の一つを上りきった折、はるか彼方にサマル（夜の集い）を行なっているか、または家畜番のともすベドウィンの灯が視界に入った時の旅人の喜びようは、昼の旅において強烈な日射に気が狂わんばかりとなって、狂気寸前の状態になっている旅人が、はるか彼方に緑を発見した時の喜びように匹敵するものである。

また昼の旅は四〇度を超す日光の陰り無い直射と砂漠の砂の照り返し、さらに砂そのものの熱さとが八方から熱攻めとなって旅人を襲う。しかも砂漠は黄色一色の単調さで、気の慰めとてない状態である。そうしたなかでの静寂さは強烈な日光の直射、環境の単調さと相まって旅人を狂おしいほどの極限状態に立たせる。砂漠を渡る旅人には絶えずこのような自己破滅の一歩前の極限状態にまで陥らせる危険を蔵していた。強烈な日光の直射の連続が、人間の条理の糸をいかに切断してしまうかは周知のようにカミュの『異邦人』を読むならば鮮明な描写を脳裡に描きえよう。（そして余談ではあるがこの『異邦人』の主人公が砂漠のなかと同様日光の直射の厳しい海辺で、殺害の動機を「太陽のせい」としてピストルで射殺した相手は、奇くも殺害者より日光の直射に強い、また正常な理性の持ち主であったアラビア人であった。それはともかくとして）太陽の直射に強いアラビア人においてさえ、その直射に長時間耐えることがいかに苦痛であるかは、迫害あるいは体罰の一手段としてそれが利用されていたことから想像できる。イスラームの最初期、未だヒジュラを行なっていない時期に、メッカの異教の有力階級に迫害される身分の低いムスリムや奴隷のムスリムの姿を見出すことであろう。「ムアッジン（礼拝呼集者）の祖」として後に崇められるビラール（Bilāl Ibn Rabāḥ d. 641）はその美声でアザーン（礼拝呼集）を高唱する栄ある地位に抜擢され、以後今日まで伝わるアザーンを確立して、嫌悪されていた歌、音楽をイスラームのなかに導入した立役者であったのであるが、彼を初めとする下層階級に属するイスラームの信徒達は、偶像崇拝を続ける有力階級の指揮の元にメッカ付近の砂漠の一番熱くなる場所（これをラムダーウ ramḍā' という）に連れ出され、熱砂の上に寝かせられ、更にその上から熱せられた大理石を重しとして体の上に置かれたのであった。水も与えられない彼らにとっては、砂漠の砂の熱さ、重しの石の熱さ、照りつける日射しの熱さ、のどの渇きから来る熱攻めを受けながら、よく知られる aḥadun aḥad！（神は唯一、唯一なるぞ！）のタウヒードの元句をただひたすら死も省みず誦え続けたのであった。それゆえこうした酷苦を乗り超えた信徒には、一生消えることのない迫害の傷が、体の至るところに見られたのであった。

これと同様なことは砂漠の昼の旅人にもいえるのである。状況は異なるが、彼らもまた極言すれば自らを迫害していることになる。たとえターバンを巻いて直射を頭脳に受けてはいないとしても、このような日射しを全身に受け、熱砂のなかを長時間来る日も来る日も旅する隊商は、旅の単調さ、砂漠の怖ろしいほどの静寂さ、陽炎《かげろう》や蜃気楼を伴うだけ、それだけ一層すさまじい黄色一色の砂地獄、冬を除いたらさえぎる雲一つない太陽のギラギラ照りつける日射しの絶え間ない攻撃、こうした迫害を受けているのである。一体彼らは、これらにどのように対処し、人間をよせつけない苛酷な自然を克服していたのであろうか。hudāʼが生まれ、発展していく過程を先走って結論づければ、ここにラクダの、砂漠を旅する人間に対する機能があった。砂漠を越えるを常とする隊商達がラクダを不可欠とする機能、砂漠をラクダの介在によって乗り越える機能があった。砂漠の静寂性はラクダの歩調が音としての慰めを人間に与え、人間がその歩調に合わせて歌を歌い、自らを、また音にさといラクダを慰め、苛酷と単調な砂の海を乗り切る働きをしている。ラクダの砂漠における機能は慰めのない旅人に歌をよびさます慰安のそれであった。これはラクダの、水なくして何日間も旅できる機能とは別な、旅人のメンタリティーにとっては大事な機能であることを忘れてはならない。果てしない砂の海、砂丘の波を渡ってゆく旅人（の船頭）、ラクダの砂を踏む音（櫓《ろ》音）、静《しじま》のなかで聞こえる音といえば砂漠の舟の櫓音だけであった。四つの足から発する踏音は二つ足とは異なって四つ足であるだけにリズミカルな、軽快でより音楽的な一定の律を乗り手の耳に響かせた。そしてその律は、ラクダを歩ませるテンポによって、異なった律を生み出すのであった。一定の律の継続は人間に何ら

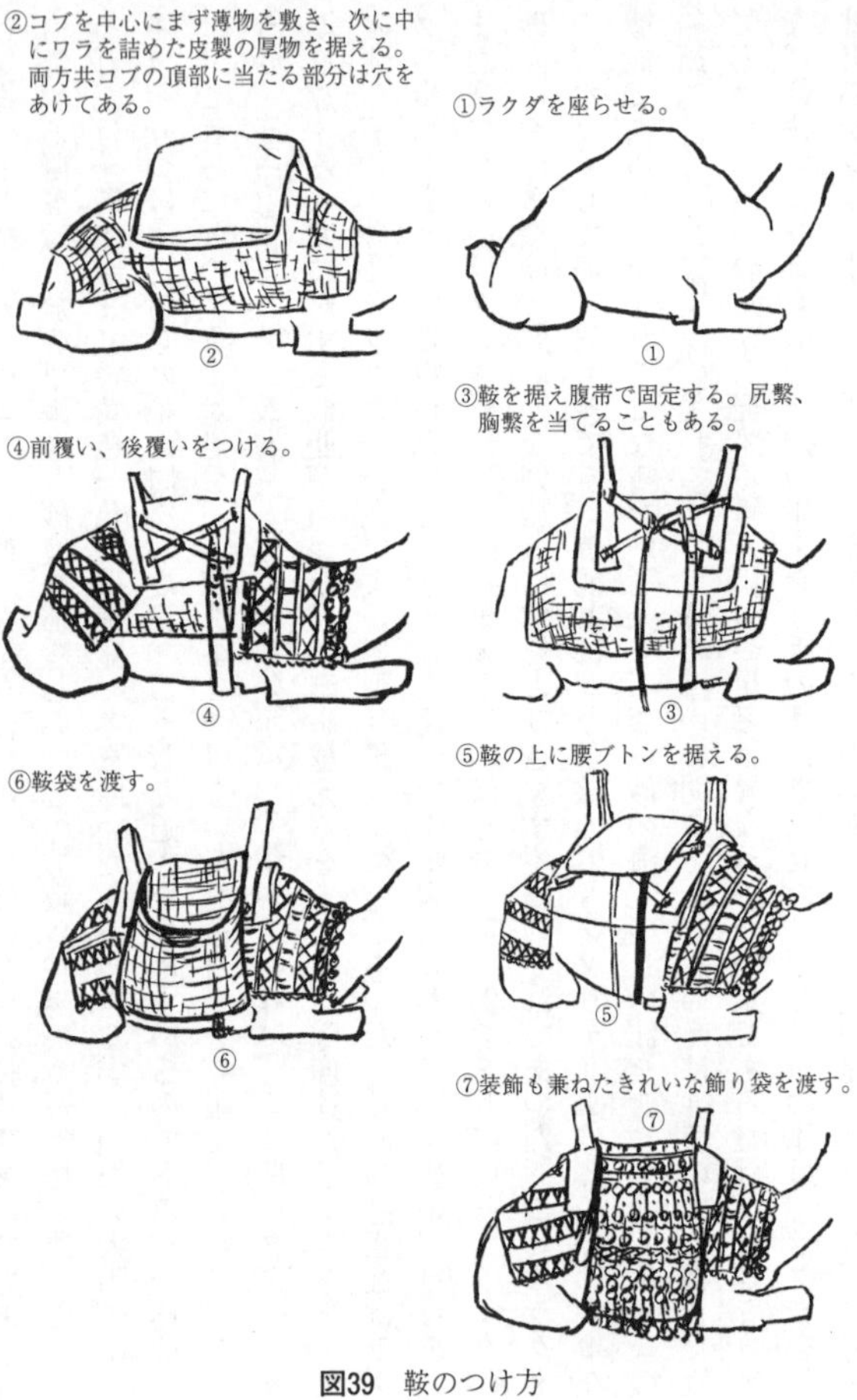
①ラクダを座らせる。
①
②コブを中心にまず薄物を敷き、次に中にワラを詰めた皮製の厚物を据える。両方共コブの頂部に当たる部分は穴をあけてある。
②
③鞍を据え腹帯で固定する。尻繋、胸繋を当てることもある。
③
④前覆い、後覆いをつける。
④
⑤鞍の上に腰ブトンを据える。
⑤
⑥鞍袋を渡す。
⑥
⑦装飾も兼ねたきれいな飾り袋を渡す。
⑦

図39　鞍のつけ方

の興をも起こさない筈は無かった。ましてラクダの背に揺られて旅する人間に、人間を寄せつけない砂漠の無味乾燥性とあの苛酷な日照りが、また夜には暗黒から来る恐怖が、いつもつきまとうことを考慮に入れておかなければならない。砂漠において夜昼変わらないのは、動かぬ砂丘とその静けさであった。静けさのなかにラクダの砂を踏む音だけが例えばタタンタタン、タタンタタンと一定の律で響いていたとする。その一定の律は、やがてラクダの上に乗る人間にとっても無意識のうちに一定の拍子となるであろう。ましてや、ラクダに乗ればすぐ気付くことであろうが、その歩調に合ったコブの揺れが乗り手をリズミカルに大きく前後に揺すり続けるから、人獣のリズムが両者の体内で一体化してしまう。単調な自然と、昼間ならば太陽の直射と夜ならば暗黒からの恐怖感とを主な原因として、遣る方なき理性はやがて慰め手となるものを本能的に求める。慰めの対象は最早、熱さあるいは恐怖と疲労とから深い思索を求めはしない。既に体の一部と化している一定の拍子に従って、情緒に訴えるものを発散し、理性の浄化を計るわけである。そこで彼らはその拍子に乗って歌い出すのである、あたかもストレス解消に肉体的運動が不可欠の生理的現象であるかの如くに。

4　ハーディー ḥādi（先導者）の技量

一旦経験されたラクダの拍子は、砂漠の旅に素晴らしい慰めを与えることとなった。時には低く柔らかく、そして時には体全体力を漲らせて甲高く歌う。歌は旅を続ける中途での気晴らしには最適のものとなった。ある場合には一人ずつ順次歌い継いだ。もっとも喜ばしいものは美声の持ち主に歌を歌ってもらってそれを聞くことであった。それはキャラバンの構成員の貴賤上下の区別なく、下は奴隷から上はカリフに到るまで共通する慰めであった。例えば「音楽は信仰心を浮《うわ》つかせるもの」と決めつけ嫌悪していた預言者ムハンマドその人も「旅行にある時はアナス（Anas Ibn Mālik）を伴ない、彼にいつも ḥudāʾ を歌わせていた」（『ガッザーリー』Ⅱ二七二、傍点は筆者が記した）。この引用と相前後する箇所のガッザーリーの記述は、預言者の時代には、既に ḥudāʾ が一般化し、アラブの慣習の一つとして定着していた証左となろう：

ラクダの背後で歌う al-ḥudāʾ は預言者の時代になっても、また教友の時代になっても（fī zamāni al-Ṣaḥābah）、アラブの習慣（の一つ）であり続けた。またアッバース朝第二代カリフ・マンスールはけちんぼ bukhul として有名であったが、スユーティー（al-Suyūṭī, al-Dīn 1445～1505）の伝えるマンスールのけち振りの一例の中に：

> 先導者 ḥādin のサルム Salm は彼（カリフ・マンスール）のラクダを導いていったことがあった。彼（マンスール）は（サルムのキャラバンソングに）余りに喜ばされた ṭariba ので、ラクダの乗りものから危く落ちそうになったほどであった。そこでカリフ

はサルムに半ディルハムを報酬として与えた。するとサルムは「あたしは（ウマイヤ朝カリフ）ヒシャーム様（のラクダ）も先導したことがございます。あのお方はあたしに一万ディルハム下さいました」と言った。するとカリフは「彼に公金 bait al-māl からそなたにそんなに与える権利があったと言うのか？ これ、ラビーラ（カリフの待従）、誰かを任命してこのサルムからその金をとりあげておきなさい」と言った。そしてそれを実行に移させたのは、カリフがサルムに無償で往復先導させた後のことであった。

（『カリフ史』二六七）

とあるように、娯楽好きなウマイヤ朝カリフ達のみならず、剛直で敬虔そのものであったアッバース朝初期のカリフ達ですら、砂漠の旅において聞くキャラバンソングを耳にしては心を鎮めておくことはできなかったのである。ラクダの歩むリズムに、歌のそれがマッチすればするほど、そして声を張り上げて歌う歌い手が美声であればあるだけ、砂漠で聞かれる歌は、貴賤上下の分け隔てなく、また教養の有無にかかわらず、聞き手の耳から脳に感応させ、躍動する身体の中に同化してゆくのである。キャラバンに先導者 hādin が伴なう理由は既に明らかになった如くに、経済的功利のみから考察され、律しきれるものでなく、それ以上の存在理由を彼らの美声に求めねばならないのを銘記せねばならないだろう。

翻って今度は常習化した hudāʾ がラクダにどう影響を与えるかみてみよう。即ち自分の歩調に合わせて生まれ出た歌に再び自分が受ける逆影響についてのことである。

厳しくそして単調な自然のなかで、そしてまた怖ろしいほど静まりかえった静寂のなかで、先導者のその美声が辺りに響き渡り、行を共にする旅人の一団を慰める。美声で歌われるキャラバンソングは、また同時に歌の理解を持つラクダにとっても、慰めとなっていたのである。ḥādin のキャラバンにおける常習定着化は、また砂漠中のキャラバンソングの常習化にもなった。即ち ḥādin の絶えざる存在は、砂漠の静のなかにおいて、いつもキャラバンソングが聴かれることを意味した。ラクダの耳に響いてくるキャラバンソングはやがて習慣化する。自分達が普通の速度で歩いていた調子を急ぎ足にしたり遅らせたりして変調すると、歌の調子そのものも変化することが分かってくる。この理解の透徹は頻度数に比例するものであった。逆に立場を ḥādin の方に移すと、いわば ḥudā' を道具的条件づけに用いて、ラクダ達に対してその歩みのテンポの変調を学ばせた。そしてその強化試行のくり返しによって、学習効果を序々に大きくしてゆき成功していった。一定の速度で歩いていたラクダ達を、キャラバンソングの律動を変えて歌うことによって、ラクダ達の歩調を変えることができるよう導いた。この転換は習慣付けとラクダの音に対する敏感さが大いに寄与した。ḥādin の歌うキャラバンソングのいつも聞かれること及び ḥādin の美声の聴覚に対する刺激がそれであった。かくしてラクダの歩調が初歩のキャラバンソングに対しては主体的であったのとは逆に、やがて従属的なものとなった。ラクダは ḥādin の歌うキャラバンソングの明瞭な律を聞き分けては、己の歩調をそれに合わせるのであった。キャラバンソングの律が、ラクダの歩調から元々生まれたものなので、その律に歩調を合わせることが容易であったことは言うまでもない。

5　実働から芸能、芸術へ

我々は今まで「ラクダの歩調」→「キャラバンソング」→「ラクダの歩みの変調」と順次考察してきた。結論づけて言うならば、ラクダの歩調はキャラバンソングの発展の過程では最初は主体的なもので、その一定の律に従属した形で歌が歌われていた。hādin の歌うキャラバンソングは、ラクダが歩むごく普通な歩みの律に従って、それも多様の律ではなくて、単純な律に従属した形で歌われていたと言えよう。この章の最後に触れるラジャズ rajaz という言葉は、このようなごく自然なラクダの歩みから編み出された用語で、歌謡の律動（iqā″ 複数 iqā″āt）及び詩の律動（″arūḍ 複数 a″ārīḍ）の数ある型の中での最初に誕生した最も単純な型だとされている。ごく普通な歩みを元として、旅を急ぐ場合とか、砂漠の砂の状態が非常に良いとかの場合には急ぎ足での歩みの一定の律も生まれた。これがサリーウ（sarī″u 急調）である。また砂漠の砂の状態が悪い場合とか旅を急ぐ必要の無い場合などは普通の歩みより遅い律が生まれた。これがタウィール（tawīl 長調）と呼ばれる律動の型である。律動の種類はラジャズから始まって次第にその数を増し、アッバース朝時代に韻律学（ʿilm al-ʿarūḍ）が確立される頃、一六にものぼる型の法則が確立される。そしてその中のハザジュ（hazaj 細震調）、ラマル（ramal 短調）を創始したムハンナス（女装）歌手トゥワイス（Ṭuwais. 632～710）、サキール（thaqīl 重調）を創始した歌手イブン・スライジュ（ibn Suraiju. 634～726）に関しては別にウマイヤ朝歌謡の稿のなかで触れねばならないが、こうした律に関しても少しく言及することになろう。律動の初歩の型はすべてラクダの歩む調べに関連づけられている。その歩調の一定の律動がキャラバンソングを形作っていった。キャラバンソングはやがてラクダ無くしても歌われるようになり、そこに漸時技巧が加えられ、高度の発達を歌謡の歴史のなかに促進してゆくことになる。歌謡史における歌のジャンルにルクバーニー rukbānī があり、これがラクダ無くして歌われる技巧化された ḥudāʾ を意味する。技巧化された ḥudāʾ 即ちルクバーニーはナスブ（一般歌謡）を形成してゆくことになる。

　歌謡史の流れを逆流させるならば上に述べてきた結論を次のように言うことができよう。初期のアラビア歌謡は総称してナスブ naṣb と呼ばれる。ナスブに属するさまざまな歌謡はすべて技巧化された ḥudāʾ（キャラバンソング）から派生したものである。これが ḥudāʾ とは別用語でルクバーニー rukbānī と呼ばれることは先にものべたが、ラクダをもはや伴なわない、それ独自で聴衆にサマーウ（samāʿ 聴くに耐えるもの）できるものであった。ルクバーニーは律に従属的な ḥudāʾ から発展したものであって、ḥudāʾ はラクダ無くしては歌えない、ラクダの歩調の一定の律が優先する段階であった。そしてこの ḥudā' を誕生させたのが一定の律を持ったラクダの歩調であった。ラクダの歩調が歌を生んだのは砂漠という環境の然らしむる結果であった。この環境は酷熱または暗黒地獄と乾燥無味な自然の合成物であり、その上に果てし無さから来る静寂さが加わる。そしてこの静寂さこそラクダの歩調を旅人の耳に印象づけ慰安を旅人に与える契機を作ったのであった。

6　キャラバンソングの起こり

一〇世紀のアッバース朝時代にマスウーディー Mas'ūdī という大歴史家が誕生し、彼はその代表作として『黄金の牧場』（murūj al-dhahab）と題される四巻本を残している。その中に ḥudā' のことの起こりを著わしているので、ここで彼の記述を分かり易く補いながら聞いてみることにしよう。この記述は本章の冒頭に掲げた方が順序としてより適《ふさ》わしかったように思われる。これまで述べきたった内容から ḥudā' そのものに関しての補足は重複となって不必要ゆえ、簡略に留めておこう。マスウーディーの『黄金の牧場』中の ḥudā' al-'arab の項は我々を伝説の時代深く導いていってくれる。預言者ムハンマド、第四代正統カリフ・アリー、アッバース朝を開いたアブドッラー等を輩出したハーシム家、第三代正統カリフ・ウスマーン及びウマイヤ朝を興したムアーウィアの属したウマイヤ家、第一代正統カリフ・アブー・バクルを生んだアドラム家、第二代カリフ・ウマルの属したアディー家、これらの諸家はクライシュ族に属していた。このクライシュ族こそアジア、アフリカ、ヨーロッパにまたがったまさしく驚天地を揺るがす歴史的大事業を成し遂げたアラビア半島のヒジャーズ地方に住む一種族であった。このクライシュ族が歴史の中に登場してくる遥か以前に、この種族を一支族として輩出してくる遥か昔に遡って、この種族の祖ムダル族の名を『黄金の牧場』の中に見出すわけである。このムダル族を興した族長ムダル・インブ・マアッド（Muḍar Ibn Maʿadd）は、ある時ラクダに乗って旅をしていたのであるが、ふとした拍子にラクダの背中から落ちて、手を挫いてしまった。その痛みにムダルは思わず声をあげた「yā yadāh yā yadāh（おー我が手よ！　おー我が手よ！）」。そしてこの叫びを持ち前の美声で張り上げ、ラクダを導いてゆくためにその歩みに合わせて、痛みを紛らわす手段として、またラクダを操ってゆく手段として、「yā hādiyā yā hādiyā yā yā yā yadāh 」と歌い継いで、旅を続けていったとのことである（『黄金の牧場』Ⅳ一三三）。この調子はラクダの歩みと調和した調べであったので、それからというもの、ラクダ追いや ḥādin 達によって、ラクダを導いてゆくための文句として用いられるようになっていった。即ち彼らは ḥādin としてラクダを導いてゆく時に、まずこの言葉を発して、ラクダの行動を一定の歩調にまで持ってゆく基準としたのだった：「ヤーハーディヤー、ヤー　ハーディヤー、ワ　ヤー　ヤダーフ、ヤー　ヤダーフ！」これはちょうど、日本における馬子が馬を操る時に発する「ドードー　ハイシ　ドードー！」と同じ類の囃し言葉であったのだろう。そしてこのムダルの一遇事は、ḥudāʾ の調子の基準となって伝誦され一般化していったと言われている。

マスウーディーの述べる如く、ムダルのアクシデントがキャラバンソングを生む源となったという伝説の当否はともかくとして、ラクダが家畜の一種として飼育され、既に述べたように砂漠の旅に用いられ始めた比較的初期の頃から、どんな原初的な形にせよ、キャラバンソングは存在していたと考えた方が妥当であろう。なお、伝説の霧のなかに生まれたこのラクダへの囃し言葉は現在に至っても生きている。と言うのは、筆者の経験とDickson の名著から、そのことがいえるからである。私的経験を述べさせていただくならば、春、夏、秋まで全く姿を見せなかったラクダが冬、それも新年になってから、突然ダフナー砂漠の東隅に姿を見せた。そしてベドウィンのテントが二、三、道路に少し離れた砂漠のなかに張られた。彼らのテントの周辺には、白黒まだらの山羊と羊が一〇から三〇匹、それにラクダが三から七、八頭放し飼いにされていた。道路を自動車で行く我々はこの連中によく邪魔された。羊や山羊は退くのが早いが、ラクダはそうでもない。筆者の耳の印象に残っているのは、こうしたラクダ達をベドウィンの少年が「ヤダー！ イヤダ！」「イヤダ！ ヤダー！」と路上から追い払っていた言葉である。筆者の耳には「イヤダ！ イヤダ！」(嫌だ！ 嫌だ！)と聞こえて何か因果めいた想像がちらついて仕様が無かった。幸いのことに、この「ヤダー！ ヤダー！」はクウェイト、及びサウジ・アラビアのベドウィンと生活して、その風土記的名著 The Arab of The Desert を残した H. R. P. Dickson の記述から、この掛け声が広くこの辺り一帯のラクダ用のそれだと分かった。彼は言っている(『ディクソン』四一四)「幾人《いくたり》かの、ラクダ達の動きを見守るために、ラクダに乗った者が存在することは全く必要のことであった。ラクダ共が水を飲みに行く時には、通常一人の男が雌ラクダに乗って、ラクダの一群に従がうよう呼びかけるのである。ラクダ共はその叫びを聴き分け、ゆっくり集まって来て、その呼ぶ者に追いつ離れつしながら従ってゆく。そのような時の先導者 leader の一般の叫び声は、“Ydoh Ydoh”,“Yah Yah” かまたは“Yohoh Yohoh” である。一人の先導者はこのようにしてラクダ一〇〇匹を操ることができるのである」と。即ち、筆者の耳にした「ヤダー!」の叱咤は dickson の記述中の「Ydoh!」と同音であり、さらに彼の「Yah!」も共に hudā' の淵源とされる「Yā Yadāh!」の表現が現在に至っても変わらずに用いられている証左となろう。また彼の記す「Yohoh!」は「Yā Yadāh!」が変形した表現と看做して差し支えなかろう。更に言及するならば、この「Yā Yadāh」の囃し言葉は「Yadāh」の表現が約《つづ》まった形で「ダウ Da'」とか「ダッウ Da'ww」とか、また「ダイ Day」とかの俗語のラクダの囃し言葉として使用されていると言われる。

7　キャラバンソングの内容

さて、それではキャラバンソングに歌われる内容について少しく言及しておこう。歌の内容は詩の内容、特に長詩 qaṣīdah の節 qiṭʿah と同様になってしまうのであるが、大きく分けて自然、動物、愛がテーマとなった。そしてそれに用いられる詩型は、ラクダを駆ってゆく関係上、冒頭の引用の如くに命令形で行進曲風な出だしで始まるのが多い。そして詩行 bait は大旨、長詩 qaṣīdah のそれ程長くはなく、短か目であることと、脚韻が早めに開かれるために、どちらかと言えば軽妙さが耳に残るものが多い。自然が対象とされるのは空の雲や月、付近の山やワジ、オアシス等であり、また通りがかりの廃墟や、また愛nasib のテーマとも関連するのであるが、かつて恋人のテントが張られていた場所及びテント用のくいや火を焚いた石の残存物 aṭlāl であった。自然を歌う場合は、難儀の砂漠の旅を早く目的地に着きたい願望から歌い出すのもあれば、熱い日射を一時しのぎにも避けたい欲求から歌い出すのもあった。動物が対象とされるのは恋人の比喩に欠かすことのできないガゼル、こよなき砂漠の友ラクダ、夜明け方どこともなく鳴き声が聞かれる小鳥等であった。キャラバンソングに歌われる恋歌は、多くは自分の恋愛を他人に仮託して、歌うのがほとんどであった。というのはウマイヤ朝になってそうした風習は、あからさまの叙述によって廃絶されることになるが、少なくともウマイヤ朝初期までは「恋愛関係にある者がその関係を世間に明らかにしてしまうと結ばれることはできない」という風習があったからである。それゆえ恋人が詩人であって、自分達の関係を詩に歌ってしまうと、それはたちまち世間に拡まってしまって、二人の間は裂かれてしまうことになった。彼らはたとえ詩人でなくても、詩的資質はインシャード（inshād, 詩の朗唱）の愛好と相まって多くの者が持っていたため、また風土の影響から熱情的人間であるために詩に歌ってしまうことがしばしば見られた。マジュヌーン・ライラをその典型として、このような悲恋が往時のアラビア社会には夥多《あまた》見られたのであった。それゆえキャラバンソングで恋愛を歌うにしても、ḥādin やその他歌う者は、自分の恋愛を歌うにしても、恋人の名や地名などには特に注意して、他の名前や伝説的人物、公《おおやけ》となってしまった人物の名を借用して歌うのが常であった。こうした危険を蔵しているにもかかわらず、歌う者も聴く者も、キャラバンソングのなかのテーマの中で愛を最も好んだのであった。なぜなら恋を想像裡に描くことは、それが本人にとって現在進行中であっても、過去のものとなってしまっても、またたとえプラトニックなものであったとしても、情動を激しく揺すって、苛酷な現実界を遠ざけ、別世界に遊ぶに最もふさわしい対象であったからである。このようにキャラバンソングの歌われるテーマに限ってみれば、それがどのようなものであるにせよ、砂漠の焦熱または暗黒地獄と環境の単調さから逃れるための慰安が主たる目的であったことを忘れてはならない。

8　催馬楽《サイバラ》との共通性

いで我が駒／早く行き越せ
待乳山《まつち》／あはれ待乳山、
はれ待乳山／待つらん人を、
行きてはや／あはれ、行きてはや見む。
（『古代歌謡集』三八〇）

（本）東屋《あずまや》の／真屋《まや》のあまりの／その雨そそぎ
我立ち濡れぬ／殿戸《とのと》開かせ。
（末）鎹《かすがい》も／錠《とざし》もあらばこそ／その殿戸
我鎖《さ》さめ／おし開いて来ませ／我や人妻。
（『古代歌謡集』三八四）

ḥudā の一節を古語で歌いあげた詩……と思われるかも知れない。実は日本の古代歌謡のなかから「我駒」と題される歌謡を挙げたものなのだが、先のḥudāの内容と類似していることに興味を憶えよう。それもそのはずで、この「我駒」と題される歌謡は上代歌謡の内の六十一首現存する催馬楽と称されるもののうちの初めに掲げられている歌であり、この催馬楽が馬を追ってゆく調子に起源を持つことを知るからである。ラクダを追ってゆく調子として生まれたḥudāとこれとを考え合わせて、時間的、空間的ワクを越えて存在する動物を介しての民族共通の心といったものを知る思いがする。もとより催馬楽の知識を筆者は持ち合わせてはいないが、キャラバンソングとのかかわりから、その概要だけでもここに記しておくことは無益ではなかろう。この催馬楽はその起こりとして諸説あるが、その中の一説に朝廷に貢物を運搬する馬を催すために謡われたものとされる有力説がある。そして歌として発展し、奈良時代には民謡として親しまれ、博奕《ばくち》のことを歌ったり、世を諷刺したり、人を嘲笑したりして、いわば民衆の叫びといったものを本末の節に分けて表現していた。そしてこうして発展してきた民謡としての催馬楽を、平安貴族達が、ちょうど漢詩にあき足らずに和歌に赴いたように、唐楽に飽き足らずして古来の民謡にその情趣を移して「から心」的思惟に更《か》えて、「やまと心」的思惟を育てあげ、遊宴のための歌謡の域にまでみがきあげていったのであった。我々の知る源氏物語のなかに見られる催馬楽は、もちろんこのような貴族の表現や意志伝達の一手段として、より洗練され高度に活用された段階を示すものである。平安貴族の風流な生活のなかに溶け込んでいった催馬楽にはもとより原曲の野趣や民間的地方的特色は自然となくなったが、より高次な段階で愛され発展していったのであった。

大まかではあるがこのような概要を持つ催馬楽と、アラビアのḥudāとは両者の起源、歌謡としての発展、貴族との関連と新たな発展等の比較が可能であろう。この両者に類似する文化要素は先にも述べた「ヤー・ヤダーハ」と「ハイシ・ドー・ドー」に見られるラクダ及び馬を行動にかり立てる際の掛け声の連関の中に見出せようし、さらにその具体的例証を「ラクダが頑として動かなくなった時、ダウダウ（daʿ daʿ）！　と掛け声をかけられ勇気づけられる」（『ムスリム研究』Ⅰ二四〇）との記述のなかに見られる。このラクダへの掛け声は我が国の馬への囃し言葉と全く同じである。

　引用したGoldziherの件りはイスラムの出現に伴って改変せられようとしたジャーヒリーヤ時代の慣用句の一例である。即ち本文中の如くになったラクダに対しては〝ダウ！　ダウ！　daʿū daʿū〟というような（汚ならしい？　あるいは自力本願な?）表現をせずに、新たな力を与えるよう神に祈願するような表現方法に改めるべきだという文脈である。しかし、こうした習慣的な言い回しが突如として消えるものでもない。この「ダウ」に類するラクダに対する囃し言葉は、はるかに時代を下っても、ベドウィンの風習のなかやメッカ巡礼の折のラクダ行の巡礼者の掛け声のなかにも見出すことができるからである。掛け声は慣用的に用いられて語源が忘れ去られるようになると、擬声語、擬態語の類と同じく、少し異なった表現及びそれに伴なう表記をされることがある。ダウ「daʿ」は「daw」と表記がʿaynからwawになったり、「daww」とwawを促音便にしたり、また「day」とʿaynをyāに変えて表記されるようになった。アラビア文化の造詣が深く、その蘊蓄《うんちく》をLexiconに傾けたWilliam Laneに従って上の項目を追えば次のようになる。

「daʿ」：記述なし。

「daw」及び「daww」:「daww」を地域的意義に介し、そこを通過する際「daw daw」と呼ぶと記している。即ち:『daww はペルシャ語(起源)の言葉である daww(広大な砂漠地の義)を横切ろうとする者は同行者に向かって daw daw〝急げ急げ!〟と呼びかける如くに用いられる。あるいは次の如く言うものもある。夜間四日行程の広がりを持ち、バスラとメッカの間に在り、星を頼りに横断する空漠とした楯状の地域で、その中に入ったら道を失なう恐れがあるような所、そのような地域が al-daww と名付けられていた。この理由は、ペルシャ人がその地域を横断する際に、daw daw と口に出しながら同行者相互を急がせたからである。

(『レキシコン』Ⅲ九二八)

「day」:Lane の記述としては、彼一流の面白さがあるが聞きかじりと言ったところか、次のようである:『hudā' は砂漠のアラブが彼の若者、又は少年を打擲し、その指を嚙付いたことより起った。嚙付かれた者はそこで、yā yadayya (oh my two hands!)を意味する day day を叫びながら、先へ進んでいった。そしてラクダ達も彼の泣き声に合せて歩んでいった。それ故その若者の主人は若者にそれを続けるよう命じた。

(同書Ⅱ五三二)

右の引用、特に day の引用から明らかなように、Lane はラクダに対する掛け声に関することが古くマスウーディーの著書に記されており、それが定説化されているのを、流石の彼も知らなかったようだ。本文中の Goldziher のダウの表記は多分「daw」か「day」の方が正しかろう。そして、「day」は「yā yadāh」から由来したことが明らかになった。なぜなら、Lane の記す「day」の原型「yā yadayya は詩的（あるいは歌謡的）表現をとる場合には韻律の考慮から yā yadāh と表記されるからである。「daw」に関しては筆者は「daww」との関連よりも「day」の転訛と解したい。以上のように「ドー」と類似した「ダウ」という馬とラクダの類似文化要素を探ってみても「ダウ」だけの初歩的な調べでこれだけのことが言えた。馬の「ハイシ」や「ドー」と囃し言葉を探っても、少なくとも右と同じくらいの知識は引き出せようし、そうした引き出したものからラクダの「ダウ」との比較もそれ以上に深く探ることができよう。こうした幾つかの文化要素の集合した複合物である ḥudā' と催馬楽の比較研究も更に可能であるはずである。

9　詩の韻律型式への発展

この馬及びラクダという動物を介しての歌謡的文化要素の比較は後の研究を待つとして、最後に我々は ḥudā' が、歌謡史、文学史のなかでどのように発展していくのかを概見してこの章を閉じることにしよう。

定型化した ḥudā' は歌謡の分野と詩の分野とを生み出す淵源としての機能を果たすこと

になった。詩の分野では先にも見た如く、数ある律動（ʿarūḍ 複 aʿārīḍ）のうちの最も単純なラジャズ rajaz の形式を生み出し、後の長詩 qaṣīdah の韻律の原型を形づくることになった。◡を短音節、—を長音節として表記するならばラジャズの律は一般的には、

— ◡ — — ◡ — — ◡ —
◡ ◡ ◡ ◡

となる。この例比として他の律を示せば、ラジャズから派生した一五の律の内、タウィール（長調）は、

◡ — — ◡ — — — ◡ — — ◡ — ◡ —
◡ ◡ ◡

となる。

またサリーウ（急調）は、

— — ◡ — — — — ◡ — — — ◡ —
◡ ◡

となる。アラビア詩のすべてはラジャズを始めとする一六種の律のどれかを用いて作詩せられている。これらの三つの律のパターンはもちろん、ごく基本的なそれであって、同じ律でありながら少し異なる音節をもった変形律も当然あり得る。しかしながらイスラム期に入る前のジャーヒリーヤの古い時代から、すべてこの一六種があったわけではない。歴史の流れのなかで、詩人あるいは歌謡人が、ジンの助けを借りてか、借りずしてか、ふとした機会にか、努力の果てにか、ある律を創造し、確立し、拡めていったのであった。いずれ詳しく考察せねばならないであろうが、ジャーヒリーヤ時代の詩人の、ウマイヤ朝時代の歌謡人の、それぞれの草創発展期にそうして創り出された律に関する記述を見るであ

ろう。ジャーヒリーヤ時代だけを例にとってみても、歌姫（単 qainah 複 qiyān）達の歌、アンタラ（ʿAntarah Ibn Shaddād）を始めとする酒豪の詩人達の酒ほがい歌（ḥamari-yyah）、ハープ片手にアラビア半島を吟遊して生涯を送ったアーシャー（al-Aʿshā Maymūn d.ca.629）等の吟遊詩人達の詩歌などはこうした律の問題に深く関与しているのである。

ḥudāʾ を元として生まれたラジャズは、詩の分野では律の原型となったばかりではない。韻 qāfiyah においてもそのモデルとなった。アラビア詩は西洋詩、漢詩と同様脚韻を踏む。即ち、各句の最後を同じ韻で統一している。アラビア詩は、一首 shiʿr が短くて三、四句から、長い場合には百余に及ぶ連続した句、または行 bait で構成され、一句、または一行は半句 miṣrāʿ 二つから成り立っている。そして韻は各句の末字に踏まれる。しかしながらこれを元に誕生した詩型、即ちジャーヒリーヤに誕生したカシーダ（長詩）及びウマイヤ朝初期に誕生したガザル（恋愛詩）には、各句の末字だけでなく、初句の両半句にも脚韻を踏むことが原則となっている。このことはラジャズが韻の面でアラビア詩の発展を系統づけていることの証明となろう。ラジャズの詩型は、それから派生していく他の詩型と異なり、半句のない句の連続であって、各句に脚韻を踏むという簡単な形式なのである。換言するならば半句に分かれておらず、しかも比較的短かい句から成り立ち、各句の末字に韻を踏むのがラジャズの詩型であった。これがアラビア詩の原型であった。ラジャズか

〔表1〕

ラジャズ ┈┈┈┈┈┈┈┈┈┈┈┈┈┈┈┈┈┈┈┈▶		カシーダ
A――――――y	A――y　B――y	B――――y　――――y
B――――――y	C――y　D――y	D――――　――――y
C――――――y	E――y　F――y	F――――　――――y
D――――――y	⋮　　⋮	⋮　　⋮
⋮　　⋮		
すべてバイト(句) yは脚韻文字	バイトの並列化 ミスラー(半句)化	ミスラーの成立 前半句は後半句の中に解消

らカシーダへの移行にはラジャズの元型が生かされて、詩型自体一句が両半句に分かたれるにもかかわらず、その初句の両半句が韻を踏んでいる。即ちラジャズからカシーダ詩型の確立を追うならば、筆者の思うに、ラジャズの一句は二句で一句を形成するようになり、それが半句 miṣrāʿ と呼ばれるようになる。やがて半句の韻のうち、一句であったものが半句になったための重要性の欠如、即ち一句自体に全体の意味を持たせるため、半句は一句の従属的地位になったこと、韻といえば脚韻を意味することから分かるように、一句の最後を重視するために中途の半句の切れ目は不必要になった。そのことのために前半句の脚韻は漸時考慮の対象外となり、詩作法から除外されていった。そしてラジャズの名残りを初句だけに残し、脚韻をその両半句に踏んで成り立った詩型がカシーダであると言い得よう。分かり易く図示するならば〔表1〕の如くになろう：ＡＢＣのアルファベットはラジャズの詩行数を表わし、ｙは rawī（脚韻文字）を

表わす。

カシーダ詩型は西暦五世紀頃から既にその存在を見せ、以後現代に至るまで常にアラビア文学の王者の道を歩んできた。ウマイヤ時代には恋愛を歌う主題が独立してガザル詩を生んだ。またアッバース朝初期には散文の方からアダブ（教養）文学の挑戦を受けた。またアッバース朝末期には、詩と散文を巧みに混淆したマカーマ文学の隆盛に主導権を奪われそうにもなった。また近代においては、詩の分野に限ってみても、自由詩 shi'r ḥurr や無韻詩 shi'r mursal また散文詩 shi'r manthūr に対抗されてきてもいる。しかしながら幾多の窮地に陥りはしたが、文学者が目指す目標は常にこのカシーダなのであり、たとえ散文家にせよ、彼らの目指す押韻散文（サジュー）のマスターは詩の作法の習得と軌を一つにし、それと切り離すことができるものではなかった。

10　アラビア歌謡への発展

歌謡の分野では ḥudā' の誕生と共に生まれ、成長していく歌謡は、ペルシャやビザンチンの外来要素を加味してジャーヒリーヤ（イスラム以前）時代に初期の発展を見た。イスラーム勃興期には宗教の戒律の厳しさゆえに発展の歩みを止めるが、ウマイヤ朝の成立する前後から貴族富裕階級、支配階級の保護を受けて、急速な発展を示し、ウマイヤ朝中期には既に「歌謡の四大名歌手」を生み出すに至った。貴族達もまた、日本の平安貴族が庶民の民謡にすぎなかった催馬楽を至芸化して日常的風流さのなかに溶け込ませていったように、歌謡の発展と歌手の保護育成を計った。古い時代から存在し歌を専らとしていたカイナ（歌姫）達、彼女らを模して「女形」の風体をして歌謡界にデビューしたムハンナス達、ムハンナスを踏み台にして登場した本格的男性歌手達。このような歌謡人の急激な増加と彼らの歌の発展ぶりは、ヒジャーズ貴族の介在なくしてはおよそ不可能であった。アッバース朝になると、『千一夜物語』に見られるように、特別な行事だけでなく日常的行為習慣のなかに一層溶け込んでいく。歌謡への趣向が、もはや貴賤上下の隔《へだ》りなく、万人の共有するものとなり、層の厚さは今までにないほど広く深くなった。アッバース朝中期のギリシャ科学の導入は、楽理論をアラビア歌謡のなかに持ち込み、一層の緻密さを見せていくのである。

ḥudā' は聞くに耐えるもの（al-samā' ＝音楽）の最初のものとなった。また歌の技巧の一種である反復畳句 al-tarjī' 即ち一句または半句を二度または三度くり返して歌う技巧法の元ともなった。そしてこのラクダ追いの歌 ḥudā' はまず女達が死者を弔って寄り集《つど》っては共に泣いて歌う泣き歌 bukā' を生み、それから悲歌 nauḥ を派生させ、水運び歌、船頭歌、機織《はたおり》の歌、酒ほがい歌、子守歌、童歌等の原形となって、それら多様な歌を発展させていった。また歌の型（jins または wajh）として定形化され、歌謡の専門用語では al-rukbānī と呼称された理論用語となり、歌の形式 naṣb を構成するものとなっていく。このnaṣbは古代においては音楽すべてを含んだ歌の意味に用いられていた。そして構成物として、上に挙げた悲歌を始めとする内容から分類した歌謡を持っていた。そしてジャーヒリーヤ末期からイスラム初期の頃naṣbという用語に代わって、次第に歌、音楽一般を意味するghināʾという用語が用いられるようになる。

面白いことに、このnaṣbの廃語化とそれに代わるghināʾの一般化は、イスラーム教徒の最も憎悪する人物によってなされたのであった。というのは、ムハンマドがアッラーの固く厳しい教えを、メッカの民に表現技法も拙なく訥々《とつとつ》と説き聞かせていたのに対して、この同じメッカの民にウードを伴奏として、娯楽的物語を歌にして言葉巧みに語り聞かせて人気を博している人物がいた。この人物に対しての嫉妬と彼の語る異教的内容とから、悔しさの余りムハンマドは『クルアーン』の中にまで彼を呪いこめてしまった(『クルアーン』三一章五〜六節を参照のこと)。このためにイスラムが宗教として発展していくにつれ、『クルアーン』も聖典として動かないものになっていったものであるから、ムハンマドに悔しまれ、聖典中に中傷されてしまったこの人物は、一個人の私怨に止まらずに、時代や地域をすべて含んだ全イスラム教徒の嫌悪さるべき代表人物になり果ててしまったのである。そして我々は、この人物が歴史の分野ではムハンマドとの上のような文脈でしか登場できない全くのとるにたらない人物であるのに、こと芸術の分野では欠かすことのできない、まさにエポックメイキング的重要さで評価されねばならない矛盾に突き当たるわけである。この人物はNaḍr Ibn al-Ḥārithというのであるが、彼によってアラビア歌謡は、Naṣbの段階からより高度のghināʾの段階へ進むことになる。彼の人柄、歌謡への業績は、ジャーヒリーヤ時代または預言者・正統カリフ時代の歌謡に言及する際には必然的に触れることになろう、そして真に大きなスペースを割かねばならないはずである。

アラビア音楽の音階は、一オクターブのなかに成立の当初から現代の西欧のそれより二律多い九律の音が含まれ、一〇世紀以後にはウードを楽論の尺度とし、記譜法の発達と相まって、さらに一七律に増加される。それゆえ西欧の音楽より遥かに細かな微妙な旋律を表現するのが可能であったし、事実それがアラビア音楽を特色づける一特徴とされている。

このような跡づけをみてきたhudāʾの存在は、あたかも果てし無き砂漠のただ中にラクダ無くしては足を踏み入れて行くことができないように、太古の時代から果てし無く続くアラビア歌謡の歴史という砂漠のなかに、その存在なくしては前進の歩みを続けることができなかったことを思わないわけにはいかないであろう。そして「アラビア」といえば「砂漠的風土」が直感的に想像される。それと同じように、「アラビア歌謡」といえば、「hudāʾ」がまず直感の世界に浮かび、それが砂漠的風土と結びつく時、こうした二重映しの交じわる脳裏の焦点には、一層明確な絵画的輪郭を持ったラクダ図像が形づくられてはいないだろうか。

第19章　ラクダに据える――ラクダ鞍の考察

1　鞍について

我が国では、牛馬は乗用に駄載用に使役されていたことにより、乗用鞍、荷鞍ともに利用されていた。鞍は材として「木」が主体なので我が国の鞍の技術も高く、乗用鞍のうちハレ儀式用の鞍などは極めて芸術的であって、黒うるし地に螺鈿《らでん》や蒔絵《まきえ》で紋様を入れたもの、金覆輪、銀覆輪のものなどその遺産は今でも近くの博物館に陳列されているのを見ることができる。

我が国で鞍といった場合、馬具の一種として馬との関連で理解され、分類されることが多いが、もっと多様に「乗用」「荷駄用」家畜を身近に持つ文化圏では「鞍」は必ずしも馬具としてだけではない。否、馬具は単にその一種にすぎないのである。アラブ文化圏の場合を考えてみよう。ラクダ、ロバ、ラバ、馬、牛、水牛等多様である。動物の体型に応じて、それぞれの鞍が古くから作られており、その利用が文化の特徴を築いてさえいる。ここでは、アラブ文化とは切っても切れない近密な関係にあるラクダ、しかもアラブ文化をもっとも特色付けているラクダ、その鞍について考えてみたい。「鞍」は駄獣の背に据えられるものである。ところがその背にはラクダの場合コブが存在する。このコブの存在は、ラクダの鞍の利用法及び鞍の形態を他の家畜のものと異ならせているわけであり、この点まことにユニークな「鞍」といえよう。以下の考察は「鞍」と包括されるなかでも、鞍の骨格、即ち「鞍橋」のみに視点をしぼることにする。そして鞍橋に付属する「敷物」、それには鞍ずれをして乗っているラクダの背や腹を傷めないための「鞍敷」、鞍の上に何枚も動物毛の布をかけて乗る者の足腰を保護する「鞍覆い」、それに鞍の上下に大きな袋をぶら下げて携帯用具や食糧を入れる「鞍袋」については、多種多様にラクダ文化を色付けしてそれなりに一稿が出来上がってしまうので、別の稿に譲りたい。なお、鞍袋に関しては、次章に考察してあるので、そこを参照されたい。

2 「馬鞍」について

ラクダの鞍の名称とその文化については第4節以降で詳しく触れるとして、ここではラクダ用以外の鞍について言及しておこう。まず我々がよく知っている「馬」用の鞍であるが、これを原語ではサルジュ sarj という。現今では自動車の発達により、ラクダの需要が減り、町中でラクダを見かけることさえ稀になってしまった。その結果でもあろうか、ラクダ鞍の名称を原地の町の住民に聞いても分からなくなってしまっている。仕方なくという、かろうじて分かってもらえる、と補足的に説明すると、「ラクダ用のサルジュ」だと補足的に説明すると、かろうじて分かってもらえる、というこんな時代になってしまった。サルジュは「馬鞍」であって決して「ラクダ鞍」の意味はなかったのである。サルジュに関係する言葉としてアスラジャ asraja があり、それは「鞍を置く」の意味であり、例えばアスラジャ・ダーッバタ・フ（彼は自分のダーッバに鞍を置いた）というように用いる。ダーッバとは、「乗用とする動物」の義で、ロバでもラバでも、あるいはラクダでも良いわけであるが、アスラジャに規定されて必然的にファラス faras 即ち「馬」に限定されるわけである。鞍がつけられ、いつでも飛び乗って駆けていける馬のことをムスラジュ musraj というが、これも「サルジュを据えられたダーッバ」が直接の意味である。

乗用、荷駄用、労役用と使い分けされる動物が存在する文化圏では、必ずそれに要する道具を作る職人がいるものである。我が国に馴染みの馬具にしてみたところで、本稿で扱っている「鞍」のみでなく、鐙（あぶみ）もあれば、面繫（おもがい）、胸繫（むながい）、尻繫（しりがい）、手綱（たずな）、腹帯などがあり、それぞれに職人がいて上質なものを作ろうとして競ったものである。こうした馬具一式の中でも、特に大事で、創意工夫が施されるのが鞍であり、その意味でも鞍職人はその中心的位置を占めていた。アラブでは馬鞍を作る技術のことをシラージャ sirājah といい、「鞍職人」、日本語の専門用語では「鞍打ち」、のことをサッラージュ sarrāj と言っている。日本では鞍打ちの名家は既に室町時代に輩出しており、「伊勢流」「井関流」「辻流」などが知られているが、アラブでも特に宮廷に関係し、しかも狩が盛んであった地域ではこのようなサッラージュ（鞍打ち）の名家は、資料を渉猟すれば必ずや見出され、こうした文化の側面も明らかになるはずである。名家ではないにしても、例えば、父親が「鞍打ち」であったためにイブン・サッラージュ（鞍打ちの息子）という名で有名になった人物がいた。歴史の資料をひもとけば、例えば一番有名なイブン・サッラージュは本名をムハンマッド・イブン・アル・サーリーといって、言語学者、詩人としてバクダードで活躍し、西暦九二九年に亡くなっている。彼は父親の仕事からラクダについてはよく知っていたのであろう、『ラクダの本』も著わしているし、『クッラー（クルアーン読誦者達）を魅了するもの』というような著作も残している。この人物の有名な逸話として、アルファベットのラ行rの発音が上手にできずにガイン/gh/に近いために、口述筆記する書記や弟子達を困らせた、といったエピソードが伝わっている。また「小型の馬鞍」を意味するスライジュを名前に持つ人物も歴史上に多いが、これらの人々もまた「鞍打ち」を職としながらか、ないしは祖先から父まで伝わる職としながらか、いずれにせよ馬鞍と何らかの関係を持った人達なのであろう。イブン・スライジュとして高名を馳せた人物は、メッカで歌手として活躍しウマイヤ朝の四大名歌手としてうたわれたウバイドッラー（西暦七一六年歿）、クルアーン読みとして名高かったユーヌス（八四九年歿）、シーラーズでシャーフィイー派法学者として有名であったアフマッド（九一八年歿）、一〇世紀にキリスト教徒からムスリムに改宗して税制度に名を挙げたアブー・ヤフヤー・ウバイドッラー等がいる。

3　ロバ、ラバの鞍について

既述の「馬」鞍、ここで述べる「ロバ」「ラバ」の鞍、次節以降で述べる「ラクダ」鞍という名称があるのに、「牛」鞍を示す特称の存在がアラビア語にはない。このこと自体、牛とアラブとの日常的接触が他の動物に比す程、最近までは強くまた深くなかったことを示す一証左となろう。

さて、ロバ及びラバの背中に据えられる鞍を特に指示するアラビア語は二種ある。一つはバルザア bardha″a またはバルダア barda″a である。この言葉はラバ用にではなく「ロバ鞍」として一般化しており、麦わらを詰めて作られる「鞍」のことをいい、こうした鞍を専門に作る「鞍打ち」のことはバルザイー bardha″ī またはその複数形を用いたバラーズィイー barādhi″ī ともいっている。

バルザアを作ることを職業としていた人、または祖先にそういう人を持っていた人で、バルザイーという名で有名になった者もいる。例えばムハンマド・イブン・アブドッラー（九六二年歿）は、スンニーの中でも異端派のハワーリジュ派法学者として有名であったし、またハナフィー派学者でイラクの指導的地位にあり、九三〇年メッカ巡礼の折、カアバ神殿を襲って巡礼者達を殺りくしたカルマット派の暴挙の犠牲となって悲劇的な死をとげたアフマッド・イブン・フサインもまたバルザイーという名で知られていた。ただし、イランの北西アゼルバイジャン地方に同じ綴りの地名があり、そこの出身の場合もある(『諸国誌』I三七九)。ムウタズィラ神学で名をはせたアブー・ハサン・イブン・ウマルは後者の例とされている。

ラバは雄ロバと雌馬の掛け合わせであり、両者の利点を兼備しているのであるが、一代限りということとやはり相対的に数が少ないことから、アラブでは、地域的にはともかくとして、ロバほどポピュラーな動物ではなかった。こうした背景も手伝ってか、「ラバ鞍」をも指示しながらも、より親しみ易く「ロバ鞍」として一般化しているもう一つの特称はイカーフ ikāf である。イカーフはところによってはウカーフとも、ウィカーフとも呼ばれる。ロバは鞭で打ったり足で蹴らないと動こうとしない、性来はどん欲で怠けものである。餌を与えられなかったり、飢えを感ずると「ロバ鞍」を食い破って中の詰め物としておいた麦わらを食べてしまうこともよくあった。

「我らに痩せたロバありき
　そのロバ毎夜イカーフを
　　食べては食欲《うえ》を満たしたり!」

とはラジャズ調の一句であるが、イジャーフ（痩せた）とイカーフとが半詩行末の脚韻として符合し、口調が良いため人々の口によくのぼる言い回しとなっている。

「イカーフをダーッバ（乗用動物）に乗せる」という表現があり、これをアッカファakkafaといっている。そしてここでのダーッバは当然のことながらヒマール ḥimār（ロバ）またはバグル baghl（ラバ）ということになるわけである。「ロバの鞍」をイカーフと名付けている地方では、こうした鞍打ち職人のことを先のバラーズィイーとせずに、アッカーフ akkāf と呼んでいる。（カイヨワ二〇六）

4　南アラビア系ラクダ鞍

馬によく馴れた者は、鞍をおかない裸馬でも上手に乗りこなしてしまう。同じようにラクダをよく調教した者は、ラクダの首やひざを支えにして背中に乗ってしまい、鞍を要せず意のままに走らせることができる。鞍が考案され、鞍をラクダの背中に置くのが習慣となった後でも、なお裸ラクダに乗るのが普通である部族があった。こうした点でも、広大なアラビア半島は、歴史をくり返すうちに、地域的な相違をも見せたのである。

次節で述べるように、背中のコブを中心に前輪、後輪の突起をもうけ、その間に人間が収まって乗る北方アラブと異なって、ルブウ・ル・ハーリー砂漠以南のアラブは普通鞍を用いないでコブの後ろの背骨に薄いクッションを敷いてまたがる形か、またはハウラーニーと呼ばれる略式鞍を置くだけである（四一三頁図40、図41参照）。ハウラーニーhawlānī の由来は、ハウラ即ち「（コブの）周り」の双数型形容詞であるから「コブの前と後ろの周りを用いた（鞍）」というような意味なのであろう。この意味内容通り、図示するようにコブの前の小型の輪とコブの後ろのクッションとから成るものである。前方の小型の輪二つは、一つのしっかりとした棒によって連結され、その棒に腹帯を通して固定する。これが胸繫代わりになって、コブの後ろに据えられるクッションを後ろや横にずり落とさないようにする機能と、後ろにかかる重量を前に分散させる機能とを果たしている。鞍にあたる部分は厚く中に詰め物をした半月形の皮製クッションにすぎない。乗る時はこの上にさらに毛皮を重ねて乗り心地を良くする。

こうした鞍及びこうした乗り方だと、重心が後ろにいっているためにラクダのスピードを上げることもできないし、制御するのも容易ではない。首の辺りまで届く長い杖が必要となる。それにもっと不便なのは、前後に体を支える輪（二突起）がないことである。そのため乗っている時は絶えず前かがみになって、しかも手綱をしっかり握っていなければならない。もし後ろにそり返ろうものならば、頭がさかさになり転落しかねないことになる。ラクダは、特にひとコブラクダは足が長く、背の上は二メートル以上になり、そこから落ちるとなると危険である。ベドウィンの語り草となっている話として、敵部族のガズワ（襲撃）にあい、捕虜となった部族の名士の婦人は、敵部族のキャンプ地に連行される

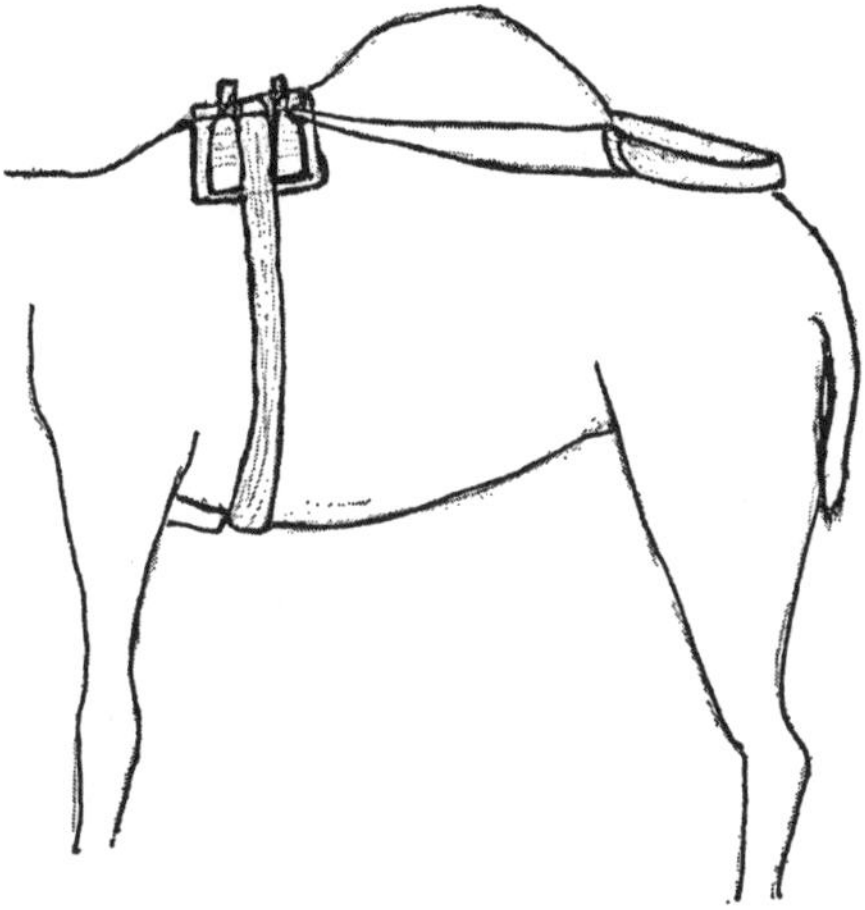

図40　南アラビア系ラクダ鞍ハウラーニー

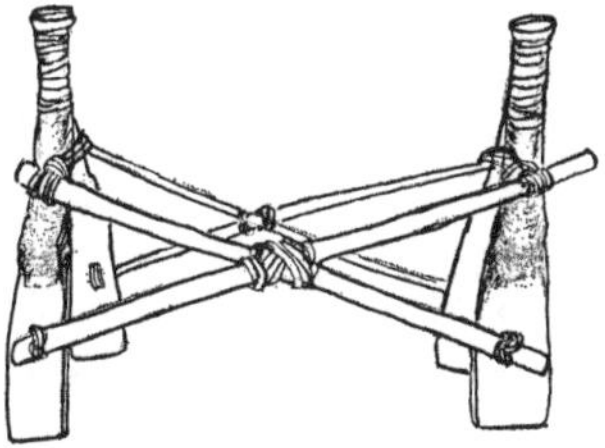

図42　北アラビア系ラクダ鞍シャダード。瘤の中央に据えられる。両端の突起の内側に突き出るよう配される。

図41　ハウラーニー前部拡大図。綱は瘤の後方の小さな鞍部へと繋げられる。

途中で自部族の（女性を守護できなかったという）不名誉が喧伝されるのを恐れて、ラクダの背から頭を下にして、即ち首の骨を折るようにして自殺したものだといわれているくらいである。

なお、サハラ砂漠を生活の場とするトワレグ族はラクダを乗用とする際、コブの前に鞍をおいて乗りラクダを操っている。いずれにしてもラクダに乗る際は、「コブ」がその支えとなるのは共通しているが、コブの前を利用しているのがトワレグ、コブの後を利用しているのがアラビア半島南部、次節以降で述べるコブの真中を利用しているのがアラビア半島北部と大別できる。鞍もまたそれぞれに異なっているわけである。

5　北方アラブ系ラクダ鞍について

図42はアラビア半島のルブウ・ル・ハーリーから北、シリア砂漠及びエジプトの砂漠にまで広まっているもっとも機能的なラクダ鞍である。このラクダ鞍はコブの中央にしっかり固定せられる。前後に突起があって、それが乗る者の傾いたバランスの調整作用をしてくれる。このラクダ鞍の発明によって、はじめてラクダの上で両手が自由になり、ラクダそのものも単なる乗用のみか、競争にもまた戦闘用にも使いこなし得ることになる。アラブがまず隊商貿易で半島内を出、それを手がかりにイスラムを流布するためのジハードを唱えて、大征服事業を行ない得たのは、このラクダ鞍の発明によるところ大である。

「ラクダ鞍」の意味では二つの代表的な語があり、一つはカタブ qatab であり、もう一つは次節で触れるラフルである。ラフルの方は前輪との間の距離がたっぷりとってあり、二人乗るのも可能なくらいの幅がある鞍であるが、カタブの方は「ラフルより小型の鞍」として一般に理解されている。小型ということから、必ずしも乗用ではなく「荷鞍」として指示されることもある。カタブをラクダの背にくくりつける動作はアクタバ aqtaba である。そしてカタブが「荷鞍」即ち「重いものを長時間運ぶもの」と意識されると、「苦労させるもの、負担」の換喩ともなる。「彼は借金のカタブを置かれた」とはそのような背景を持って生まれた言い回しである。

　また「荷鞍」を据えられるラクダは、乗用でなく荷駄用であるから大事にはされない。荷が重すぎること、カタブがいい加減に据えられること、人間が大事にしないこと等、何らかの理由で鞍ずれが生じやすい。一旦鞍ずれができると、重心のかかるところはほぼ定まっているのでなかなか癒らない。鞍ずれしたところにばい菌が入り、それがもとで死亡するラクダすらいる。またこうした折のカラスは最大の敵であって背中にとまっては、好んで鞍ずれした部分をつつき食い、ラクダを悩ませる。瘡蓋《かさぶた》ができ、癒りかかってもそれすらカラスは食べてしまうということである。カタブと癒りにくい鞍ずれとを引っ掛けた表現として、「彼は背中を傷つけるカタブだ」がある。「厄介でしつこい人物」を指して言われる。カタブが背中に据えられているラクダのことはカトゥーバ qatūbah と言う。カトゥーバは同時に使役に用いられることをも含意する。「カトゥーバにはサダカ（喜捨税）がない」という言い回しがある。放牧されている家畜ではないので、税の対象にはならないことを言ったものである。

6　ラフル raḥl（ラクダ鞍）及びリフラ riḥlah（旅）について

日本の鞍の由来は、座（クラ）つまり人が座るところが語意であり、馬の背に皮革を敷き、その上に人が安んじて乗ったところから「鞍」の表意となったとされている。そして「鞍」は狭義には馬具全体の一部にすぎないのだが、広義には馬具一式の総称にもなり、それが言い回しや諺を生んでいる。例えば「鞍を置く」といえば、「馬に乗って行く」こと、「鞍を下ろす」といえば「旅をそこで中断する、または止める」義になる。また「鞍替え」とか「鞍を返す」とは忠義との兼合いで余り良い意味には用いられないが、人間主体よりも馬の「意にそむく」面も含意されているのがうかがえる。

アラビア語の「ラクダ鞍」の意味で最もポピュラーなのはラフル raḥl であり、これが狭義の「ラクダ鞍」の他に、日本の鞍と同じ概念でラクダ具一式をも広義には意味していることも面白い。しかし日本の鞍が、「人の座る所」としての由来を持つのと異なり、ラフルは「それに乗っていくもの」が原義であり、「旅」の概念と密接に結びついている。ラフルを動詞化したラハラ raḥala とは「（ラクダに）ラフルをつける」の義だが、同時に

「ラクダに乗る」の義にも、また日本語の「鞍を置く」と同じように「離れる、出発する、旅立つ」の意味にもなる。アルカー・ラフラ・フまたはハッタ・ラフラ・フとは共に「彼はラフルを下ろした」の義であり、日本語の「鞍を下ろす」と同じで「停まる、滞在する」の換喩として共通しているところも面白い。「ラフルを下ろす所」それがマルハラ marḥalah であり、「宿場」とも「一日行程の旅」とも理解されるのは上の語義と深くかかわっている。

またラクダが成長し、コブがしっかりしてきてラフルを置ける状態になることをアルハラ arḥala といっている。ラクダが乗用ラクダにまでたくましく成長したことを意味している。もっとも成長したラクダのすべてがラフルの置かれる「乗用ラクダ」になるわけではない。ラクダの血統及び適・不適は成長する段階で次第に淘汰されてゆき、「乗用」とされるのはごく限られた「雌ラクダ」だけである。アラビア語では用途に従ってのラクダの呼称法があり「乗用ラクダ」のことはラクーブ rakūb、即ち人を乗せるラクダと言い、また「乗用ラクダ」のなかでも「旅用」に特に調教されるラクダをラヒール raḥil（即ち、ラフルを置かれるラクダ）またはラーヒラ rāḥilah（ラフルを置くラクダ）といって明別していることは既に言及した。ラーヒラ（またはラヒール）に選ばれる基準は血統正しく、力強さ、軽快さ、駿足であること、外見が見事であること、従順であること、忍耐強いこと等が考慮される。成長するに従い、選別され、調教の厳しさの度も増すのだが、こうした調教の専門家はムルヒル murḥil と呼ばれている。従ってムルヒルによって選びぬかれたラヒールとなったラクダは群の中でも特別扱いされ、選良のものとなるわけである。

「汝達は、私亡き後は人々が一頭のラヒールをも持たないラクダの群れ ibil の如くとなるのを見るであろう」とは、預言者ムハンマドのハディース（伝承）である。ここでは並いる一般信徒がイビル（即ちラクダの大群）に、秀れた統率者がラヒール（峻別された旅用ラクダ）にそれぞれ喩えられている。アラブの言い回しとして「私のラヒール達は（勝手に）歩く」がある。この由来は、人が年をとり過ぎて自分の思考も身体も意のままにならず、他人に従わざるを得ない折に発せられたとされる。そして普通には、自分なりの主義主張を持ち合わせず、他人に盲従せざるをえない時またはそうした人に対して発せられる言い回しである。ここでのラヒールは「声をかけたり、手綱を引っ張ったりした者に従順に行動する」ラクダとして意識されている。リフラ riḥlah は「旅」という言葉で一般に馴染みがあり、紀行文学のこともリフラといって、文学の一ジャンルとなっている。「旅」を意味するリフラも、元をただせば「ラフルを置くこと、ないしは如何にしてラフルをラクダに据えつけるかの方法」であり、やはり「鞍」に関係している。従って「彼はリフラが上手である」とはラフルの固定の仕方が上手なのであって、「旅上手」は二義的関心となる。この両義の一方ないし双方も兼ねた表現がラッハールであり、「ラフルを巧みに据える者」または「多くの旅を上手に行なう者」がその意味である。

7　その他の「ラクダ鞍」の名称

他に「ラクダ鞍」を意味するものとして、リハーラ riḥālah 及びクール kūr がある。リハーラの方はラフルと同語根であり、「大型の荷鞍」の意味として用いられている。

「乗用鞍をつけたのも
　荷鞍をつけたのも
　すべて秀逸《すぐ》れたるラクダ
　　それらを励まし先へ急ぐ。
また首の長いラクダ達
　乗轎《かご》肩に急ぐ
　　既に向かいて見える
　　　シュルフの端の辺りへ。
夕方に泊《やす》まず宵へと
また朝から昼下りまでと
　昼《ひ》に夜をついで
　　休みなく旅続けたり」

（『ティリンマーフ詩集』41三〜五）

こうラクダを駆使して長旅を叙したのはティリンマーフというウマイヤ朝期のシリア砂漠ターイ族の詩人であった。詩中で冒頭の乗用鞍はリハール（ラフルの複数）、荷鞍はラハーイル（リハーラの複数）が用いられている。

またクール kūr という言葉も「ラクダ鞍」を指示しており、ラフルと同義とあるから「乗用鞍」をさしての言葉であろう。「（ターバンを頭に巻きつけるように、ラクダの体にまきつけるもの」ないしは「（夜が昼を覆うように、ラクダの背を）おおうもの」がその直義である。クールは他にマクワル、ムクワッル等の同じ語根の他の派生形の同義語をもっている。

「女性用のラクダ鞍」を特に指示する語がある。それはガビート ghabīṭ といって作りはラフルと同じであるが、それを覆うようにして中の女性を外界から遮断するハウダジュが備えつけられる。従ってラフルより一層華美に作られている。このガビートをラクダの上に据えることをアグバタ aghbaṭa という。女性をハウダジュ（乗轎）の中に入れて旅立つことをも意味し、恋を公にできぬまま、プロポーズを親にできぬまま別れてしまった恋人への思いがこめられる言葉でもある。なお両端に突起を持つこの北アラビア系のラクダ鞍のことは東アラビアの方言で特にシャダードと言っており、これは「（鞍の中でもより）強いもの」というような意味あいである。次節からラクダ鞍の「輪」及び「居木」を中心とした部分的名称（これらも日本の「馬鞍」と同じように存在している）及びそれらの機能についての考察に入ることにする。

第8節に入る前に、ひとつ断っておかねばならない。先に第6節の最後のところでラッハールは「ラフルを巧みに据える者→巧みな鞍打ち」及び「旅慣れた者」の意味だと言及しておいた。しかしこの他に「旅慣れた者」と関連して「キャラバンの護衛者、護送者」としての意味も持っていたようだ。砂漠の遊牧民のなかには、有力氏族の男がこのラッハール役にあたり、自部族の領地を通過する際に同行し、不測の事態が生じないように気を配った。またラッハールで名を挙げた者、その名前を聞けば誰も納得し、その影響力を認めざるをえない者は、自部族や近隣部族の領地だけでなく、隊商路、巡礼道をはるか遠くまでエスコート役をつとめることができた。ジャーヒリーヤ（プレ・イスラム）時代、半島中央に勢力のあったジャウファル族の一員にウルワ・ラッハールなる人物がいた。彼はラッハールとして半島中に聞こえ、この名前がニスバ（冠称）に付されて知られたわけであるが、ササーン朝に隣接するラフム朝の王達のエスコート役をも勤めている。王達がメッカやウカーズやズー・ル・マジャーズなどへの巡礼行や定期市へ遠出する時には、王都のヒーラから目的地までラッハールを勤めていた。

8　両輪の総称

ラクダ鞍は大別すると四つの部分から成り立っている。骨格を総称して鞍橋（クラボネ）というが、それは前輪（マエワ）と後輪（シズワ）、及び左右の居木（イギ）とから成り立つ（三八〇頁図39の鞍のつけ方も参照）。全体の構成はほぼ日本の馬鞍と類似しているので、より分かり易く理解するために次頁下図44の日本の馬鞍の図及びその名称を参照していただきたい。

現在日本に残されている博物館所蔵の馬鞍を見ると、どの部分もまことに見事にできており、また前輪、後輪、覆輪、居木のどれにも螺鈿や蒔絵を用いた幾何学紋様や絵柄が黒うるしでぬられた上に、美しく施され芸術的にも素晴らしいものであるが、それだけにこんな立派なものを実際に用いたのだろうか、儀式の際はともかくとして、戦いに臨み、刀を交える際にも、との疑念も生ずるほどである（もっとも、鞍にもいろいろ種類があって、戦さの折に用いる鞍は軍陣鞍という種類のを用いるのだそうだが）。

アラブのラクダ鞍の場合、装飾が施されるのは両輪の「突起」和鞍で言えば「山形」と「脚の下部」、和鞍の「爪」とにかろうじてみられるぐらいで他にはほとんどない。この理由は二つ考えられる。一つは材質の問題、二つはその機能からである。材質としては、木材そのものが乾燥地帯であるため少なく、日本の場合のように良質の材が用いられないこと。多くの場合、あり合わせのタマリスクのように細工のしにくい木が用いられるためである。機能の面からの理由は鞍の外観と関係している。鞍橋を構成する諸部分のうち、表に露出するのは「山形」と「爪」だけであり、他の部分はすべて布や毛皮で覆われている

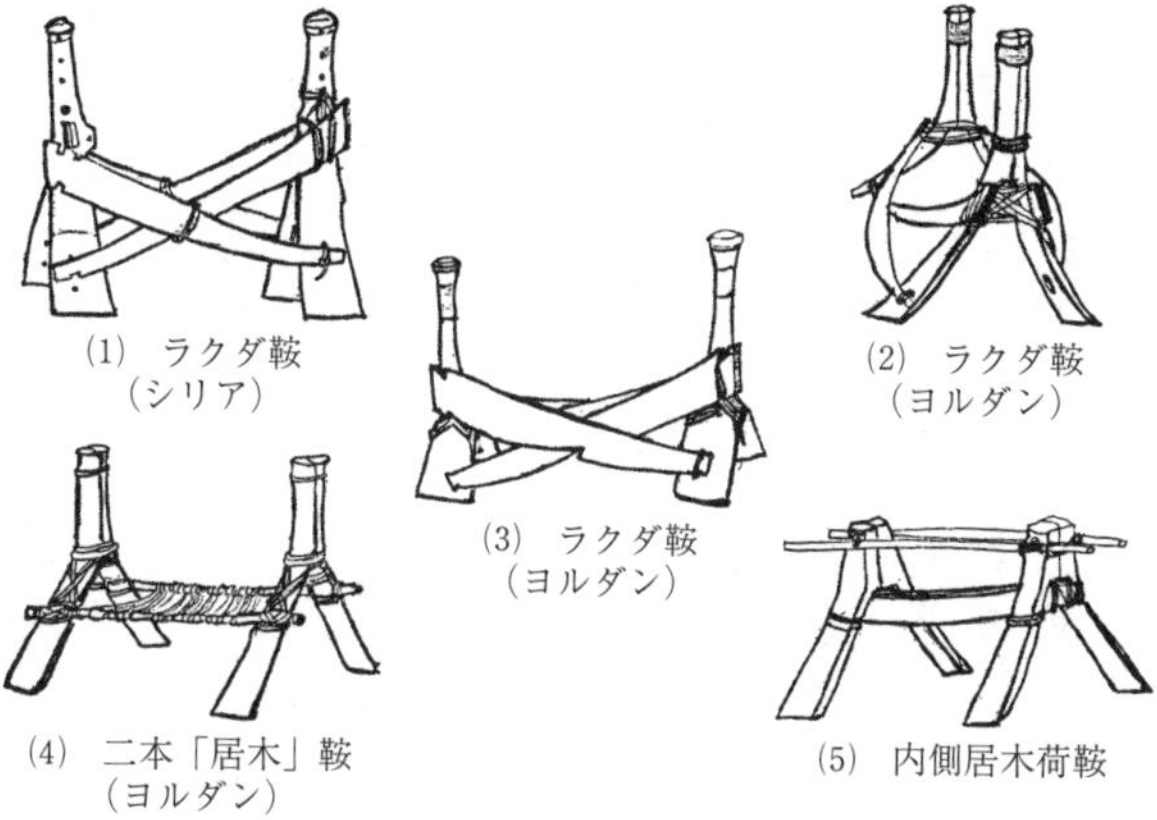

図43 アラブのラクダ鞍

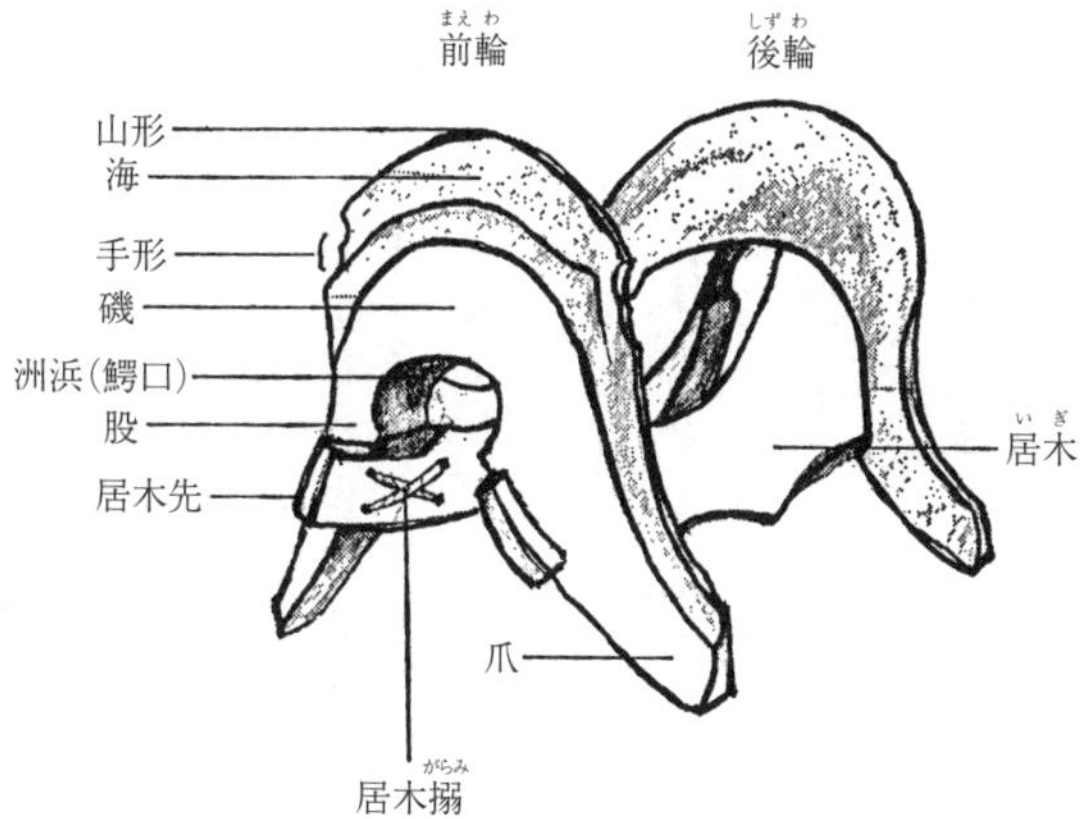

図44 日本の馬鞍（鞍橋）

ためである。それ故、鞍橋装飾はこのように貧弱ではあるが、それとは逆にアラブは「鞍敷き」や「鞍覆い」の方に工夫を見せている点が特徴といえる。それらは機能的であるばかりでなく赤や青の原色で染められ、きらびやかに飾られ、まさに絢爛豪華そのもので、遊牧アラブの数少ない有形芸術の一つとしてみる者を納得させる。そしてこれらの敷物類はぶ厚いほど良質と見做されており、何枚も重ねられて用いられる。それゆえ、重さも相当なもので、ラクダは平均二百キログラム、最も重くて三百キログラムまでは運搬能力があるといわれているが、そうした重量の一割前後は「鞍韉（あんせん）」即ち「鞍橋」とその上下の「敷物」が占め、およそ二、三十キログラムにもなろう。

さて、「輪」とは鞍用語では鞍橋の前後の輪形に高まったところをいうのだが、アラブのラクダ鞍の概念ではどうであろうか。「前輪」と「後輪」とを区別せずに「輪」を総称する言葉に二種ある。一つはシャルフ sharkh であり、他はカルブース qarbūs である。シャルフが「輪」の由来となったについては、この語根が「ラクダの犬歯が歯ぐきの肉を突き破って出る」とも、また「人間の若者が若さの盛りに達する」ともされ、いわば「抜く」または「抜きん出る」意味を持ち、それが「輪」の天辺部に当たる「突起」即ち和鞍の用語で言えば「山形」となる部分のイメージと重なったからであろう。「前輪」と「後輪」との形を比較すると、日本の鞍は「後輪」の方が外に反り曲る形でより長くなっているが、アラブの「ラクダ鞍」ではそれらの形態状の区別はほとんどなく、両輪は双数形のシャルハーンと呼ばれている。このシャルハーンによって鞍全体をも表わすことがあり、「彼はラフル（ラクダ鞍）のシャルハーンの間にずっと腰を据えたままである」とは、家に留まる期間より、旅を続けて留守をしている方が多いことを指して言う。またシャルハーンはお互いに類似した二つのものであるから、似たもの同志を指して「彼ら二人はシャルハーンである」というような言い回しもされるわけである。

もう一つの「輪」の総称はカルブース（クルブースとも）である。こちらの方はアラビア語の起源ではないらしく、意味も前述のシャルフほどには一定してはいない。「ラクダ鞍の輪」というよりも、「馬鞍の輪」であるとか「両輪」を特に指示するのではなく両輪のうちの「前輪」のみを指示するとか、の説もある。前者の説を採る学者は、わざわざカルブースは「ラクダ鞍のシャルフに相当する」との断り書きまで入れている。

「前輪」「後輪」を別々に指示する語もある。「前輪」について言えば、我が国でも「マエワ」の他に「マエツワ」とも呼ばれているわけだが、「カーディマ」あるいは「ワースィト」「ヒマール」との呼称を持っている。カーディマ qādimah とは「先立つ、先んずる、前に出る（部分）」がその意味である。これは「後輪」との兼ね合いで使用されている概念であることは明白である。またワースィト wāsiṭ とは「中央、真中に据えるもの」の意味であり、この語義には「前」というよりは「中央」という概念の方が先に立つ。なぜ「前」ではなく「中央」になるのかというと、これは高さにおいての意味あいで二番目、即ち中央にくるからということである。ラクダに鞍をおいた形で、その高さを見ると三つの高い部分ができている。第一番目がラクダの頭であり、次が前輪、最後が後輪ということになり、従って前輪が高さにおいて「中央」即ちワースィトとなるわけである。このワースィトの方が「前輪」としての語義としてはカーディマよりも一般化しているようである。ヒマール himār は、その語根が「赤い」ことを指示することから分かるように、女性用ラフル（ラクダ鞍）の「前輪」を特に指して言われる。女性用のきらびやかな轎全体に調和するように、前輪を彩《あざ》やかな色彩をした金具や皮紐で飾りつけしているわけであるが、その彩やかさを「赤」で代表させているのである。

　前輪は「支え」として大事な機能を果たしている。ラクダへの乗り方は乗馬のように股がるのではなく、前輪の山形の部分に一方の足を（多くの場合右足を）かけて膝を水平に曲げ、その曲げた下肢を他の足で押さえるのである。この乗り方だと、ラクダは側対歩であるために乗っている人間への振動の抵抗感が和らげられることになる。乗っている人間への振動は馬の場合上下動になり、こうした場合にはくつわが必要で、くつわに力を加えることにより人体への振動を軽減するわけであるが、ラクダの場合は上下動ではなく前後動である。前後動の場合、乗り方としても人体の前後の幅があった方が振動に対する抵抗を少なくすることができる。足、腰、胸、頭の順に揺れが伝わり、それがくり返されるわけである。

後輪は「シズワ」と読み、鞍橋の後方の高くなった部分を指し、我が国では他に「シリワ」とか「アトワ」とも言われる。原語ではアーヒラ ākhirah と言う。アーヒラとは時間的、場所的観念で、「後部に、背後にあるもの」の意味であり、それが「後輪」として特定の意味を持つに至った。アーヒラと同じ語根の他の派生形ムウヒラ、ムアッヒル、ムアッハル等も「後輪」の意味で用いられるが、アーヒラほど一般化してはいない。アーヒラの方は、乗る人の腰の後ろ及び背中の当たる部分で、しかも長旅の場合は「背もたれ」としての機能を帯びていなければならない。普通にはワースィトもアーヒラも垂直に作られるわけではない。全くの垂直ならば、急に前かがみになったり後ろに反ったりした場合、輪の山形である突起が胸または背中に直接ぶつかることになり、当たる部分を傷めることにもなりかねない。そのため両輪ともいくらか傾斜して作られる配慮がなされている。ワースィトの方は山形が前に突き出る風に、アーヒラの方も山形が後に突き出る風に、それぞれ按配され、乗る者の体が急に傾斜して、胸や背が山形に衝突しても安全なようになっている。特にアーヒラの方は、ワースィトよりも一層角度が広くとられているのが普通である。

ネジュド（半島中央）から東の方ではつい最近まで両輪ともまっすぐな、まさにプロ用の鞍を用いていたらしい。サウジ・アラビアの建国の祖アブドル・アジーズをハサ地方に訪れた旅行家アミーン・アッライハーニーは、その急ぎの道中の興味ある記述を残している。「私のゼルール（乗用ラクダ）は、きらびやかな鞍覆い、飾り房、豊かな鞍袋、そして鞍敷をカバーする黒い羊毛に装備されて、まさに栄誉の乗り物となった。それに加えて最良の長所をも兼ねそなえている。というのは彼女は他のラクダが自分より先行するのを許さないのだ……乗用としては最良の逸物、とはいえそれも初体験の私には益するわけではなかった。ラクダが歩むたびごとに、私は振動を受け、揺られ、つねられ、よじられるのだ。あるべきではないのに何か分からないが、座っている下に、前に、後に、乗り心地を邪魔するものがあるのだ。そう、前後の突起、一フィートもあろうか、まっすぐ立っている木製の杭だと分かり、それらが鞍のなかで私の体が前後に揺れるたびごとに胸と背中にぶち当たるのだ。それに鞍橋も正しくセットされていなかったらしい。わきに傾き、瘤の間からずれかかり始めた。……」（『アラビアのイブン・サウード』三二一頁）。この記述からも分かるように、アラビア半島の東側では両輪がまっすぐに立っている鞍が製せられていたようだ。このために、乗り慣れない者はラクダが歩くたびに前後に揺すられて、それが胸や背に当たり、痛めつける様が叙されている。この辺りの鞍は、北方のしっかりとしたタイプのものと南方の簡単な鞍との中間のタイプであったようだ。

9　「輪」の部分名称と機能

ワースィトにせよ、アーヒラにせよ、「輪」はさらに部分的名称を持ち概念的には四つの部分から成り立っている。説明を分かり易くするために（四二三頁図44、四三〇頁図45、46）のさし絵及び日本の馬鞍の輪の各部の名称を援用して論をすすめよう。日本の「輪」の場合は、「山形」「海」「磯」「手形」「洲浜」「股」「爪」等から成り、高さが配慮されている名称は「山形」と「股」「爪」だけである。また「洲浜」を中心にみると浜から海そして見はらすかなたに山が見えるといった、そうしたイメージからの呼称法のようにも思える。

アラブのラクダ鞍の呼称法には何らかの意図が働いているのだろうか、それとも寓意にすぎないのだろうか。「輪」の中央部の高まったところである「山形」の部分にあたるラクダ鞍のそれが（そしておそらく「海」の部分をも含んで）アルクワ ʻarquwah と言われている。アルクワとは「山形」の意味の他に「砂丘」「皮バケツ用の渡し木」の意味もあり、語根を辿ると最後の意味が原義のようである。というのも語根アルカーは「（水用皮バケツに木の十字形をした）わたし木を結える」だからである。この「わたし木」の原義を持つアルクワは鞍の用語に転用され、一つは後述する「居木」となるのだが（これは交叉する形からしてわたし木とイメージが合致する）、他の一つは「山形」となったわけである。「山形」の意味となったのについては、輪の断面をとればX字形（即ちわたし木のイメージ）の上部が省略された形ともみられるわけで、この観念が換喩的に（即ち、全体的名称が部分的名称で代用される）命名されたものであろう。

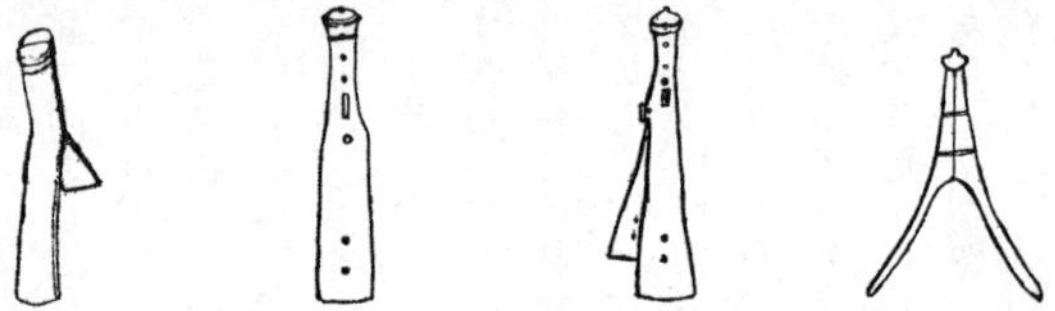

(1)「輪」（エジプト）　(2)「輪」（シリア）　(3)「輪」（シリア）　(4)「輪」（クウェート、東サウジアラビア）

(5) 紋様入りの「輪」（ヨルダン）　(6) 紋様入りの「輪」（ヨルダン）　(7) 板製「輪」（クウェート、東サウジアラビア）

図45　「輪」高さ45～60cm　爪幅40～50cm

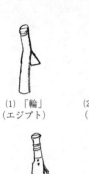

(1)「居木」（エジプト、ヨルダン）　(2)「居木」（エジプト、ヨルダン）

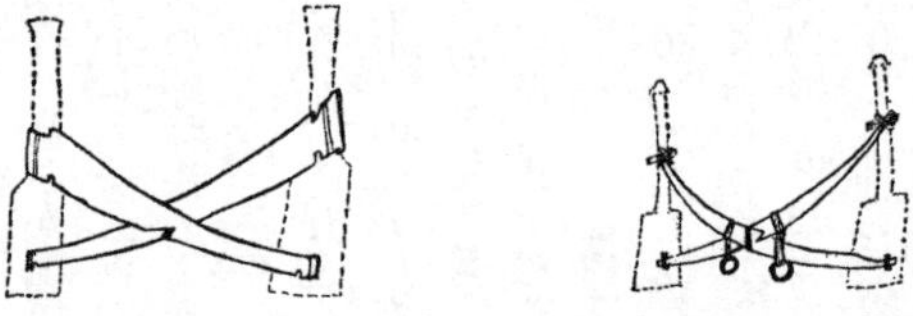

(3) 切り込み「居木」（ヨルダン）　(4) 切り込み入り「居木」（クウェート、東サウジアラビア）

図46　居木　両輪間40～70cm

アルクワの部分は、「股」となる二つの木を合わせた上部、ないしは頂上部である。二つの木を合わせるからには固く結えられていなければならない。普通天辺が丸くしてある。それは乗り手に対して、揺れがあった場合に腹部に当たる抵抗を緩和することにもなるし、乗降の際の手の支えともなる機能を果たしている。その下方に続く部分は細く作られ、輪のもっとも凹んだ部分である「海」を連想させる。細くしてある理由は、一つにはラクダを座らせることなく立たせたまま乗降する際の手の握りの便に供することから、もう一つには下方の「股」となる合わせ木をより強く固定させるために、細めにしてその回りを皮紐で捲きつけるためでもある。地方によっては左右両輪木がずれないようにキリで穴をあけ、そこに紐を通すことも行なわれている。紐を露出させたままの場合もあるが、その上から皮革をぐるぐる巻きにして、さらに強化と美化を計る場合も多い。また飾りも兼ねて、金冠をかぶせて小奇麗に仕上げることもよく行なわれている。鞍骨の中で、外見上目につくのは主としてこの部分だけであるから、さまざまな工夫やデザインがこらされているわけである。

日本の馬鞍の「洲浜」から二つに「股」となって分かれていく、いわば「つけ根」を中心とした部分をアドゥド"adudといっている。そしてアドゥドとは原語では「上腕」を意味している。このことが、アラブは輪木を「腕」に擬しているのではないかと推察できる。アドゥドが「上腕」、アルクワが「肩」の部分、次のヒンウが「下腕」、ザリファが「掌」

といったところであろう。アドゥドは、股のつけ根に当たる部分であるから、股が開かないように、アルクワの部分以上に何重にも皮紐で巻かれて頑丈にされる。アドゥドの部分は、実際の騎乗の際は鞍覆いの下に隠れるために外見よりは機能の方が重視されている。この部分には、紐だけでは弱いこともあり、鉄製のかすがいが打ちこまれたり、金属板を張ってそれに釘を打ち込んで強化していることも多い。またアドゥドの部分には「居木」となる横木の方の先端を固定する機能をも果たす。このため「股」の機能を果たすに十分の装備が施されると、その後で、居木留の装備が施される。

「股」の部分、即ち、ラクダの背中に直接かぶさる部分、ここを原語ではヒンウ hinw といっている。ヒンウとは「曲がり」の意味で「股」とイメージ的に通じている。ヒンウには重心がもっともかかるので、それを直接受けるラクダの背中は、その重さに耐え、しかも鞍ずれを起こさない工夫がなされている。馬のように、単に何枚かの鞍敷きが置かれるだけではない。平均二〇〇キログラムを常時背中に乗せるため、あるいは乗せても支障が起きないようにするため、ヒンウの下には十センチ以上の厚さがある特別な鞍敷きが置かれるのである。

「爪」の部分、即ち輪の下部のことはザリファ ẓalifah といっている。「固い土地」とか「(動物の)ひずめ」の意味である。鞍をラクダの背中から下ろして地面に置く時に四脚を構成するのもこの部分である。ザリファの部分と、その上のヒンウの部分との間には明らかな区切りをおくのが普通である。平《ひら》たい板を用いる場合、ヒンウに比してザリファを広めにとる。また丸木の場合、表面の丸い部分を削って平板のようにする。こうする理由には二つ考えられる。一つは美観に関してである。この部分はアルクワ同様人目に触れる機会が多く、特にテント内に据えおかれ、脇息《きょうそく》として用いられる場合特にそうである。そのためザリファの表面に幾何学紋様やいくらかの装飾紋様が施される。そのためには自然のままよりは、いくらかでも人工の手が入り、きれいになっていた方が良いわけである。二つにはザリファの部分に居木の下方の先端が固定せられ、それを強化する機能があるためである。居木の先が余り突き出ないようにするために、丸木の場合、盛り上がらないようにザリファの丸みをとって引っ込ませるわけである。平板にした後で、居木の直径分の長さをとってキリで穴をあけ、その穴を通して居木を皮紐で縛り上げる。ないしはザリファに堅固な金具やカスガイをあらかじめ付けておき、居木の先端を細めに削って挿入することも行なわれる。

ラクダから下ろされた鞍は、脇息用に使用せられるわけであるが、その際ザリファが最下部の足、四脚となるわけである。このザリファのイメージは人間にも適用され、「我々はザリファの上に立っている」と言えば、「我々の足できちんと立っている」即ち「足が地についている」の意味で比喩化されている。

今では余程の鞍打ちでない限り、このような厳密な呼称も用いてはおらず、「前輪」は

awwal kursī（前脚）、「後輪」はākhar kursī（後脚）、「山形」から「洲浜」までをra's（頭）、「股」から「爪」までをrijl（足）と言っているのが普通であり、ラクダ鞍ないしは鞍の特称も忘れられ、普通名詞にとって代えられようとしているのが現状である。

10 「居木」の名称と機能

「居木」とは鞍の両輪の間にあるわたし板、またはわたし棒のことであり（四三〇頁図46のさまざまな「居木」を参照）、その役割は両輪がゆるんだり、はなれたりしないようにしっかり固定させること、及び両輪にかかる重みを両輪の間全体に分散させることである。両輪をしっかり固定させる機能のなかには両輪の間隔それ自体を固定させることも含まれる。

居木の素材は、輪と同様、日本とアラブとは大分異なり、材の豊富な日本では桑、黒柿、椋等のさまざまな樹木が用いられるが、木材の乏しいアラブはタマリスク、棗椰子《なつめ》かアカシアの材くらいである。材の乏しさは同時に芸の乏しさにも通じてしまう。日本の居木の部分も螺鈿《らでん》あり、黒色に磨き上げたうるし塗りあり、さらには美しい植物紋様ありで美学的見地からしてもこと欠かないが、アラブの方はやわらかい木材であったり、細棒ないしは一種の葦を用いるので、美学的な要素よりはむしろ機能優先である。とはいえ、ラクダ鞍に関しての美学的要素は全く無いかといえば、決して皆無ではない。

既述の輪のアルクワ（山形）及びザリファ（爪）の部分には、それだけを追求していけば相当の美的配慮のされていることが明らかになろうし、居木にしても平板が用いられておれば細工が容易であろうし、動物を利用するのにはうとい我々とは違って、居木を結ぶ「皮紐」への配慮も意外と用途に応じて多種多様になされているのである。我々には一様にしか考えられない皮紐なども、裁断の仕方、動物の種類に応じてかなりの質の相違があり、その質に応じた用途を持っている。更に鞍に関しての美学的見地に立てば、鞍の付属品である「鞍敷」及び「鞍覆い」などについては一書は優に超える分量の研究が可能となることを付言しておかねばならない。

ラクダ鞍で「居木」を指示する部分名称は四つあるが、その中の二つは「居木」そのものであり、他の二つは「居木間の距離」を指示する語である。前者はカッルとダッファとである。カッル karr とは「くり返す、順番に続くこと」の語源から「はしご用の綱」とも「わたし棒、居木」とも派生義を生んだことばである。「棒」のイメージが強いカッルに対して、ダッファ daffah の方は同じ居木でも「わたし板」のイメージの方が優先する。ダッファの持つこのイメージは折り畳みができX字形に作られ、上に『クルアーン』を乗せる「書見台」の意味にも、さらには「両開き扉」の意味にも転用されている。ダッファの語の由来は、ダッファの当たるラクダの体の部分、即ち「わき腹」になるわけであるが、その「わき腹」を原語ではダッフといい、この語との関連で用語として定着したものと思われる。
日本の「居木」は大きな平板が用いられるので、左右一枚ずつの「二枚居木」が普通であるが（もっとも上代には二枚ずつの「四枚居木」のもあり、現存しているのもある）、アラブのラクダ鞍の場合、細棒が大半であるためか左右二枚ずつの「四枚居木」が普通である。これが普通だというのは、力学的にもっともな理由であるほかに、カッルにせよダッファにせよ、カッラーン及びダッファーンという双数形で表現されることからも分かる。「四枚居木」の場合居木を交叉させる方式と平行にさせる方式とがあり、前者の方がより一般である。重荷用の荷鞍などの場合には、ザリファ「爪」の部分に水平にもう一枚渡した「六枚居木」のものも珍らしくはない。これらのスタイルは、居木の材の強度によるもの、用途によるもの、地域的好みによるもの、これらをも反映した相違を見せている。

上に「居木」の機能として両輪の固定と重量の分散とを挙げたが、ここにもう一つの機能を挙げておかねばならない。「四枚居木」の上部（交叉居木の場合交叉する上部分、平行居木の場合上の居木）に皮ベルトや皮バンドをひっかけて吊ることができる。これを利用して少なくとも二つの皮ベルトが吊り下げられている。このベルトの一つは腹帯用として鞍全体の安定をはかるために用いられる。他にも用途に応じていくつでも吊ることは可能なのだが、武器類を吊るしたり、荷袋用にしたり、あるいは「懐中」と同じ概念で旅行中最も大事な物品をしまいこむ小袋を結えておくこともよくなされる。日本の居木は厚く広い板であるためにこのようなハンディーな工夫は不可能であるが、その代わり居木の一部（それもやはり上部）に長方形の穴をあけ、鐙（あぶみ）を吊り下げていたようで、特にこうした穴のことを力革通孔（ちからがわとおしあな）といっていたようである。

居木の長さ、ないしは両輪間の距離を指示する語はシャフル（またはシャジャル）とジイバである。

シャフル shakhr とは「支柱をたてる」とか「鞍を置く」に語根義を持つ語で、「居木の長さ」を指す場合と「両輪間の距離」を指す場合とあり、交叉四枚居木の場合明らかに前者の方が「斜め」であるだけ長いはずであるが、こうした相違を具体的に指示しておらず定かではない。ジイバ dhi'bah の方は、「両輪間の距離」を表わす場合と、「交叉居木と輪との作り出す角度」を指示する場合と、さらには「居木」そのものも具体的に指して用いる場合とあり、地域的な違いが状況に応じて使い分けられているのか定かではない。「カタブ（小型ラクダ鞍）、そのジイバはミンハルの如《ごと》」と詠んだ詩人がおり、ミンハルとは「刈り取り鎌」のことであるが、その刃はかぎ形になっており、ここでも居木と輪とが作り出すその形と角度とがそのミンハルを連想させるものと謳ったのであろう。

「居木」間の距離は、腰がその上に乗るわけであるから、座席と同じように狭いとそれだけ窮屈であり、地形の荒い地域を通過する際や長旅にはこたえてしまう。普通の「鞍」

に半日契約で二人で乗ってみたことがあるが、平坦な所でも横ゆれのためだんだん二つの腰が密着してしまい、距離を保つのに厄介なことになった。さらに傾斜地になるともっと大変である。振り落とされないようにとの、また余りに腰が相手に触れないようにとの配慮をしながら、一人は「前輪」を、もう一人は背中にある「後輪」をしっかり握りしめて難所をきり抜けねばならないのだから。

シャフルまたはジイバ、即ち「居木間の距離」が長いことは、乗る者を楽にし、くつろがせてくれる。従ってこのような「鞍」は、上等な、良質な、値段の張る「鞍」だということになる。「鞍」の「両輪」を幅広くとることをアラビア語ではアファアマ af‘ama という。「両輪」の間を「口」とみなし、「口を広くする」の意味である。そしてこうして「口を広くされた鞍」のことをムフアムというわけである。以下の詩には、ムフアムの鞍が叙されているが、訳出は「幅広く」のところである。

スーバーンの地より　脱け出でて
そこをやがては　渡り切らん
彼女等《かれら》おのおの　乗りゆくは
ま新調《あた》らしくも　幅広く
巧みに作らる　カイニー鞍。

カナーンの山を　　右に見て
荒野にしばし　　とどまらん
かの地に知人《とも》は　　ありとせも
我が血流《あだし》すを　　許可《ゆる》される
仇敵の者も　　また多し。

（『ムアッラカート』Ⅲ一〇）

こう詩に叙したのは、プレ・イスラム期のムアッラカート詩人ズハイルであった。詩人は友好部族の高貴な婦人達がラクダに乗って去ってゆく様を歌っている。それが詠嘆の調べを帯びているのは、その婦人達の中に詩人との実らぬ恋をキャンプ跡に残して去った恋人が含まれているためであった。文中「スーバーン」も「カナーン」も固有名詞であるが、前者は一説ではバスラ近郊のワジの名前だとされており、共に詩人の部族とは敵対する部族であり、その敵部族の領土を横切って恋人が移動してゆくために詩人は追っていけないわけである。詠嘆は一層深まることになった。また「カイニー鞍」とはカインによって作られた鞍だとされている。カインとは最も有力な説に従えば、部族名ないしはカイン部族出の男の名で、共に「鞍打ち」にかけては名高いとされている。そして、上等で精巧な「鞍」は、後世に至っては「カイニー鞍」と一般名詞として繁用されるに至った。

11　アラブの「ラクダ鞍」の他文化への影響

最後にアラブ世界とヨーロッパ世界の「鞍」との関連について一言しておきたい。「鞍」の総称としてもアラブの場合、それを付ける動物によって異なった語が存在したし、また同じ動物でも「乗用」と「荷駄用」の鞍とは異なった名称を付している。しかし西洋世界では「鞍」といえば日本でも同じであるが「馬」が主体であり、従って英語でサドル saddle といった場合、無条件に「馬鞍」が想定されている。「乗用」が普通であり「荷駄用」の場合はパック・サドル pack saddle という複合語で表現すること自体、その語の文化に持つ拘束力がさほど強くない一面を露呈している。そうはいっても、英国などは競馬を国際的に広め、アラブ馬の原種を改良してサラブレッドを産んだ国だけあって、「鞍」でも「乗用鞍」を調べていくとその部分を指示する語彙は相当細かな分布を示していることが分かる。一例をあげれば、我々が「騎手」の意味で知っているジョッキー jockey は、「鞍」の関連した用語として「鞍当て」の意味を指示してもいるのである。英語に限っても、本稿の関連でいえば、「前輪」はホーン horn またはポンメル pommel、「後輪」はキャントル cantle、「居木」はシート seat、とそれぞれ特別な名称を持って、「鞍」の語彙体系を形づくってもいる。

アラブの「鞍」がラクダ主体であっただけに、ラクダが家畜として存在しない西洋には本稿で述べた「ラクダ鞍」の関連性を追求するのは無理のようだ。しかし、「馬」及び

「馬鞍」に関連した文化要素ならば、「アラブ種」との関連で文化の交流や伝播の側面の追求が可能かと思う。興味深いことなのだが、地中海に浮かぶマルタ島では「鞍」のことはサルグ sarg といっており、これは本稿第1節で記した「馬鞍」を指示するサルジュ sarj が訛ったものである。現今ではイタリア語の波が圧倒しており、その変化も激しくなっているが、元来マルタ島はアラブ文化の影響を非常に濃く受容した地域なのであって、語彙の中に今に至るまでその痕跡を残している。

また「馬」ではないが「ロバ」の場合、有ロバ文化圏に共通した「鞍」がアラブ起源で伝播している。それは本稿第3節で述べたバルザア bardhaʻa またはバルダア bardaʻa である。アラブ圏では「ロバ鞍」を意味しているが、これが「荷鞍」のイメージで地中海を囲む西洋諸語のなかに入っているのである。アラブと一番関係の深かったスペイン。ここでは albarda とは「鞍・荷鞍」を意味しており、この語形は bardaʻa の前にアラビア語の定冠詞 al が付いて訛ったものである。スペイン語と近縁のポルトガル語でも全く同じく albarda である。フランス語では「荷鞍」のことを bât という。一見アラビア語とは無関係のようだが、南仏の方言プロヴァンス語を介在させればその関連が明らかとなる。プロヴァンス語では bardo 及び bast といい、これが北方の標準フランス語 bât になったわけである。イタリアでは「荷鞍」のことを barda というから、これはスペイン語の al、即ち定冠詞を省いたアラビア語の形がほぼそのまま移入されたものといえる。これらはほんの一例に過ぎないが、こと家畜に関しての文化的複合物は我々が考えている以上にアラブに先進性があり、西洋文化に移入され、その文化を育てた一面があることも付言しておきたい。

第20章　ラクダに掛ける、吊るす――運搬用荷具

家畜を運搬用に利用した文化圏では、そのための動物に乗せる荷カゴをさまざまに発達させた。アラブもこうした荷駄用のカゴは多様に生み出しており、ここでは、材、形、機能を通して、アラブの文化的特徴を探り得よう。しかしこの分野でも、駄用動物は自動車に急速にとって代わられ、運搬用荷具も姿を消しつつある。「アリババと四十人の盗賊」のなかでも、ラバの背の両ワキに積んで盗賊をなかにひそませた油用大ガメを記憶している方も多かろう。あの大ガメは皮製と訳されているが（『千一夜物語』前嶋訳別巻二五）、土器から作られたものでなければバレてしまうはずである。本章ではラクダがその背に乗せる運搬具として、土器以外の壊れにくい器、〈葉〉器、〈毛〉器、〈皮〉器をみていくことにする。これらとて、大型のラクダ用のものは、他のプラスチックや金属製のよりコンパクトのものに代用されてしまい、現在、かろうじて我々の目に触れることができるのは、第1節で述べる〈葉〉器としてのそれだけである。

1　〈葉〉器――ナツメ椰子の葉で編んだ荷カゴ

アラブ世界で植物の葉ないし枝を器の材としているものには、ナツメ椰子、タマリスク、ヤナギ、籐《とう》、葦、大麦、小麦、稀に竹があるが、量的に圧倒しているのはナツメ椰子であろう。主としてナツメ椰子の葉とその繊毛とで編まれた器は多様に存在し、これを材とする荷カゴにしても、容易に壊れることもないため、動物運搬用ばかりでなく、人間が運んだり、家庭用として、店や市場に大小さまざまに陳列されているのを見ることができる。

ナツメ椰子は中東の砂漠的景観に興を添えるものとして格好のものであるが、その実もまた栄養価が高く、オアシス民、遊牧民、また旅人の常食とされている。果実で主食の座を占めるのは、ポリネシアのパンの木の実と、このデーツ（ナツメ椰子の実）だけであり、この意味でも食文化の位置づけとして特筆されるものとなっている。また木材の少ない中東では、この直立して三〇メートルにも達するナツメ椰子の木は、木自体、幹、枝、葉、繊毛とどの部分もムダなくアラブの居住空間に役立てられている。ここではラクダとの関係で、その背に乗せられる荷袋について述べることにする。

荷袋の材になるのは葉と繊毛である。普通の植物の葉はワラク waraq と総称されるが、ナツメ椰子の葉は特にフース khūṣ と言われる。枝から削ぎ落とされたフースは乾燥させて、悪いものは除かれる。その後束ねられて編まれていく。なおナツメ椰子の木がフースをいっぱいつけている状態は ikhwāṣ と、またフースの束を売り歩く行商人のことは

〔**表2**〕フース khūṣ（ナツメ椰子の葉）を主材としたカゴ・ザルの分類

1. 大型カゴ	1）zambīl		
	2）miktalah	3）miḥṣan	1）と同義語系列
	4）ḥafṣ		〈皮〉製大型カゴ
	5）qirṭālah	6）kuwwārah	〈ロバ〉荷カゴ
	7）janbah	8）ḥallah	丸型，運搬用ではない
2. 中型カゴ	1）quffah		〈大型 quffah〉
	2）jullah	3）sadāk	同義語
	4）marjūnah		
3. 小型カゴ ザル	1）miqṭaf		
	2）qaffūrah	3）qaf"ah	〈取手なし〉
	4）ṭāsah（コップ状の）	5）qubba"ah（帽子状の）	〈形状連想〉
	6）jūnah	7）safaṭ	〈香水他女性携帯用〉
4. 〈方言，死語，その他〉 1）dawkhallah 2）miqrā' 3）qashwah 4）qawṣarah 5）muq'adah 6）qalīfah 7）qawṭah 8）nawṭ 9）mīḍanah 10）wafa āh 11）walīḥaf 12）malzūm 13）sharījah 14）shawgharah			

khawwāṣ と、それぞれフースを語根とした派生語を形づくっている。

手さげや小さなカゴならばフースはそのまま編まれるが、動物の背に乗せる荷カゴや売買される物品を入れる大型カゴの場合は、縄のように二つ編み、または四つ編みにして帯状に長く製してから、それをつなぎ合わせて完成させる。こうしたフースを帯状に編んだ製品はサフィーファ safīfah（複 safā'if）と言う。サフィーファには薄いもの、厚いものがあり、相当幅があって重いものは頑丈である必要から厚手のものが要求される。最も薄いものはフースを三枚一組に用いるし、厚いものは七、八枚一組にして編めるしなやかさをかろうじて保つほどである。

また繊毛は棕梠《しゅろ》に見られるように樹幹の周囲、枝のつけ根に密生しているもので、これをリーフ līf（または sharīʻ）と言う。ナツメ椰子の木がこうしたリーフを多量に持っている状態、これを talyīf と言い表わす。リーフ（繊毛）の最も硬いところは皮を縫うための針としても用いられるが、柔らかい部分は集められて塊とされる。この一塊のことをリーファ līfah と言う。リーファは「ひとちぎり」にして、我が国のヘチマのように体をこするためにも用途だてられるが、主には大小の紐、綱の材として用いられる。上述のフースで編んだ袋類には、このリーフ製の ḥibl（紐または綱）が底や口のフチ取りや取手、また側面補強に編み込まれている。リーフ製の紐ないし綱は色ですぐに見分けがつく。原料のままであるし、また着色も施さないために地の色、即ち茶色そのままだからである。棕梠のそれよりは明るい茶色であって、また柔らかい（ちなみに棕梠もナツメ椰子と同じヤシ科である）。さて、フースを材としたカゴ、ザルの類であるが、大別して「大型のもの」zambīl、「中型のもの」quffah、「小型のもの」miqṭaf と三種に分けられそうである。この分類は現代のエジプトやシリアでも変わりはない。

ラクダとの関連上「大型のもの」を中心にみていくことにする。「大型のもの」の総称としてザンビール zambīl を挙げておいたが、これは厳密には「家畜に乗せる大型荷カゴ」の意味である。「大型荷カゴ」のなかには、運搬がもっぱらではなく、貯蔵されたり、店頭に並べられる「大型荷カゴ」もある。まず「駄用荷カゴ」についてであるが、形はほとんどが円錐状に作られる。即ち上が広く、下に狭い円形状に作られる。この理由は二つ考えられよう。一つは物理的理由で、我々も重い荷物を移したり運んだりした時に経験するが、背中の荷物の重心が上にあればあるほど同じ重量でも負担が楽になること。他の一つは路上に占める幅が狭いことである。後者をもう少し説明すると、ロバや人間とのすれ違いでは、ラクダの背が高いため、さらに荷の幅が下方に狭まっているため容易である。またラクダどうしのすれ違いにおいても、底が広いカゴであると揺られていくうちに中身が底の方に集まって広がってしまう。すれ違いの時にゆずり合うような地点であっても、下が狭いカゴならばこうした配慮はなくて済むことになる。中近東の定住世界の道路は大道を一歩外れれば予想以上に狭く曲がりくねった道の連続なのである。

さて「駄用荷カゴ」の代表語はザンビール zambīl（複 zamābīl）である（二九〇頁図29参照）。zambīl とは動詞 zabala「物も持ち上げ、運搬する」からの派生名詞である。底部から上部へフース（ナツメ椰子の葉）またはサフィーファ（フースを帯状に二つ、また四つ編みにしたもの）を材にして編み上げていくが、底部は往々にして最も破損しやすい部分なので、取り換えができるよ

図47　荷カゴ・ザンビールを負うロバ

う別編みにして、底部の側面から次第にその円を大きく上に作り上げていく。そして最上部のへりは補強と色のアクセントを兼ねてリーフまたはシャリーウ（ナツメ椰子の幹に密生する繊毛）をフチ取りする。こうして補強した後、さらに左右に取手をつけて持ち運びの便に供している。取手といっても丸い輪であり、これもまたリーフで作られ、茶色を呈しているのが普通である。また左右二つといっても二種あり、棒で取手を通す場合対称の位置にあるが、もっと一般的には駄獣の背中をはさんでロープが一対のザンビールを結えられるため、背に当たる部分の左右の両側に位置しているのが一般である。後者の方は、それ自体の取手を持つと、カゴの他の側面はかしぐことになる。それゆえ後者の場合、補強ロープがかしぐ方の側面、即ち外側にわたされているのが普通である。底部はサフィーファ二つを組み合わせて作られるのが現今では普通のようだ。即ちフースの四つ紐帯を二組合わせて、舟形ないし楕円形に作る。この形でも分かるようにザンビールは円形というより、舟形ないし楕円形をしているといった方が正しい。そしてこのより長い側面が動物の側面に密着するように工夫されている。この底部は本体の最下部及び側面にわたされた補強綱と結び合わされる。

ラクダ用ザンビールは、従来は穀類や干しデーツなどの乾量四〇キログラムが入るのを標準としており、このザンビールを振り分け荷物として動物の背に結わえるならわしであった。ロバならばザンビールが二つ、ラクダならば四つが配されるわけである。ロバ用ザンビールの場合、ラクダのそれでは一メートル弱の深さがあるため歩行や運搬に支障があり、もう少し小型のザンビールが当てがわれる。それはキルターラ qirṭālah（またはキルタッラ qilṭallah）またはクッワーラ kuwwārah という特称で呼ばれている。ザンビール様のもので、特に干デーツ一五 sāʿ（およそ四〇キログラム）用として、一様に、一規格に製せられたのがミクタラ miktalah、また干デーツ用に限らないものはミフサン miḥsan と呼ばれる。またザンビールと同形で皮製のものもあった。木枠や籐で上の口の部分を固定したもので、ここだけは弱いが、底部は皮なのでフース製のものよりははるかに強い。この頑丈なザンビールはハフス ḥafṣ と呼ばれ、用途は「振り分け荷カゴ」のみでなく、人間がその中に乗って行なう作業、例えばモスクとか高い建築物、井戸の補修や掃除などの台としても用いられた。

「駄用カゴ」ではなく、安定した平底で丸く製せられ、市場や商店の店頭に見かけられ、干しデーツが山と積まれている大型のものはジャンバ janbah と、フース製だけでなく、葦や籐、麦ワラで製せられ、主に穀類が収容されているカゴはハッラ ḥallah と呼ばれている。

中型カゴ以下はフース製の「手さげカゴ」の体裁になる。もちろん、こうした「手さげカゴ」も駄用の具にもなった。取手の部分を鞍にひっかけたり、上述のザンブールに結んだりして、補助的な役割も果たしていた。手さげカゴで割に大型のものはクッファ quffah

と、また相対的に小型のものはミクタフ miqtaf と称され、この両者を基準として日本語流に言えば「フース製のザル、カゴ」の類が分類されているわけである（表2参照）。

2 〈毛〉器——ラクダ毛・ヤギ毛で編んだ荷袋

◎「毛」の分類

我が国では「毛」といえば、人間の毛も動物の毛も一緒くたにして一語で済ませて、その差異は余り問題にしないが、牧畜が重要な要素を占めるアラブ文化圏では同じ「毛」であっても、動物の種類によって、生える体の部分によって、特別な名称をもっており、後者の場合さらに人間か、動物かによっても異なる。大別すれば「毛」という概念をアラブは三つの分類体系で行なっているわけである（さらに毛の豊かさを基準においた語彙体系、人間の場合「禿」の程度及び部分といった語彙体系がある。後者は明らかに動物の老齢に伴う、毛の削落との相関が読みとれよう）。

人間の「毛」はシャアル sha″ar というのに対して、毛を豊かに持つ動物、羊のそれはスーフ sūf、山羊のそれはミルイッズ mir″izz、ラクダのそれはワバル wabar と言う。これらはそれぞれに性質の違い、用途の違いがこの文化圏では認識されているからこそ個々の名称を持つわけである。羊毛の衣といえば、我が国ではいかにも高価な印象を与えるが、羊の牧畜圏ではピンからキリまであり、安く入手しようとすればいくらでもある。「羊毛の衣」を着るとは、粗衣をまとう、ぜいたくをつつしむ、禁欲生活を送る、ということなのである。スーフィー即ち「羊毛の衣を着る人」は、イスラム圏では「禁欲者」「神秘主義者」の意味に用語化されているが、ユダヤ教でも「禁欲者」としては同じ概念なのである。中近東ではぜいたくな衣は「絹」織物であって、「毛」織物は材の選び方、製し方によった。ラクダ毛ワバルもまたラクダ遊牧民のテント地として活用されていたために、アフル・ル・ワバル（ラクダ毛の人々）といえば定住民、ないし羊、山羊遊牧民との対比概念を表わす用語となっている。

羊毛は感触がよく、柔毛であるために、他の何にも増して衣類の材とされる。山羊毛は肌ざわりが荒く剛毛が多いことから衣類に適さず、テント地、敷物、毛の袋等に利用される。ラクダ毛は羊毛と山羊との中間に位置し、衣類に用いられる場合、羊毛と混ぜて編まれる。またテント地には山羊毛と混紡になることが多い。しかしテントは、その地が羊毛主体のものはヒバーウと、山羊毛主体のものはミザッラと、そしてラクダ毛主体のものはビジャードと呼ばれているように、毛の材によっての分類もアラブは持っている（『砂漠の文化』「テント生活に見るアラブ的特色」参照）。

◎アラブの「ラクダ色」

灰褐色、薄いとび色のことを我が国では「ラクダ色」といって毛織物の布地の色を指して用いている。あの暖かい厚手の上下の下着を「ラクダ」といっていたものだが、ももひきをはかなくなった昨今、薄手のものをはいても笑われる風潮の中では「ラクダ」といっても若者層の間では分からなくなっているのが現状である。

ところでアラブでも「ラクダ色」というのがある。白、灰、黒といった無彩色、黄、褐色、赤といった有彩色、さらにそれらが合わさったものと、多様な体毛色を持っているラクダの、どの色を称して「ラクダ色」といっているのであろうか。アラブはこれをアスハブ aṣhab が代弁する。赤と白の中間色、即ち「褐色がかった桃色」系統のラクダがそれである。アスハブの色のラクダは、純白種に近いアーダムの体毛のものとともに、アラブの間では最も好まれ、同時に駿足の特性を持つと信じられている。このゆえに「アスハブとアーダム種はラクダのクライシュ」だと言われている。クライシュとは、イスラムが確立されてから以降、預言者ムハンマド及びそれに続くカリフたちを輩出させ、その高貴さを讃えられている部族である。この喩えから分かるように、このアスハブの体毛を持つラクダは、ラクダの持つごく一般的な色を指して、ではなくて、そのなかでも「高貴さ」を指示する特称なのだ、ということが分かる。

元来「桃色」を意味していたアスハブは、それ自体「桃色ラクダ」を指しても用いられるほどに、ラクダ色として定着することになる。アスハブが量的にはそう多くないのにラクダ色の典型になったについては、一説では種ラクダとしては素晴らしい雄ラクダがいて、桃色の体毛をしており、それでアスハブと同語根の他の派生形であるスハーブ ṣuhāb と名づけられ、その種ラクダから産み出された子孫をアスハーブといって珍重したからだ、というわけである。アスハブの語根が元来は「桃色」を表わしたのであるが、その対象が毛の色であったこともあって、「ラクダ」に意味的比重を増したことはこの語根系列をみても分かる。上のアスハブ、スハーブに加えて、「ラクダの毛がアスハブの色になる」ことはサヒバ ṣahiba とかイスハッバ iṣhabba とかで表現され、他の動詞アスハバ aṣhaba とは「アスハブの体毛色を持ったラクダを産む、または持つ」である。さらに驚くことにサーヒブ ṣāhib とかイスハブ iṣhab との掛け声がある。これは元来アスハブ種の純血種ラクダを雌ラクダに交尾させる折の人間の励まし言葉であった。これが一般化して、どんなラクダにせよ雌雄を交尾させる折のはやし言葉となったし、さらに転じて羊、山羊の乳を搾る際の言葉にもなったのである。

◎毛の荷袋

ひとコブラクダは、ふたコブほどではないが、体の一定の場所に長い毛をはやす。このラクダの毛は秋の初めから伸び始め、本格的な夏を迎える前の三、四月頃に刈られる。肩やコブの周辺、また首や顎には長い房々とした毛が生える。刈られた毛は、外側の剛毛の場合、テントや敷物の材として、また内側の柔毛の場合は衣類の材とされる。特に上質で売れそうな毛は町の市場へ持っていき、商品とする。ラクダの毛はひとコブの場合、量的に少ないせいか随分と高価であり、買う方も決意がいるほどである。

さて、ナツメ椰子の葉フースで編んだザンブールと同様、動物の背に乗せる運搬用器で、耐久性に富み、壊れにくい特徴を生かしたのは、毛及び皮を材としたものである。皮は次節で述べることとして、毛はラクダの毛、山羊毛で編んで作ったものが主となっている。そして材の性質からして、当然カゴというよりは袋になる。こうした荷袋は、小型のものは鞍の端に吊るされもするが、大型のものは振り分け荷物として、背中をはさんだ両ワキのバランスをとるためもあり、同じサイズのものが二つ作られる。そしてこの二つは、両端が結ばれるか、作られる過程でもつなぎの部分も編まれて一緒になっているかである。ラクダの場合、背中にコブがあるので、その部分だけ空間をもうけるような形で荷袋ができ上がっている。こうした荷袋の色は茶、白、黒系統の単色が一般であるが、この荷袋が外側にムキ出しになっている場合、赤や青、緑、黄などに染色された毛をストライプとしたりアクセントに用いたりした華やかなものに仕上げられている。こうした装飾された荷袋は、底部や左右には飾り房も配され、外見のきれいさを増すだけでなく、歩むたびにその房の列が右に左に揺れて調子をとるにも役立っているようである。単色系荷袋である場合には、その上に明るいビロード状のあでやかな覆いが掛けられるのが普通である。こうした覆いをすれば、荷袋から物がずれ落ちて紛失したり、また盗難にあうこともない役もしているわけである。覆いをしない荷袋には用心のため上部にシザーズ shiiẓāẓ と呼ばれる曲がったホロを二つ設けて口が締められる工夫が施されているものもある。

こうした荷袋にもいくつか名称があり、ゆるやかな体系化が見られる。その代表は今日でも用いられている「なかの物を空にする、取り出す」という語根から派生したフルジュ khurj という語である。フルジュには大きさからして「ラクダ用」と「ロバ用」があり、当然ながら大きさが異なる。それらは一見して大きさから区別がつくが、言葉の上では複合語で khurj-l-jamal（ラクダ用荷袋）khurj-l-ḥimār（ロバ用荷袋）と区別される。フルジュがどちらかといえば半島西部で主に用語となっているのに対して、東部ではペルシャ語 chuwāleh から古く借入したジュワーリク juwāliq という語が駄用荷袋として一般化していた。「我心の底よりマーウィヤを愛す／ジュワーリクをばその持ち主が慈《いつ》くしむ如くに」とは九世紀イラクの文法家の書のなかに引用されたものだが、なかに入れられた穀類やナツメ椰子をジュワーリクがそのまま保ってくれるという、所有者の紛れもない気持ちが恋人を純粋に思う気持ちと通ずる奇抜な発想がこう表現されているわけである。

標準よりも大きく作られたフルジュはギラーラ ghirārah と言う。特に大きく作られるのは、用途が軽量のものを入れるためである。このためギラーラは「麦ワラ用荷袋」と訳されている。ギラーラとは逆に、標準形より小さいフルジュはイクム ʿikm と言う。標準形より小さいことから「ロバ用フルジュ」の意味にも用いられる。イクムは、既に述べた三種の語とは異なって、この語根からして「荷」「ラクダ」「結ぶまたは縛る」という意味の中心概念を形づくっている。語根系列で意味場を展開させると、アクム ʿakm とは、

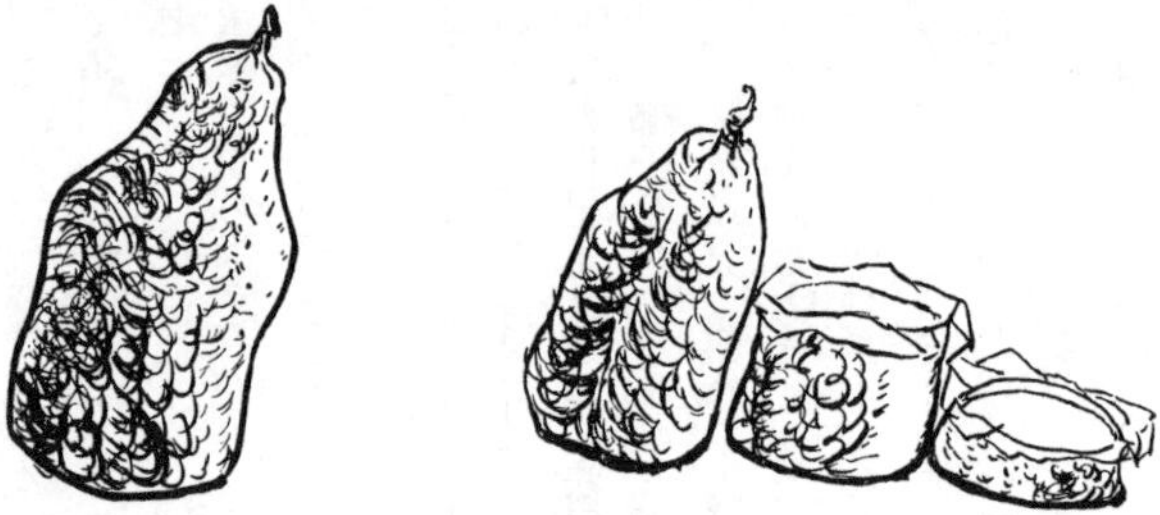

図48 保存及び運搬に便利なヤギ皮に入れられ、売られているチーズ。

〔**表3**〕「毛」製鞍袋の分類

名　称	特　　徴
1. khurȷ	ヤギ毛，ラクダ毛の荷駄用袋
2. juwāliq	1と同義，ペルシャ語からの借入語
3. ghirārah	1の標準形より大きいもの，麦ワラ用
4. "ikm	1の標準形より小さいもの
5. "idl	1の半分量の毛製袋〈半荷駄〉用
6. badīd	5と同義語
7. khayshah	5に同義〈ワラ袋〉
8. jirāb	羊毛皮製旅用食料袋
9. kurz	家畜番の携帯用袋，先導ヤギ，ロバに掛ける
10. tannūrah	皮製をも含めた携帯用袋

「（中に物を入れた後、閉じて）結ぶまたは縛る」という原義から〈ラクダ〉を対象とすると「荷袋をラクダの背中に結える、または縛る」との意味の拡大をみる。これをもととしてイイカーム iʿkām が生まれた。「他人が荷袋をラクダの背中に結える、または縛るのを手伝う、または助ける」意味であり、さらにこうした手伝い人をムアーキム muʿākim と言ったし、市場とか溜り場にいて、専門に請け負う「助っ人」はアッカーム ʿakkām と言った。またイイティカーム iʿtikām とは「ラクダの背中に荷袋をバランスよく整える、またはつり合いをとって乗せる」ことを言う。このように駄用の荷袋はバランスがとれていなければならない。このイクムを用いた諺に「ロバの二つのイクムの如くに」がある。人物評価において二人の人物が並び立って、甲乙つけがたい時に言われる。

上の四種の荷袋はペアーでいわば「一荷」に当たるわけであるが、振り分け荷袋は性質上対《つい》になっていて用途立てられるため、間違いなく「一荷」であることを指示させる時、双数表現されることが往々にあり、混乱を引き起こす場合も多い。このため以下のような三種の荷袋の表現があり、基本的に「半荷」を指示している。イドル ʿidl とは「重さ、形、価値等において同等のもの、類似したもの」という原義から「半荷」の意味に転じたもの。バディード badīd とは「等分に、同様に物事を分離させるまたは分断する」ことを原義として、「半荷となる鞍袋」の意味をになっている。ハイシャ khayshah とは「半荷」であっても、用途として特に「ワラ用」のものを指して言われる。これら「半荷」を指示する語は双数表現されれば当然のことながら「一荷」の意味を厳密に指示するため、先の「一荷」を指示した語の後で、別な表現として述べられ、確認手段とされてもいる。

以上みてきたのは、「毛」製の駄用荷袋であっても一対であり、しかも大型のものであった。これ以外にも小型であって、必ずしも駄用でなく、人間が肩にかつぐ「毛」製袋もあった。食料や必需品を入れた旅用袋はジラーブ jirāb と言う。リュックやナップサックといった類である。ジラーブは皮製、毛皮製のものも多い。特に羊の毛皮で製せられることが多い。「毛」製に限らず携帯用袋のことをタンヌーラ tannūrah と言う。また家畜を放牧する者が一日の糧食その他を入れる袋で、ロバや先導山羊に掛けたり、縛ったりして携帯する袋のことはクルズ kurz と言う。クルズも一対にして振り分けて背負わせることも多い（表3参照）。

3 〈皮〉器——ラクダ皮で製した皮袋

「皮」といえば日本語では木の皮、竹の皮、タマネギの皮、ミカンの皮などのように、元来の動物のそればかりでなく包括して用いられる。そればかりでなく、動物のはわざわざ獣皮とことわらねばならないほどだ。獣皮は英語では hide と skin があり、後者が総称であって、前者は大型獣のものを指しての特称である。とはいえ、牛馬の皮に hide を用いても、ライオンとか熊、虎のそれには skin が当てられるので、この弁別もあまり確かではないようだ。アラビア語の場合、家畜は種によって別々に皮の名称を持っているが、野獣の場合は総称か、まさに日本語でいう獣皮が当てられる。こうした動物皮の分類はここでは触れないが、もっと下位の認識である皮袋について本節では三つの表を作っておいたのでそれで十分推測できるはずである。

牧畜文化圏では皮の用途は非常に広い。ここでは皮の器としての用途の一端をみていく。皮は容器としては三つの特徴を持ち、それをアラブは、特に遊牧民は、十分活用しているように思える。その第一の特徴は、「皮」は水分を通さない特異性を持っており、本章の第1節の「植物繊維」とも、第2節の「毛」とも大いに異なる器の用途となっている。即ち、この三者のうち前者だけが液体容器となり得ているわけである。第二の特徴は折りたたみ自由でコンパクトな点である。用いない時はほとんど場所をとらないし、また軽量である。場所をとらないという点では、植物繊維製品や毛製品も共通しているが、皮の製品の比ではない。この点でも移動生活には最も便利な生活用具であった。第三の特徴として耐打性、耐震性に優れていることで、上の二つの特徴と合わせて、「水筒」の機能としては最も適していたし、またなかにミルクを入れて攪拌《かくはん》するバター作り、チーズ作りの道具としてもうってつけであった。本節では、液体を入れる皮袋としての機能をみていくが、もちろん他にも信玄袋と同じように、他の材の袋と同様、日用雑貨を入れて持ち運びに供していたし、我々には特殊に思えるバターやチーズといった半固型物をも作り出したり、

〔**表 4**〕「水」用以外の用途に用いられる「皮袋」の分類

用途 / 皮袋名	ミルク	バター（チーズ）	酒	酢	蜜	油	その他，備考
① badī''	＋		＋		○		
② thamīlah	＋	＋					
③ jurn		＋					
④ miḥqin	＋						
⑤ rakwahp		＋	＋	○			
⑥ ziqq		＋	○	＋			⑦より大型
⑦ dhārī''			＋				⑥より小型
⑧ mis''ad		＋	＋			○	
⑨ mā''ūn		＋					半島東北部の方言（Doughty Ⅱ209）
⑩ waṭb	○						

○が主たる用途。〔表５〕も参照。

保存したり運搬したりする器としてアラブはごく普通に用いていた。このバター、チーズを皮袋に入れる利用法は牧畜文化の乳利用を考える上では不可欠な文化項目であるが、同時に食保存の内容物としては水、ミルク、油、酢、酒、蜜といった液体と平行関係にあることも重要である（表４参照）。液体ないしは半液体を収容する器は、農耕及び定着文化では土器、陶器、木器、鉄器が用途立てられるが、牧畜及び移動文化ではそうした重量と場所を占める器類はかえって不便であり、量に応じて大小になり、折りたたみも可能な皮袋はこの意味では文化の差異を決定づける要因とも考えられよう。

　皮袋は加工前の原形をとどめているように作られる。というより原形をとどめる作り方が一番楽であり、しかも完全なのだ。体の胸部、腹部が裂かれるが、なるべく中央部を小さく裂く配慮がなされる。これは皮袋としての継ぎ目をより少なくして、液体を入れても洩れないようにするためである。四肢は肱、膝より先が切断され、切断部は紐や綱で結えられ、四つの取手の役をする。また頭部も首から先が切り離され、その切断部は袋の口の役をする。このように胴体を袋として、四肢の切断部を取手に、頭部の切断部を口として利用する発想はまことに利に叶ったものである。口となる部分は、そこが開閉に十分ゆとりがあるように首の長い部分を十分成す形で頭部が切り離されている。

皮袋は大型になればなるほど個人から離れ、公共的な用途とされることになる。小型の皮袋は個人の外出に際し、水やミルク、酒や蜜といったものを収容して携帯されたであろうが、大型になるに従い、ロバ、ラバ、ラクダの背上に振り分け荷物の体裁で二つ組みにされて水を運搬する機能を果たすことになった。水場、井戸から隔たったキャンプ地へ、或いは灌漑用水を耕作地へ、またキャラバン隊の給水係を受け持つことになった。

皮袋の大きさは、その材料が何であるかによって異なっていた。兎や狐それにガゼル、アンテロープなどの野生のものも、補獲されれば当然皮も袋として用いられたが、アラブの場合、家畜である羊、山羊、ラクダのそれに比したらものの数ではなかった。小型の皮袋は羊、山羊の皮が、大型のものはラクダの皮が材の主体であった。そしてこうした材の主体が定まると、皮袋の形も定まり、さらにその大きさも、中に入る容量も定まることに

〔表5〕ヤギ皮袋の特称

皮の種類＼用途	ミルク用	バター（チーズ）用
乳呑みヤギ皮	shakwah 複 shakawāt, shikā'	"ukkah 複 ukak, ikāk
離乳ヤギ皮	badrah 複 bidrāt, budūr	mis'ad
jadhā"（二歳）以降のヤギ皮	waṭb 複 awṭub, wiṭāb, awṭāb, awāṭib	〔小型〕ḥamīt 複 ḥumut 〔大型〕naḥy 複 anḥā'

なる。アラビア語の資料体を渉猟して皮袋の語彙を集めていくと、材料の動物、動物の成長段階、収容物の固定化等を判断基準にしていくつかの分類体系が可能であり、それがアラブの認識体系をもゆるやかではあるが形づくっているように思われる。

例えば同じ山羊皮を用いた袋であっても、大きさに関しては「乳飲み山羊皮」「離乳山羊皮」「オトナ山羊皮」といった順に大きさは異なっているのであるし、また袋の用途も異なる。そして袋の用途を異にすることによって、その皮袋の名称も異にしているのである。「乳呑み山羊皮」を例にとると、ミルクを専ら入れる皮袋はシャクワ shakwah と、バターを専ら入れられる皮袋はウッカ "ukkah と呼ばれており、これがそれより大型の「離乳山羊皮」を用いてのミルク用皮袋はバドゥラ badrah と、そしてバター用のはミスアド mis"ad との呼称を持っている（表5参照）。こうした「皮」の「成長段階」と「用途」とを弁別して、語彙系列パラダイムを展開させているのも牧畜民的発想としては興味あるところであろうが、「皮袋」をめぐる生活の場はさらに深い。

皮袋の大型化は、先にもみたように、その材となる動物の成長段階に平行するわけであるが、これらは一枚皮の前提に立った範疇である。これとは別に、二枚皮、三枚皮とつなぎ合わせることによって皮袋の大型化は可能になる。この「皮の張り合わせ」の分類体系もアラブではでき上がっている。今まで述べてきたのは、すべてイブン・アディーム、即ち一枚皮の袋であった。アディーム adīm（複 ādimah）とは、皮をなめす三段階あるプロセスで「完成したナメシ皮」を意味しており、イブン・アディームとは「なめしの完成した皮の息子」の意味になる。「息子」とは、何かを母体としてそれから生まれた物を指示する比喩的表現であり、材としての皮を母、その製品としての袋を息子と言い表わしている。「一枚皮の袋」がイブン・アディームというのに対して、二枚皮の袋はイブン・アディーマイン（アディーム二枚の息子）と、そして三枚皮の袋はイブン・サラーサ・アーディマ（アディーム三枚の息子）と体系化されている。この体系は「袋」としては「三枚」が最大であり、これ以上はないのだが、「四枚皮の製品《もの》」ともっと一般化した対象（例えば皮製テント、敷物）を指す場合、広い展開の場を持っている。

このように張り合わせて皮袋を広げる方法は、中型家畜の羊、山羊製の皮袋にも適用されるが、ごく普通には大型家畜のラクダ製のものがその対象となっている。これは、羊、山羊皮をつなぎ合わせて袋を作っても、その手間や容量がラクダ皮の半分か三分の一で同容量の袋を作る方がはるかに手間暇をはぶける、しかも安全なものだからである。中型・大型家畜の共存によって、こうした皮袋の大きさの連続性もごくスムーズである。

皮製の水袋はキルバ qirbah（複 qirbāt, qirab, qiribāt）が総称語である（以下、表6参照）。皮の水袋であれば大小を問わず何でも用いられるが、ただしイブン・アディーム（一枚皮）のものが中心であって、後述する合わせ皮のものはマザーダが用いられる。キルバは古くから現在に至るまで皮袋の中心的語であって、現代でもアラビア半島北東部ではgirbehと、北西部ではgirbahといった方言を持つだけで、いずこでも通ずる語である。キルバは$\sqrt{qrb}$の語根系列に派生の意味場を形成していないが、一語だけqarrābがあり、「キルバを製する、またはキルバ職人」の意味を形づくっている。

キルバに次いでよく耳にする「皮製の水袋」の語はシカーウ siqāʾ（複 asqiyāt, asāqī）である。シカーウとは「飲み分として水をお互いに分かち合う」ことを元義としている。これもどちらかといえば、小型であって、ラクダ皮というより、山羊または羊皮が材料の主体とされる。

ラクダ皮の水袋で最小のものは、一枚の半分か三分の一を用いて製せられるもので、これをスライスィー thulaythī と言っている。「三分の一のもの」の意味である。ラクダ皮一枚の半分を用いても「三分の一のもの」というあたり、ラクダのあの図体から類推して、

〔表6〕「水」用皮袋の名称

名称 単数	名称 複数	特徴
① qirbah	qirbāt, qiribāt, qirab	皮製水袋の総称
② siqā'	asqiyāt, asāqī	ヤギ皮製
③ rakwah	raqawāt, riqā'	水袋としては最小のもの、酢酒も入れる
④ miṭharah	maṭāhir	沐浴用に転用
⑤ thulaythī	thulaythiyyah	ラクダ皮を半分、または三分の一用いた水袋
⑥ idāwah	adāwā	ラクダ皮一枚を用いた水袋
⑦ minūn		ラクダ皮一枚半を用いた水袋、半島北東部方言
⑧ sha''īb	shu''b	ラクダ皮二枚を用いた水袋、継ぎ皮をしていない
⑨ saṭīḥ		⑧に継ぎ皮をして少し大型にしたもの
⑩ fardah	farad	⑪の半分、半荷
⑪ mazādah	mazād, mazāyid	ラクダ皮三枚を用いた水袋
⑫ rāwiyah	rawāyā	⑪の二倍
⑬ rāwī	ruwi	⑫の半島北東部方言

半分であっても見た目には、より小さく映るからであろう。ラクダ皮をイブン・アディーム（一枚皮）として用いたものはイダーワ idāwah（複 adāwā）と言う。「必要な物を準備または用意する」ことを元義とする語である。一枚皮も未だ「小型」と意識されているようで、ラクダ皮水袋の標準は二枚皮のものである。ラクダのイブン・アディーマイン（二枚皮）を用いての水袋は二種あり、一つはサティーフ saṭīḥ またはサティーハ saṭīḥah と言う。

図49 大型水容器。水を中に入れ、ラクダ鞍の上に置かれるキルバ（水用皮袋）。

「平らに延ばした、または広げたもの」の意味である。文字通り、二枚のラクダ皮を「平らに延ばし、または広げ」重ね合わせて、フチの部分にさらにfi″ām（細い当て皮）をして縫い合わせたものである。他の一つはシャイーブsha″ib（複shu″b）と呼ばれる。「一旦分離され、再び結合されたもの」の意味である。二枚の皮が、ラクダの体から別々に「分離され」、水袋用として再び縫い合わされ「結合され」るところからこの名がある。シャイーブの方はfi″ām（当て皮）を用いず、両方の皮のフチを短めの方に合わせて折り込み、フクロ縫いをした皮袋である。従ってシャイーブの方がサティーフより「当て皮」をしていない分だけ小型になり容量も少ないことになる。ラクダ二枚皮の皮袋の標準はサティーフとされている。

サティーフが二枚皮の代表語であるとすれば、三枚皮 ibn thalāthat ādimah の代表語はマザーダ mazādah（複 mazād, mazāyid）である。マザーダはおそらく元の形はミザーダ mizādah（付加または継ぎ足されたもの）であって、それが訛ったものであろうというのが資料体の述べるところである。この語義の如くに、サティーフを基準として、それにラクダ皮をもう一枚加えて水袋用に製したもの、これがマザーダである。このマザーダ以上に大きな袋はなく、従ってラクダ皮を材としての三枚皮の水袋が、皮袋の最大のものとなる。

マザーダの大きさになると、もはやロバやラバでは運搬不可能に近い。もちろんマザーダの許容量一杯でなければロバでも運び得ようが、背の低いロバでは皮袋の重い底が地面に達してしまうのが普通であるから、そうならないよう配慮もせねばならない。マザーダの運搬の主体はラクダである。いずれの水袋も動物の背に振り分け荷物の体裁をとって載せられる。もっとも比較的少量の水運搬ならば水袋の一つをその動物の腹にくくりつけ、背側でそれを支え持つようにして動物を追い立てていくことも行なうが、この運搬法では大量の水を運べないし、歩行や背中に無理がかかる。大量に、平均して長距離に運ぶためにはやはり動物の背中に荷鞍を置き天秤棒をわたし、左右の側腹に皮袋を配するのが常道となる。ラクダで水を運搬する際、基準となるのがこのマザーダである。マザーダは二つ一組の振り分け荷物となることから双数形マザーダターン mazādatān とも呼ばれる。毛製のフルジュと同じように、マザーダのなかには製せられた段階で二つが紐綱で繋いであり、動物の背に振り分けるように置くだけで良いものもあり、切り離しできないところからマザーダターンとも呼ばれるわけである。こうした繋ぎを持つのは、もちろんマザーダに限らずこれまで記してきたより小型の袋も振り分け具とする場合と同じで、それぞれ双数形の名称で呼ばれることは変わりない。

マザーダは、それより小型の水用皮袋と異なるところは、それを基準として他に二つの特称を派生させている点にある。マザーダの半分、及び二倍を指示する名称である。前者にペアーとして用いるマザーダの、即ちマザーダターンの片方だけの袋を指してファルダ fardah（複 farad）と言う。ファルダとは「二つ一組であったものが切り離され単独になったもの」の意味であり、「半荷」と訳し得るものである。従って量的にも二分の一マザーダと解されている。「二倍のマザーダ」となる後者は、ラーウィヤ rāwiyah（複 rawāyā）であって、北東部族方言では rāwī（複 ruwī）と呼ばれる（『ディクソン』七八）。ラーウィヤの語根の語義は「（灌漑などのために）水を引く、または運ぶ」であり、このために用いられるラクダもまたラーウィヤと呼ばれる（第15章「ラクダが引っ張る」参照）。この語義からも分かるように、農地などに灌漑するために、ラクダに倍の加重となるラーウィヤ、即ちマザーダの二組を運ばせるわけである。ラクダにとっては大変な重労働であるが、幸いなことは近距離を往路だけ運ぶので、その分だけ助かることになる。

第21章　ラクダで身をあがなう——血の代金とラクダ

1　血の復讐

「目には目を、歯には歯を」。故意であれ偶然であれ、他人の体に傷を負わせた者は、同じ程度に相手から傷を受けねばならず、人を殺した場合には殺人者は同じ方法で殺されねばならない。これがアラブ、ユダヤを問わずセム族一般に共通する聖なる「同害報復」であった。故意はともかくとして、偶然の場合にも全く同害の報復を受けねばならないことには、現代の我々には納得のいかない点はあるが、殺人や殺傷は故意か偶然かは定め難いことが多いし、何よりも無益な殺傷や無制限な報復を慎むことへの配慮があってのことであったろう。

しかし歯止めであるべきこうした掟も、部族闘争や略奪を是とし、それに武勇の範を求めていた時代を持ち、同族意識と利己主義の優った性格を持つアラブには逆に作用したことも多い。古来、血を流されて殺された者は、殺害者の血によって償われない限り、死霊となって家族の周辺や墓場をさ迷っている、と信じられた。この死霊はハーマ hāmah

（フクロウの一種）に乗り移り、墓場や仇討《あだう》ちの責を負ったハムサ khamsah（最近親者）の男達の上を夜な夜な飛び回るとされた。フクロウの鳴く声は、こうした人々にはイスクーニー isqūnī, isqūnī と聞こえ、それが仇討ちの果たせない彼らを恐ろしがらせ、あせらせ、いらだたせた。isqūnī「我に飲ませよ」、isqūnī「我に（彼の血を）飲ませよ」と。

こうしたフクロクの鳴き声にさいなまれながらも、ようやく殺害者を見つけ、流血沙汰の末、仇討ちを果たしたとする。それでも、仇討ちした本人は安心できるわけではなかった。フクロウの鳴き声に悩まされることはなくなっても、今度は己がいつか殺される運命に立ったことになるからである。仇討ちをした相手のハムサ（最近親者）が、その時点で復讐をしない限りにおいては、死者を浮かばせることができず、「我に血を飲ませよ」にうなされ続けることになるからである。

仇討ちの相手は、殺害者本人か、不可能な場合には最近親者であるハムサの誰か、それも不可能な場合には同じ氏族に当たるアシーラ ʿashīrah、さらにそれも不可能な場合には同じ血を持つ同族カビーラ qabīlah の誰でも良かった。これは仇討ちされる側だけでなく、仇討つ方もまた同様であった。こうしたことから偶発的殺人が血は血を呼び、部族間の血讐がくり返されることも多かった。また殺人は同族内でも生ずることがあり、こうした場合、前述のような血の濃さが分かれ目となって敵、味方になり、流血沙汰をくり返すことにもなった。

2　血の償い

こうした同害報復が長く続くと、部族の成員誰しもが何らかの仇討ちに参加しており、また仇《かたき》としてつけ狙われていることになり、部族生活のレベルだけでなく個人の日常生活の次元においても支障をきたすことになる。そこでこれを解消する救済策として「血の償《つぐな》い」という制度が存立したのであった。人の殺傷を犯した場合、それに見合うだけの物品で代償する制度である。この制度はいくつかの名称を持っているが、最も一般的にはディヤ diyah と言う。

ディヤはその語源をワジ wādī（砂漠中の川、涸川）と同じくワダー wadā にもっており、原義「断つ、または分断する」の派生語である。ワジの方は「水流が砂漠を分断する」こと、またディヤの方は「血讐を断つ」ことに意味的分化をしたものである。ディヤの語根系列を追うと、動詞Ⅰ型 wadā「diyah を行なう、または払う」、Ⅲ型 wādā「diyah の授受を行なう」、Ⅷ型 ittadā「diyah を受け取る」のように意味場の展開ができ、「血讐」の意味が中心概念になっていることが分かる。

ディヤと同義語にアクル ʿaql 及びムッダ muddah がある。両者とも「血讐」が意味の中心ではなく、この慣行に付随する属性を言い表わした概念で、前者は「代金」が、後者は「その期間」が元来の意味である。アクルが「血の代金」の意味を持つようになったのは次のように考えられる。殺された者の遺族に「血の代償」を許された殺害者（ないしはその代理人）は、両者の間で合意に達した頭数のラクダを連れて遺族のもとに赴き、彼らの面前でラクダ達が動かぬよう枷ʻiqālをはめた。このʻiqālをはめる行為がʻaqlであり、この慣習化がアクル「血の代償」の意味を持つに至った。やがてアラブの生活圏が広まると、代償の内容が「ラクダ」のみでなく、ディルハム銀貨やディナール金貨及び他の物品であっても許容されることになる。こうして「ラクダに枷をすること」の意味であったアクルが、ラクダと直接結びつかなくとも「血の代償」の意味に用いられるようになったのである。

ʻaqlの語根系列にも、語幹の中心概念ではないにせよ「血の代償」の意味を形成できる。I型動詞ʻaqala「アクルを与える、または支払う」、III型動詞ʻāqala「（比較算定において二人の）アクルは同価である、またはアクルの算定をお互いに行なう」、VI型動詞taʻāqala「協力してアクルを出しあう」、VIII型動詞iʻtaqala「アクルを受け取る」、能動分詞ʻāqil（複ʻāqilah）「アクルを支払う者」等である。なおこうした語彙を使っての慣用表現のいくつかは後述しよう。

ムッダmuddahの方は「時、空間の広がり、または期間または期限」の意味であり、具体的には「血讐の猶予される期間、即ち血の代償が許される期間」を言う。この期間内に示談された全額を支払いきれば血讐は解消されることになる。この期間は普通三年とされ、最長の場合でも四年である。ムッダがこのようにディヤと同義の「血の代償」の意味として用いられるのは、しかしながら半島北部の遊牧民だけであり、従って広域語として半島全域で通用する語ではなかったようだ。十九世紀の旅行家、例えばDoughtyはmiddaと、Musilはmeddeと書き記している。部族方言ではさらにDicksonはイラクのそれに触れ、diyahの意味でfaslが、それに加えて名誉挽回として送る金額のことをhashmというと説明し、さらに「血の代償」の意味でこのような表現は他のアラブ地域では聞いたことがない旨を述べている（『ディクソン』五二八）。

3　ラクダの鑑定人、算定人

一般的には都市民よりは農民の方が、また農民よりは遊牧民の方が、その近接的関係からラクダのことはより正しく、より詳しく知っていると言えよう。遊牧民も当然のことながら、羊（山羊）遊牧民よりもラクダ遊牧民の方が、ことラクダに関してははるかに熟知しているはずである。しかしラクダ遊牧民の間にあっても、ラクダの鑑定に関してはその言に頷《うな》ずかされ、その判断に従わざるを得ないラクダの専門家がいた。

これらラクダの鑑定人は必ずしも遊牧民とは限らず、彼らとラクダ売買や賃借を行なう商人や町の名士であることもあった。いったんことが起こると、いわば公平な立場を取り得るラクダのエキスパートが仲介役として選ばれる。次節以降で述べるような「殺人」や「傷害」に対しての「血の代償」として支払われるラクダの頭数、その内訳、その認可の判断はすべて任されることになる。それだけではなく、ラクダをめぐるトラブルにも、当事者の折り合いがつかない場合、引っ張り出されることになる。例えば事故でラクダを死なせた場合、傷つけた場合、交尾の際に雄が雌を死傷させた場合、やむを得ず他人の雌の乗用ラクダに乗ってしまった場合等々。こうした事例の解決策のいくつかは以下のようにおおよそ定まっているが、彼らはこの場に立ち会ったり、判断を下したり、証人となったりするわけである（以下、『アリーフ』一七二〜一七三参照）。

交尾の際に雄が雌を嫌って嚙み殺してしまった場合、雌の所有者はその代償として雄をもらいうけることができる。無断で他人の乗用ラクダに乗った者は、その所有者に名誉毀損代を支払わねばならない。しかもそのラクダを負傷させたり、結果として死なせてしまった場合には、それに見合うだけの損害賠償をせねばならない。並の雄ラクダが血統つきの雌とつがった場合、雄の所有者は多額の賠償金を払わねばならない。逆に血統正しい種雄が並の雌とつがった場合、雌の所有者の主張があればその仔に父親の血統を認めねばならない。ラクダの売買においての立会人は部族内と部族外とはその人数が異なってはならない。ラクダの盗難にあった場合、犯人と断定された者は盗んだラクダか、それとあらゆる特徴が似ているもの、さもなければ「並み」のラクダ五頭を代償とし、さらに罰金を支払わねばならない。

4　人の命をラクダで支払うと

男一人の値段。これはその人の出自、社会的地位によってもまた年齢によっても異なる。イスラム期以前では雌ラクダ十頭から百頭以上までさまざまであった。ムハンマドの父アブドッラーが、彼の父の犠牲となって殺されようとした時、占い矢の示したその代償はラクダ百頭になった。この故事とも絡んでいよう。イスラム期以降はラクダ百頭が「人の命」の定価となった。もちろん、その人の社会的評価によってその数が増減するし、またラクダの選び方も異なってこよう。故殺か過失かによる百頭のラクダの選び方も異なっていた。第9章の年齢別のラクダの認識体系は、ここで具体性と現実味をぐっと帯びることが分かろう。故殺 'amd の場合は、二歳雌 bint makhāḍ 二五、三歳雌 bint labūn 二五、四歳雌 hiqqah 二五、五歳雌 jadha' 二五頭が、また過失 khaṭa' の場合は上記の数が二〇頭ずつ、それに価値としては劣る三歳雄 ibn labūn 二〇頭を加えて計百頭と定められていた。

イスラムの出現に伴なって、アラブは近隣の文明地域ビザンチン、エジプト、ペルシャを支配地域におき先進文明と同化していく。これに伴なって、定住化、都市化するアラブの出現をみる。都市定住のアラブにとってはラクダが唯一の財産ではなく、金貨、銀貨がそれにとって代わった。イスラム化される初期には次のような大まかな平行関係があった。ラクダ百頭は金貨ならば一千ディナール、銀貨ならば一万ディルハムが等価とされ、これが「血の代償」としてイスラム法化された。即ちラクダ一頭は一〇ディナール、百ディルハムという算定であった。このラクダ単位の貨幣単位の移行ないし平行関係は、やがてテントの民の「血の代償」はラクダでなければならず、金（貨）、銀（貨）であってはならない。町の民のそれはラクダであってはならない。また金の民（旧ビザンツ領シリア、エジプト）は銀貨であってはならない。銀の民（旧ペルシャ領イラク）は金貨であってはならない。と流通形態や地域に合致したものに細分化されていく。イスラム勃興期から徐々に体系づけされていった「血の代償」のこうした定めは、当時の財産、貨幣のあり方をよく反映していて興味深い。ラクダがそのベースとして定められたこの制度は、次節ではさらに具体化され、人命から人体の損傷の場合、即ち人体の部位がラクダでどの位かということにも当然適用されている。

5　人体の部位をラクダで支払うと

「生命には生命を、目には目を、歯には歯を」という同害報復の倫理観がある文化圏であるからには、上述した「生命」だけではなく、身体に受けた傷についてもその「血の代償」制度があるはずである。調べてみるとイスラム法にはこと細かにこのことへの言及がある。法の成立にはそれ以前の遊牧民を主体とするアラブ社会の考えが前提として反映されているはずである。

両目、両耳、両手、両足、鼻、舌、ペニス等の根元からの切断はラクダ百頭、即ち「生命」と同価。片目、片耳、片手、片足、睾丸の一つの根元からの切断はラクダ五〇頭、即ち「生命」の半分。指は一本につきラクダ一〇頭、即ち「生命」の一〇分の一、ただし指には三指節あるので先端の一指節から三等分される。即ち、爪のある部分の切断に対しては「生命の三〇分の一」になる。歯はどれも一本につきラクダ五頭、即ち「生命の二〇分の一」に等しいとされた。さらに驚くことには頭部、顔面に関しては別の体系があり、一〇段階にわたる分類がなされており、そのそれぞれの段階においてラクダ何頭に相当するかが明記されている。「血の代償」の体の部位と並行する形で、これはシジャージュ shijāj

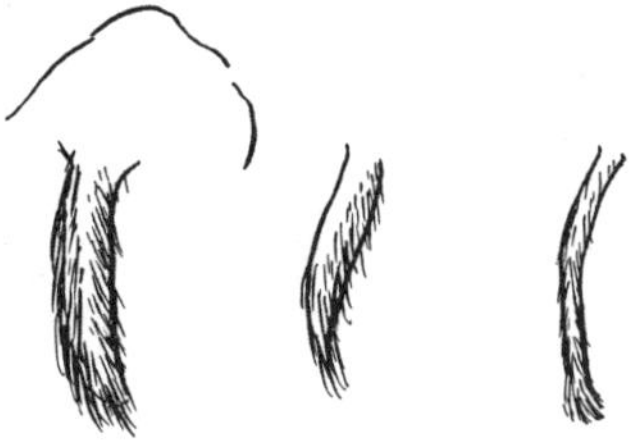

図50　ラクダの尾。30cm から50cm あり、機敏に動く。緊張、警戒すると尾を上げる。

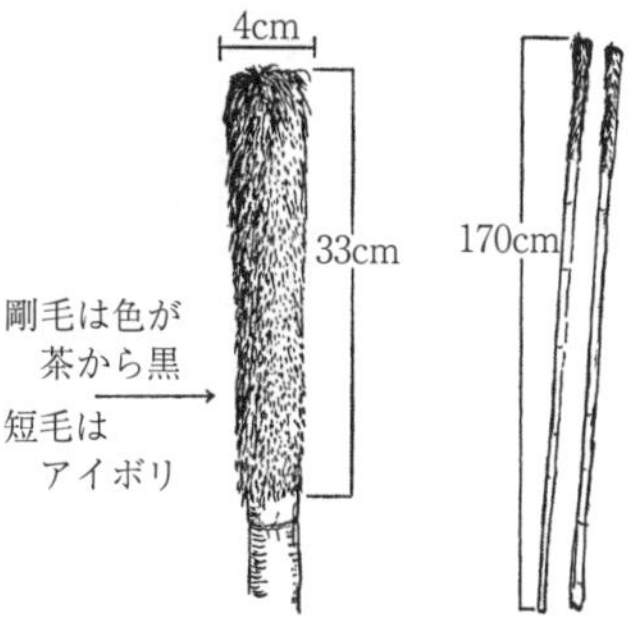

図51　ラクダの尾を取手に利用したラクダ杖

と称して特別な用語となっているのである。この shijāj とは shijjah の複数であって「頭を負傷する、割る」を原義とする語である。出血の度合い、骨への傷の深さ、脳への負傷の度合い等が目安とされた。例えば生命に別状なく頭蓋骨にまで達した傷はムーディハ mūḍiḥah と呼ばれる第六、ないし第七段階のもので、ラクダ五頭がその対価とされた。これの次の重傷度のものは頭蓋骨破損で、これはハーシマ hāshimah と呼ばれ、ラクダ一〇頭、最終の第一〇段階の脳に達した傷は āmmah と呼ばれ、殺人の三分の一が対価とみなされる如くであった。

このように体の部位によってもその血の代償が異なるわけであり、その相違は同時に別の視点からアラブが身体の部位をどう価値づけているかという民族的概念の反映をみてとれるわけである。総じて二点の指摘はできる。

(1) 外見の美観が著しく損なわれるほど高額である→外観の重要性

(2) 再生不能の部位ほど高額である(片目の者がもう一方の目を失明させられた場合も両目と同価と算定される)。

6 「女性」の血の代償

さて、血の代償は体の部位の損傷による相違だけでなく、男女、奴隷、異邦人によっても異なる。前述のさまざまな具体的規則はすべて「成人の男性」がその対象であった。女性は他の評価と同じく男性の半分とみられた。従って女性による殺人、及び女性が殺された場合、いずれもその血の代償は男性の二分の一であった。ただし女性の負傷の場合には例外があった。先のアーカラ ʿāqala「（比較算定において二人の）ʿaql は同価である」を用いた言い回しに「女性はその ʿaql の三分の一未満までは男性と同価である」がある。これは即ち血の代償が重くなり、その代価が三分の一に達した場合、それ以上は男性の二分の一と算定されることを明らかにしている。

人一人の額の三分の一に相当する負傷は、例えば先の頭部への傷の場合のアーンマ āmmah がそれである。より傷の軽いムーディハ mūḍihah ならば二〇分の一、ハーシマ hashimah ならば一〇分の一であり、その全額を男性と同等に傷を受けた女性が受け取ることができる。が、アーンマの場合はラクダ百頭の三分の一の二分の一、即ちラクダ一七頭の支払いを受けるにすぎなくなる。しかし逆に女性が傷を負わせた場合は、支払いが軽くて済むわけである。また指の損傷の場合、指一本がラクダ一〇頭、即ち人の生命の一〇分の一であるから、指三本はラクダ三〇頭、人の生命の一〇分の三。ここまでは男性と同等であるが、指四本になるとラクダ四〇頭で人の生命の三分の一を超えてしまう。このため、四〇頭の半分二〇頭に落とされてしまう。この額は指三本の頭数より少なくなり、矛盾を生じている。指五本、即ち片腕の値段もまたラクダ二五頭であり、指三本のそれよりも評価額が少なくなる。しかしこうした矛盾は、よほどの事情がない限り最高額となる指三本の額が支払われて、解消されるのが慣例である。この意味でも三分の一という語には、こうした状況下では焦眉の概念になっている。

7 「奴隷」その他の血の代償

奴隷が殺人を犯した場合には、その本人には責任がなく、すべてがその所有者の責任となる。殺された場合にも、その処遇を裁可するのは主人ということになっている。

既述の如く、アーキル ″āqil とは「血の代償を支払う者」の意であるが、これを用いた成語に「″āqil は ″amd にも ″abd にも血の代償を行なわないもの」がある。″amd と ″abd とは同じ語形で韻を合わせたものであるが、前者は「故意（の殺生）」を、後者は「奴隷」を意味しており、この両者には「血の代償」の要は無し、というわけである。即ち「故意」による殺傷は、血讐を持ってすべしとし、また「奴隷」による殺傷はその主人による問題であって奴隷本人の「血の代償」の要は無しとするわけである。

奴隷ではなく捕虜の場合は事情が一変する。捕虜とされたからにはその事情、及び身分が関係しており、高貴な者ほど「身《み》の代《しろ》金」がかさむことになる。名の知れた者が捕虜になった時の言い方として「数百頭のラクダの枷」がある。百頭ではなく、数百頭のラクダ、即ち普通の捕虜の何倍かの「身の代金」をとられることを言ったものである。

その他、寄留民、精神異常者、異教徒（ユダヤ教徒、キリスト教徒）、複数の殺人及び死傷者、とさまざまな想定があって、そのそれぞれに詳しい「血の代償」が定められているが、こうした段階になると「ラクダの文化誌」とは著しく逸脱するのでここでは扱わないことにする。詳しくは法律書の diya の項目を参照されたい。興味深いのは、「動物による死傷」の項もあり、いかにも遊牧民的、家畜近接文化的文化土壌を反映していることである。発情期の雄山羊や雄ラクダ等の家畜の雄は気が荒くなっており、その角にひっかけられたり、また嚙みつかれたりして人命を落とすことも決して少なくなかった。こうした場合、その殺人を犯した家畜は持ち主次第であるが、ほとんど例外なく即座に殺される運命にあった。こうした情景はよくニュースの記事としてみかける。異郷の我々ならば「人心の分かるわけでもないので、わざわざ殺さなくても」と思うが、この行為自体には、ここで述べているような「同害報復」の概念があり、それに則しての当然の行為と理解せねばならぬわけである。また「動物による負傷」はその飼い主が全責任を負い、その示談で処理が行なわれた。

8　血の代償の事例

例一　部族戦争として最も有名な戦いに「ダーヒスとガブラーウの戦い」がある。これは兄弟部族の族長が所有する名馬のいさかいがもとで四十年以上にもわたった殺し合いに発展した。一方の族長であったハーリスは敵の血を流したわけではなかったが、この兄弟部族の仲介に入り、敵味方のテントを何回も往復した結果、殺された者を差し引きすると敵方が三十人多いということからラクダ三千頭を敵方に払うことでこの長いドロ沼を脱け出すのに成功した。敵を誰一人殺してもいないのに自らの財産を投げうって長年の戦いを終息させたハーリスの善行は詩人ズハイルによって謳われ、後世にまでその名声が伝えられることになった。

汝達の財産《ざい》であるべきラクダより／耳削がれたるアフィーラ（二歳雌）達
あらゆる手段《てだて》で集められ／戦利品とも見紛う程に
敵方部族の領土へと／駆られ追われて行きにしか。
かくして傷は癒《いや》されぬ／何百頭ものラクダにて
一群《むれ》また一群《むれ》と次々に／支払われたり、ラクダ達
支払う本人《ひと》に咎あらず／流血避ける人なれば。
一方《こなた》の部族が他方《かなた》にと／賠償金を支払いぬ、
既に両者の間には／血の流ること無かりけり、
放血の際の吸い玉に／たまれる一杯の血程にも。　（『ムアッラカート』Ⅲ二三〜二五）

例二　「ダーヒスとガブラーウの戦い」と並ぶプレ・イスラム期の大部族戦争は、「バ

スースの戦い」という「乳ラクダ」一頭を殺害したことから、これまた長年の流血沙汰となった戦いであった。これが部族戦争となる前に血の代償の交渉があった。「あなた達がお望みとあらば、ナーカ（雌ラクダ）一千頭を差し出そう。それがあなた方にとってのバクル族の保証となってくれれば」（『歌の書』V 四〇～四一）と殺した側の族長が提案する。族長の血の代償を、この場合「雌ラクダ一千頭」と算定しているが、これもこうしたハイクラスの値踏みとして納得いくものであったのだろう。もっともこの事件では相手方は拒絶しているが。（「バスースの戦い」については拙稿「バスースの戦い――四〇年に亘る部族闘争――上・下」日本サウディアラビア協会報№90～91を参照されたい。）

例三　一旦故郷メッカを追われた預言者ムハンマドが、再びイスラムのもとにメッカを開城させた時、敵方として戦った人々のほとんどは許される。しかし寛大であった預言者にも、何人かはその願いを受けつけず刃にかけた人物がいた。その中の一人ミクヤース Miqyās ibn Ṣubābah はカアバの垂れ幕にすがったまま血祭りにあげられた。この事情は以下の如くである。ムハンマドがヒジュラ（遷都）後、メディナからイスラムに従わない町に聖戦をかけたある折、同志ナッジャール族の者が敵と見誤ってミクヤースの兄弟ヒシャーム Hishām ibn Ṣubābah を殺してしまっていたことが分かった。そこでナッジャール族は下手人が誰か分からないままミクヤースを説得して、血の代償としてラクダ百頭を集めて受け取ってもらった。ミクヤースは預言者の前に進み出て、メディナに帰らせてくれるよう願い出て許可された。ラクダ百頭を連れての帰還であったので、ナッジャール族のフィフリー al-Fihri と言う男が付き添いとして同行することになった。ミクヤースは道中、兄弟の仇をとるというムラ気が昂じてきて、彼を信じきって付き添ってきたフィフリーのすきを狙って大石を投げつけ、頭を割って殺してしまった。そしてフィフリーのラクダまでも自分の財産として追い立てて、メディナに帰らず、敵方の異教の町メッカに逃亡してしまったというのである。この悲惨な事件が起こった直後であった。預言者ムハンマドに次のような啓示が下ったのである。「信徒を故意に殺した者、その者の応報は地獄(落ち)、そこに永久に住むことになろう。アッラーは彼を怒り、彼を呪い、厳しい刑罰を用意し給う」。『クルアーン』第四章第九三節にはこのような背景があった。

この事件は『クルトゥビー』(Ⅲ一八九八)他の『クルアーン』の註釈書より引用したものであるが、この記述の中でも、当時の「男一人」のディヤ(血の代償)が遊牧民の間にとどまらず、メッカやメディナの町の民においても「ラクダ百頭」であったことが分かろう。

9　血の代償の近代の事例

「血の代償」の具体例を近代になって半島内を訪れた何人かの旅行家の書物から拾ってみよう。ブルックハルトの記述によれば、ワッハーブ家の統治者サウードはイスラムの伝統に則して、「血の代償」はラクダ百頭とし、一頭の換算は八ドルと定め、従って貨幣ならば八〇〇ドルと定めた旨記している（『ブルックハルト』Ⅰ三二五）。この当時、半島の東ヒジャーズを領土としていたハルブ族も同じく八〇〇ドルであった（同上書Ⅰ三二五）。しかし同じ八〇〇ドルでも半島北東部のムタイル族では、これに奴隷一人、乗用ラクダ一頭、銃一丁が加えられねばならなかった（『ディクソン』五二七）。前記の奴隷以下のものはシラウ sila″と呼ばれるもので、出陣や祭礼に必要とするハレ着プラス武器プラス乗り物、即ち「騎士装備一式」であった。この sila″は方言によっては sola″とも言ったが、ラクダないし貨幣の代替物とされた。否、むしろ戦いを好む部族ほどラクダを少なくしてシラウの方を多く要求した。後者の場合、資料の出所も時期も異なるのでこの八〇〇ドルというのは、(1)換算率の下落した時期、(2)ムタイル族（遊牧部族の中では最強部族の一つ）の出自とのからみ、とが関係しているものと思われる。半島北西部のアナザ族ではラクダ五〇頭にシラウ一式であった。アナザ族のシラウ一式は乗用ラクダ一頭、雌馬一頭、黒人奴隷一人、鎖帷子《かたびら》一式、銃一丁より成るものであった（『ブルックハルト』Ⅰ一五四）。銃が武具として入る前は勿論「剣」であった。またこのシラウのなかには他の動物、タカであり、あの優美なサルーキー犬も加えられることが多々あった。これは騎士のたしなみとされる狩猟用のものであった。

伝統的ベドウィン社会においてラクダの代価とされるものは、前記の「騎士装備一式」

であるシラウばかりではなかった。砂漠生活においては植物蛋白として最も重要であり、かつ基本的な食べ物であったデーツ（ナツメ椰子の実）の木 nakhlah もまたごく普通であった。その何本かがラクダ一頭分と、また何本、何十本から成るナツメ林が何十頭分かに相当し、その代価とされた。中でも、デーツの房を多く実らせ、美味で優れた実をつけるナツメの木はそれ一本でラクダ一頭に相当するものとみなされた。半島北東部フウェイタート族がムワーヒブ族に血の代償としてラクダ四〇頭を要求したが、ワーディー・アウルーシュの地の立派なナツメ椰子の木ならば、ラクダ一頭分とみなして代替可能だ、との記述をドウティーは報告している（『ドウティー』Ⅰ五二四）。またシナイ半島のベドウィンの血の代金としては二一～三〇頭のラクダに加えていくつかのナツメ椰子の木を加えている報告（『ブルックハルト』Ⅰ三二九）もある。

後記の二例は「血の代償」としてはラクダ百頭よりはるかに少ないことになるが、地域的部族間、または部族間の友好度によっては、「ラクダ四〇頭」が「血の代償」であった地域、また時代もあるにはあった。これはドウティー及びディクソンによっても確かめられる。半島西部ヒジャーズ地方の諸部族では、ラクダ四〇頭が血の代償である（『ドウティー』Ⅰ五二三―四）。それを当時の現地の通貨リヤルに換算すると八〇〇リヤルという（同上書Ⅱ一一七）。血の代償が八〇〇リヤルであると記されているのはイラクの遊牧諸部族、また半島中央部ネジド、東部ハサ、及びクウェイトの諸部族であった（『ディクソン』

五二七)。このディクソンの同ページには、ほぼ同時期にクウェイト政府が布告にした「血の代償」が三、〇〇〇リヤルである、との記載がある。とすると八〇〇リヤルはその三割にも満たない数である。遊牧部族の「血の代償」は各事例に当たると、最低ラクダ五頭の場合も報告されており(『ドウティー』I四四九)、血の近さ、ギフト(贈与)婚、友好部族の度合い、ラクダの代価物の介在及びその換算の相違など、部族毎の慣習、それも太古から存続し、不変と変化とを見せながら今もなお存続する慣習の統一的側面と多様な側面とを露呈しているわけである。

なお「血の代償」の成立には、次のプロセスが必要とされる。殺害者側と殺された者の代表者との会合(この際最低五頭分のラクダないしその等価物品が殺害者側から持たされる)。当事者間の合意が成立しない場合には、双方ともに信望のある人物に仲介に入ってもらい「血の代償」の額を決定する。この合意に達した後、殺害者側は自らの血を流さなければならない。即ち、殺された側の居住地へ出かけ、その関係者の前庭で連れていった犠牲動物を屠殺し、その流血を示さねばならない。これによって殺された者の「血の求め」が癒されるわけである。屠殺した動物は料理されて関係者一同に食べられる。この「共食」の行為により義兄弟の縁が結ばれるわけである。食後の別れに際し、殺害者側の槍またはそれに代わる剣、鉄砲、棒の先に白い布が結えつけられる。これを辞去する際に高くかかげて行進することによって、公に「血の代償」が成立したと認められることになった。

第22章　ラクダで娶《めと》る——婚資について

1　婚資の概念

父系制の強い伝統社会では、女性は貴重なる物品として機能する面がある。娘を嫁として出すことによって、父の家、家族、氏族、部族を維持、存続させ、相手方にその保証と相互依存を機能させる。我が国の戦国時代がそうであったし、民族学的にはポリネシアのポトラッチ制に見受けられる循環婚などもそうである。アラブの場合にも遊牧民においては、体系化されるほどに部族間の通婚制、通婚圏も定まっている。

さて、アラブにおいてはラクダが経済単位となっている側面は「婚資」においても観察できる。古い時代であるほど、また砂漠的環境であるほど、婚資をラクダで払うという伝統的慣行は観察できるはずである。いとこ婚、ないしはそれに類する結婚形態以外は、男性側がどれほどの額の婚資を出すかが両家の格式を表わす指標となった。婚資の額に関しては二種類あった。ミスル mahr al-mithl とムサッマー mahr musammā である。前者は「徴《しるし》（のみ）の婚資」であり、婚約の際に別に改まった額はとり決めないもので、後者は

「明記された婚資」であり、婚約時にその額をラクダ何頭その他何々と具体的に定めて合意されたものである。ミスルの方は、族内婚とかいとこ婚といった血のつながりの濃い結婚ないしそれに類した結婚（例えば親同士の約束、友人同士の約束など）の場合であり、ムサンマーの方はそれ以外の血縁のない者同志の結婚の場合である。

イスラム期以降、法によってそれが一層明瞭となるのであるが、結婚は婚資の授受なくしては正式なものとはみなされなかった。婚資の全くない結婚をした場合は、その女性にとっては略奪されたと同じで、恥辱と受けとられた。従ってどんな僅かな額であれ、夫となる者は婚資を支払う必要があった。これは即ち、この行為を通して女性の地位、家庭内の役割を社会的に約束させ、それを認めさせる機能があった。婚資とされる対象は、イスラム期以降、死肉、血、酒、豚以外の経済的価値のあるものなら何でも良しとされた。預言者の伝承にはアフル・ル・スッファと呼ばれたメディナの寺院にたむろする最貧の信者の一人が古びたサンダルを婚資とした話が伝えられている。長い歴史を持つアラブ社会にあっては、例外は多々あるにせよ、婚資は形式的にも必要なものであって、規定では最低額が一〇ディルハムとされている。イスラム勃興期における算定法ではラクダ一〇分の一頭分ということになる。具体的な婚資の例は後述することにしよう。

2 「婚資」の用語

さて「婚資」という用語はアラビア語ではマフル mahr という。そして「婚資を与えられた女性」、即ち「婚約期以降の女性」のことをマムフーラ mamhūrah と言った。マフルという名詞からは動詞も派生している。mahara 及び amhara がそれで、前者は「(女性に) マフルを与える/定める」、後者は「(女性に) 人をやってマフルを送る」である。後者は二重他動詞であり、他人をやって女性にマフルを送るのは、結婚相手としては自分自身か、身内の誰か他の者 (多くはその息子) かであり、それは文脈による。マフルはヘブライ語では mōhar、シリア語では mahrā と語源を同じくしており、「値段」の意味であった (『セム族の宗教』Ⅱ九六)。マフルの慣行は、イスラム教の発展と共に広がり、アラブ圏にとどまらず広くイスラム世界における慣行ともなった。マフルの語もまたイスラム儀礼用語としてイスラム世界に広がった。

しかしながらアラブ世界においては「婚資」という語はマフルには限られなかった。同義のサダーク ṣadāq もシヤーク siyāq も用いられた。サダークとは「前もって言い交わしたこと、誓い合ったことを履行すること、忠実に守ること」から結婚に際しての夫婦の契りとしての「婚資」の意味になった。Smith によれば、イスラム期以降はマフルと全く同義になってしまったが、それ以前は男性側が女性の両親に与えるものがマフル、女性に与える贈り物がサダークであったとしている (同上書Ⅱ九三―四)。サダークと同じ「婚資」

の意味で、同じ語根からさまざまな同義語（多くは方言・部族語）を派生させている。シダーク ṣidāq はサダークほど繁用されてはいないが、より文語として正しい語形であるとされている。サドゥカ朝 ṣaduqah とはアラビア半島西岸ヒジャーズ地方の方言、スドゥカ ṣudqah は半島中央から東よりにかけてのタミーム族の方言、他にサドゥカ ṣadqah、スドゥカ ṣuduqah、サダカ ṣadaqah があり、これらはいずれも「婚資」の意味とされている。そしてこれらの語の意味が反映して動詞も派生した。四型動詞 aṣdaqa は男性側が女性側に「婚資を定めた、または婚資を与えた、または婚資を与える条件で結婚した」の意味を表わしている。

同じく「婚資」の意味を実現しているシヤーク siyāq の方は、遊牧民の生活概念を直接反映した言葉である。「婚資」が動産としての財貨である「ラクダ」を引き具していくことから、この語義が由来しているからである。シヤークの語根であるサーカ sāqa とは「家畜、特にラクダを追いたてる、または導く」の意味であり、「市場」を意味する周知のスーク sūq もこのようにして商品である家畜ないしはその背に商品を乗せた家畜を追いたて導いていって売買を行なう所、従って「定期の家畜市」が古義であって、これに付随して日常生活用品が売られるようになり、広義の「市場」に一般化したものであった。同じく結婚に伴う財貨の交換として追いたてられ、導かれて男性側から女性側に渡される家畜、ラクダ、これがシヤークの語義である。こうした背景を持つ「婚資」であるから、遊牧民の間では今日に至ってもシヤークが、まだマハルよりも普通に用いられていることも当然と言えよう。ルワラ族の傍に生活を送ったMusilも、この部族の「婚資」について言及する時、マハルではなく、シヤークという語が一般に用いられている旨述べている（『ルワラ』一三九―四〇）。

シヤークという語もまた、これから婚資に関しての動詞を生み出している。sāqa及びasāqがそれである。共に「（女性側に）彼女のシヤークを運ぶまたは運ばせる」であり、これが内容的に「ラクダ」を予想させている原義であり、シヤークが金品に変わると「シヤークを送る、または送らせる」と一般化することになった。従って「あなたは彼女に何をsāqaしたのか」との質問は、「婚資をどれほど払ったのか？」の意になるわけである。

もう一語、ラクダと婚資が密接に結びついた概念を表出するものにナーフィジャnāfijahがある。ナーフィジャとは「勢いよきもの」の意味で、風とか雨が勢いよく吹いたり、降ったりする様を表わす語であるが、その語義の延長線に「娘」の意味を加えている。と言うのも、「娘」は長じて適齢期にまで育てれば結婚時に風や雨の如く突然に、即ち「勢いよく」両親に財産を増してくれるからである。ここでの財産という表現は、どの原語辞典もibil（ラクダの群れ）を用いている。娘の父はマフルとして得たibilを己のibilのなかに加え得ることになるからである。アラブでは、古くから女児の誕生は一家の恥をさらすものとして疎《うと》まれたものだが、この際の数少ない慰め言葉にhanīan laka al-nāfijah

があった。「娘の誕生お目出とう」と女児の誕生の際、その両親に声をかけるのだが、その際「娘」を直接意味するbintとかibnahとかを用いずに、実益をもその「娘」の中に含意しているnāfijahを用いている。イスラム期以前から伝わっているこの成句の中の「娘」は、「婚資」とその中心概念としての「ラクダ」とが結びついたnāfijahが用いられている。ということは、ここで中心テーマとなっているラクダの占める位置のみならず、女性、結婚、婚資との関連上、民俗語彙としても極めて興味深いと言わなければならない。

3　結納について

マフルが娘の売渡し金のように解釈され、あたかも人身売買の如くイスラム社会の猟奇的慣行のように指摘されることもままあるが、マフルは決してそのようなものではない。この慣行を最も旧来通り保持しているベドウィン社会にあっては、やがて例に引くように全く形式的なもので済ませ、その額たるや予想以上に微々たるもので驚かされる。逆に町中のそれは個人が一生かかっても貯めることができないほどのもので、多くの場合親の援助を受けて間に合わす。またマフルは全額を一度に支払うのでなく、ムアッジャルmu'ajjal「即払い」つまり婚約時に半額を、残り半分はムアッジャルmu'ajjal「後払い」といって婚約解消の際支払えば良いことになっている。つまり、結婚時においては両者で合意した額の半分、ムアッジャルの分だけ支払えば良いわけである。「即払い」も「後払

図52　アラビア語 hawdaj は「女性の乗るラクダの輿」の意味であるが、インド象のそれにも適用され、英語 howdah になった。

い」も共に日本語ではムアッジャルであるが、アラビア語では前者の「ア」の子音は咽喉壁閉鎖音/ʿ/であり、後者の「ア」の子音は声門閉鎖音/ʾ/であり、明別された音素である。

　マフルは通例結婚式の二週間から一か月前に男性から女性の父親に渡される。そして父親はそのマフルと共に、自分の財産からその一部を加えて女性に渡し、それで嫁入り道具を揃えさせる（『ディクソン』一四五）。このことから、マフルを「結婚仕度金」と説明しているものもあるが、これも正確ではない。先に説明したように、マフルそのものは額の半分を「後払い」muʾajjal と称して結婚解消の際に支払われるものであるし、「即払い」muʿajjal にしても、結婚式の折や直前であることもあって、その「即払い」で花嫁の仕度や持参する家具調度品を取り揃える時間的ゆとりはない場合も多いのである。こうした嫁入り道具は、花嫁側が婚約時よりも相当以前から買い求めたり、一族近親の女達が作ったりして揃えておくものなのである。

マハルと混同されているが、その相違を決定的にしているのがジハーズ（jihāz、複ajhizah）である。日本ではマハルの制度がないために混同されるわけだが、ジハーズの制度の方は存在するので分かりやすい。ジハーズとは「嫁入り道具」のことである。ただし、単なる「嫁入り」ではないことはその揃えられる「道具類」で分かる。どんなものが花嫁側として結婚式までに揃えられるかというと、家具類、日用雑貨、装身具、衣類等である。家具類をもう少し具体的にいうと、まずテント地が挙がる。そしてマット、クッションなどの応接セット、絨毯などの敷物、ベッド、毛布、枕などの寝具、食料用、水用等の皮袋類、皿、コップなどの食器、挽臼などの台所用品であり、これらは定住民と遊牧民との間、貧富の差、地域差、時代差によって異なり、現代ではミシンまでがベドウィンのテントの中に備えられている。

なおジハーズ「嫁入り道具」を一揃えした残余のマハルの額は、金、銀の装飾品に変えられ、女性の飾りとして、また財産として保持される。否、ジハーズをできるだけ抑えて、金、銀に換えて保持する傾向が大である。こんな点も我が国の「物持ち」が財産家であるとされるところと異文化の考えの相違としても指摘できるわけである。

4　都市・定住民の婚資

イスラームにおいては、男が結婚契約金マハル mahr ないしサダーク ṣadāq（マハルと同義語）を支払うことを義務づけている。この中には贈物や披露宴は含まれていない。マハルの額に関して『クルアーン』には規定はない。預言者は妻の一人に二〇〇ディルハム、また妻の何人かに五〇〇ディルハムのマハルを支払ったことが伝えられている。ウマル一世はマハルの額が前記の金額を超えてはならないと強調している。また彼が次のように語ったという伝承が伝えられている。女人のマハルは四〇 ūqiyya（重量の単位）を超えてはならない。もし超えたものについては余分は国庫のものである。

次いでアブドル・マリクは女たちのサダーク（マハル）を制限し、これを四〇〇ディナールとした。これは法的に定められた最高額で、彼の時代には一般的であった。しかし、それらの金額は厳密に採用されていたのではなく、貧しい階級ではそれより少なく支払われていた。バスラの一人の男は半ディルハムで結婚できたと伝えられている。サイード Sa'īd ibn al-Musib は彼の娘の一人を二ディルハムで嫁がせた。貧者のマハルに関する資料は残念ながら多くない。しかし富裕階級のマハルについては若干伝えられている。ムスアブ Mus'ab ibn Zubair はホセインの娘スカイナ Sukaina bint Ḥusain とタラハの娘アーイシャ 'Āisha bint Ṭalaha に五〇万ディルハムのマハルを出した。彼が死亡するとアーイシャはウバイドッラ 'Ubaibullah b. Ma'mar と結婚した。彼は彼女に対して五〇万ディルハムのサダークを与え、別に五〇万ディルハムを贈った。ウマルはアリーの娘ウンム・クルスーム Umm Kulthūm と四万の契約で結婚し、ウスマンは彼の妻ファラーフィサ al-Farāfiṣa に一万ディルハムをマハルとして与え、彼女にカイサーン Kaisān Abu Muslim を奴隷として与えた。ムトラフ Mnṭraf b. ʺAbdullah がその妻に与えたマハルは三万ディルハムと一匹の驢馬、ベルベット、女奴隷という条件であった。マスルーク Masrūq は彼の娘をサーイブ al-Sāʺib b. al-Afraʺ に次の条件で嫁がせた。即ち、花婿に対して一万ディルハムを、また花嫁には彼女の必要とするものを用意するというものであった。イブン・スィーリーン Muḥammad b. Sīrīn は彼の Sudūsī 族の妻と一万ディルハムの条件で結婚した。ファラズダクは彼の妻ナワール al-Nawār に対して一万のサダークを与えた。またある伝承では四、〇〇〇となっている。ハカム al-Ḥakam b. Yaḥyā は彼の叔父の娘と次のような条件で結婚した。即ち、彼のアターは彼女が取り、いかなるものも彼の娘達の得るものは彼女の所有するところとなるというものであった。またクーファに住む一人の男が結婚に際して示した条件は、次の如きものであった。即ち、もし彼女が家に残る場合は二、〇〇〇を、もし彼が彼女に対して彼女の家から出て、彼と共に住むことを求める場合には四、〇〇〇のマハルを提供するというものであった。(『アルアリー』Ⅱ一五五—一五六)

ハダリー(定住の民)のマハルに関しては、古典を渉猟して al-ʺAlī が詳らかな記録を残している。ここにそれを引用したが、個々の事例がどれほどの身分のものかによって大きな差があること、また同じ通貨単位であっても、時代差、地域差のあることも注意して読みこまなければならない。引用はすべて定住民であるために「婚資」のもとの財産が不動産であるということが、バダウィー（遊牧民）のそれとは相違してこよう。それゆえ、ラクダがマハルとされている記述は一例もない。ラクダの価値も都市の内部では相対的に低くなろうが、ラクダ一頭に対して、銀貨一〇〇ディルハム、金貨一〇ディナールとの伝統的な算定法でみていくと、預言者のマハル二〇〇～五〇〇ディルハムは、寡婦救済のためもあって、相当高額なほうであったろう。前記の額はラクダ二～五頭になる。アブドル・マリクには最高額が四〇〇ディナールとされたのをウマイヤ朝時の一指標とすればラクダ四〇頭分ということになる。これ以外の引用は貴族や有名人のケタ外れた高額のマハルか、最貧の者の最低のマハルかの、いずれにしても珍しい事例であるためにあまり参考にはならない。

5 『千一夜物語』のなかの「婚資」

フィクションとしては『千一夜物語』のなかにマフルの記述が一一箇所ほどある。そのなかで筆者が感心し、引用にも値すると思われる記述が一箇所ある。

「まあ聞きな、こわっぱ、おらあランマーフ・ブヌ・フマームの子のサッバーフっちゅうもんだ。おらの部族はアッ・シャーム（シリア）の遊牧アラブのひとつだぜ。

おらには従妹がひとりあって、名はナジマっていうんだが、あれを見たものは誰もかもうっとりしちまっただ。おとうちゃんが死んだあと、おらあナジマのおやじのおらの叔父貴んとこで育てられただ。そのうちにおらも大きくなるし、叔父貴の娘も大きくなるちゅうと、叔父貴はあの娘をおらから引き離して会えねえようにしてしまっただ。それっちゅうのもおらが貧乏で、ろくに銭もねえことがわかってたからだわな。おらあアラブの勢力者や部族の酋長たちんところにいって、とりなしを頼んだだ。叔父貴もこれには恐縮しちまってな、おらに従妹をくれるって返事をしただ。したにはしたが、条件つきでな。婚約金として馬を五〇頭、一〇歳の乗用牝らくだを五〇頭、小麦を積んだらくだを五〇頭、大麦を積んだのを同じく五〇頭、男奴隷一〇人、女奴隷一〇人を出せばっちゅうのだ。こうしておらには背負いきれぬ重荷をせおわせ、おらの力には及びもつかぬ婚約の品を出せってふきかけただ。そんなわけで、おらあ、こうしてシャーム（シリア）からイラークへ旅をして来て、ここ二〇日にもなるが、おめえの他には誰ひとりお目にぶらさがったものはねえ。実のところは、おらあ、バグダードにいくつもりでいるだ。あそこからふところ具合のあったかい大商人衆《あきんど》が出てくるのを待ちうけていてな、そいつらの跡をおつけ申してよ、そうしてお宝はみんな頂いちまって、付添いの人間は皆殺しにし、らくだは積荷ごと連れてっちもうちゅう寸法だわさ。ところで、おめえはいったいどこのどういう人間でいらっしゃるちゅ

うのかえ」（『アラビアン・ナイト』第五巻、前嶋信次訳　二二七～二二八）

これはカーン・マー・カーンという主人公が砂漠のなかで野宿中、同じ野宿をしていたベドウィン、サッバーフと出会い、サッバーフが婚資を得るべく放浪しているところのくだりである。訳は随分無理をして不徳のベドウィンを描きこめようとしているが、この前にベドウィンは恋歌一編を作詩して唱しているわけで、文体的にふさわしい訳とは言いかねる。ここで「婚資」とされているのは、馬、ラクダ、奴隷であるが、他に比してラクダが計一五〇頭となり圧倒的に多い。馬とかラクダが婚資とされるのは、いかにも遊牧民社会のでき事であるかのように描かれている。都会的背景で成立していった物語が、ベドウィンに対しては著しい偏見（強盗、裏切り者、不倫な者）に満ちている（ここで引用したサッバーフも主人公を二度裏切っている）のに、婚資に遊牧社会の慣例を色濃く出していること自体、やはり中東社会一帯が都市中心で世界を築き上げていても、その基底は遊牧社会への配慮なしには成立しない面を窺い得る、こうした事例の一つと言い得るであろう。

6　遊牧民のマハル

近代に入っての遊牧民におけるマフルについては、例えば半島北西部に勢力を持っていたルワラ族と生活を共にしたMusilが次のように記している。

花嫁となる通常の代償は雌ラクダ一頭か二頭、それに結婚後の略奪において初めて獲られる馬一頭である。また花嫁の実母へは雌ラクダ一頭が贈られる。それは花嫁を娘から一人前の女性に育て上げてくれたお礼である。この母親へ贈られるラクダはバイール・アル・クーウ baʿīr al-kūʿ 即ち「肘のラクダ」と呼ばれる。授乳時に母親が幼児を地面から起こし、肘によりかからせる習慣にちなんで名付けられたものである（『ルワラ』一四〇）。

この記述によれば、マフルは嫁の母親へ贈るものも合わせてラクダ三頭、それに近い未来に入るであろう馬一頭だけであり、額が少なすぎるように思える。これは定説とされる族内婚による財の分散の防止であり、しかも婿はイブン・アンム（叔父の息子）、即ち従兄妹に当たるもの、つまり最近親者から選ばれるのが普通であるためである。もし婿となる男が通婚を可能としている他の部族のもの、ないしは全く血縁のない見知らぬ者ならば、その額は町中における結婚と同じくこの何十倍もの値の張るものとなるはずである。つまり血が薄くなればなるほど、また地理的に遠方であればあるほど、さらに都市的環境であるほど、財を取り返すべく、その額は高くなるのが通例である。

ついでながら現今の婚資について一、二述べておく。婚資のことで特に調査をしたことがないのではっきりとは憶えていないが、筆者がエジプトに留学していた一九七三年頃友人の娘が結婚した時のそれは三〇〇エジプトポンド（およそ二五万円）であった。彼女の父親は銀行員をしている中流の上の家柄で、大学卒で月給二五ポンドぐらいの時代であった。また一九八三年のパレスチナ調査の時の資料をみると、私が滞在したホテルの支配人は結婚ほやほやであり、四、〇〇〇ディナールを贈ったとのこと。占領下のパレスチナ人はイスラエル政府発行のシケル貨幣は用いようとせず、ヨルダン政府の通貨で行なっていることが分かった。またこのことを他のパレスチナ人に話すと、当時の額としては多額であること、さらにその本人は一〇年前に結婚したがその折一、〇〇〇ディナールのマハルを贈ったが、これとてもなかなかの額であったことを話してくれた。

第23章　ラクダで税を払う

1　税と家畜

ラクダが人間の実生活に果たす機能の単位的側面を度量衡のそれぞれにわたってみてきたのであるが、この側面をより具現していると思われるのがここでみていく経済的領域、貨幣としての領域である。ここでは税制とラクダとの相関を主題とする。国家対個人、ないしは支配者対被支配者という関係で、最も基本的であり、表面化しているのがこの分野である。その意味でも時代や地域によって多少の差はあれ、大前提となる税額の概念は一面ではイスラム法の影響のもとで、一面ではイスラム法に影響を与えたという意味で砂漠的環境であっても都市、定住的世界の体系とそう異なることはないであろう。否、むしろ砂漠的環境で育っていった宗教であってみれば、まず財、富の意味を実現する語がマールmālであり、第一義的意味が「家畜」しかも「ラクダ」であってみれば、ラクダによる税額が基本にあり、それが他の貨幣に換算されたのであり、またラクダを本位として羊、山羊がその補助貨幣としての機能を果たしたのであった。その明瞭に法制化された具体例もここでみることができる。ラクダと羊、山羊の関係、ラクダの年齢差による価値の相違、ラクダの頭数差と税との関係、納めるべきラクダの特徴、とさまざまな側面をここでは明らかにする。こうした視点は我々の農耕文化圏とは異なった牧畜文化圏ならではの文化的特徴のさまざまな側面を開示してくれているはずである。

2　税の季節

七、八、九月のアラビアは降雨がなく、日射は激しい。砂漠地帯では緑草は全く枯れ果て、放牧された家畜達には飢餓との試練の時期を迎える。こうした窮乏を強いられる前の五、六月頃に放牧家畜は、虚弱なもの、またある程度成長した雄は間引きされるように家畜市や家畜商に売りに出される。そして遅くも七月下旬には遊牧民は三々五々それぞれの夏営地に集結してくる。夏営地は井戸を中心とする彼らの本拠地である。ここで家畜は僅かの枯草、枯枝でもって飢えに耐え、ほとんど水だけをあてがわれて二〜三か月を過ごさねばならない。乳量豊かであった出産したばかりの乳ラクダもこの時期には飲料としての乳は期待できなくなる。生存が最も危ぶまれ、絶えず監視されるのが乳呑みラクダであり、この時期に離乳期を迎える。

それぞれが夏営地に戻り、井戸場に縛りつけられているこうした時期は、かつては敵部族を襲撃したり、襲撃を受けないよう警戒に怠りなかった。これにも増しての厄難は中央政府、国家の介入であった。政府や国家が強大な場合、軍隊を引き連れて税金を取り立てにやってくるのである。井戸場を離れられない遊牧諸部族に対して、税金取立人は、諸部族のテリトリーはもちろん、どの部族のどの氏族がどこを本拠としてキャンプしているかを熟知しているのである。また国家の介入はなくとも、弱体な遊牧民ほどいずれかの税は取り立てられる。フーワ hūwah として知られる保護税は近隣のいずれかの大部族に支払わなければならない。大部族と国家とは古くから権力のしのぎ合いを演じてきた。

3　税の対象となる家畜とは

弱小な部族が保護税として大部族に取り立てられる場合はこれといった基準があるわけではないが、国家から取り立てられるザカート税にはこうした家畜に関しても法制化されているのが現実である。家畜に関してまずザカート税の対象となるのはサワーイム sawāʾim でなければならない、と規定されている。サワーイムとは「放牧家畜」のことであり、サーイム sāʾim またはその女性形サーイマ sāʾimah の複数表現である。そしてこの用語の基礎となる動詞のサーマ sāma とは家畜が餌を求めて「放牧地に（自由に）行く」の意味であって、サワーイムはその行為者名詞の複数である。動詞サーマと関連してアサーマ asāma という派生動詞は「家畜を放牧地に送り出す、連れ出す」の意味を表わしている語である。これらの語義の関連から分かるように、サワーイムとは「放牧地に自由に行く家畜」「放牧中の家畜」の意味となる。従って第10章第5節に言及した「放牧中の」ラクダの群れの語彙の一つとも見做される。そしてこの場合の家畜とは、ラクダをはじめとして羊や山羊それに牛や馬までも含まれる。

留意しておきたいのは、こうした家畜であっても、一年の大半を放牧地で過ごすものに限られることであって、放牧されるものであっても放牧期間が半年以下であるもの、及び一年の大半をまぐさで飼育されるものではないことである。従ってサワーイムの範疇のなかには、町や村に見かけられる荷役運搬用の家畜や農村やオアシスでの耕作用の家畜は含まれていない。このことは必然的に遊牧民の財産である「家畜」及び遊牧民に飼育を依頼する定住民の「家畜」が対象とされることになる。

4　シュトゥル shutr「兎唇《としん》」動物について

こうしたサワーイムはあらゆる種類の「放牧される家畜」の総称として用いられるが、もっと放牧家畜の種類を具体化した用語があり、「ザカート税」にもこの用語が散見せられる。それはシュトゥル shutr であり、意味は「兎唇家畜」である。サワーイム同様シュトゥルもまた複数の家畜を指示しており、この一頭一頭は雄ならばアシュタル ashtar、雌ならばシャトゥラーウ shatrāʾ と呼ばれる。「兎唇」の動物と言えば我が国ではその名前になっている如くすぐに兎が連想されるが、アラブ圏ではそうではない。前節で述べた

「放牧家畜《サワーイム》」のなかで「兎唇」動物と言えば西アジア遊牧圏では放牧家畜の主体に限られる点が興味深い。日本の兎唇は、アラブではラクダ・羊・山羊の口なのである。それゆえこのシュトゥルの範疇のなかには兎唇でない家畜、他の牧畜文化では最も重要な牛、馬の類は除外されるか、せいぜい補助的にしか理解されないことになる。

ラクダを主体としてさらに家畜を包括する用語であるシュトゥルは、従ってアラブの「ラクダ」のみでなく、イスラム圏の拡大に伴って包含されていくサハラ以南の遊牧民のラクダ、トルコ北部から中央アジア、モンゴル近辺に至るまで広く活動する遊牧民のラクダまでも包含されることになる。つまり「兎唇家畜」shutr とは「ひとコブラクダ」baʿīr のみでなく「ふたコブラクダ」bukht、及びその両者をかけ合わされて作り出された「ひとコブ半ラクダ」fālij までも包摂することになる。シュトゥルには従って、「ひとコブラクダ」の名称で統括できないものを同一属性で総称する形で包含してしまって、ザカート税制のなかにどの地域にも通じる用語として採り入れられているわけである。

5　アフウ ʿafw（課税対象の境界頭数）について

例えば、ラクダを二五〜三五頭所有する場合、ビント・マハード（二歳雌）を一頭差し出さねばならないわけであるが、二五頭のみの所有者は一頭さし出してしまうと残りは二四頭になってしまう。二四頭の場合はラクダ一頭さし出す必要はない。この一頭によるず

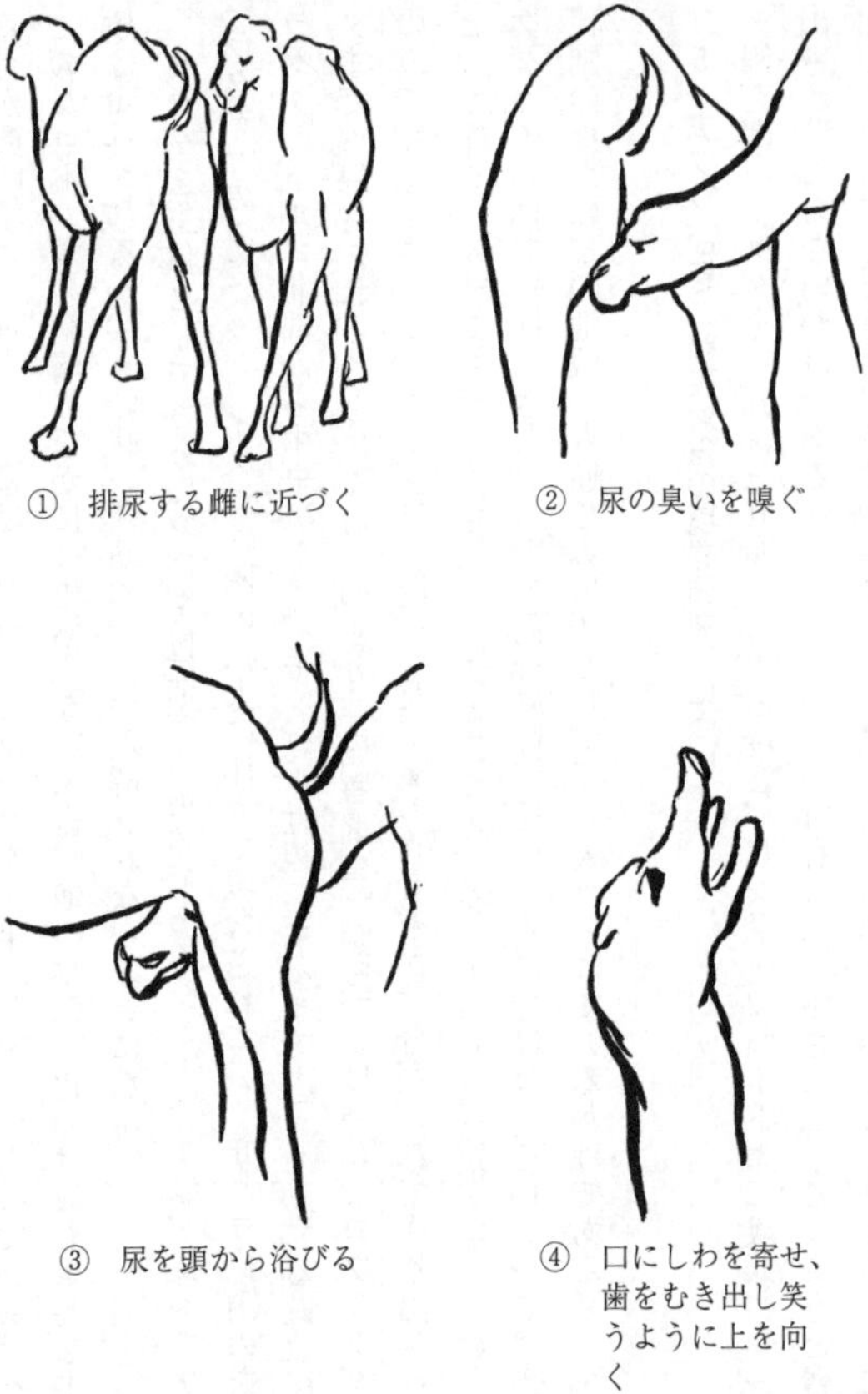
① 排尿する雌に近づく
② 尿の臭いを嗅ぐ
③ 尿を頭から浴びる
④ 口にしわを寄せ、歯をむき出し笑うように上を向く

図53 ラクダのフレーメン

れによって、このような課税の差額がある場合、より少ない方で算定されるのが一般である。

この課税対象となる家畜の最低頭数のことをアフウといっている。アフウ ʿafw とは「消し去ること」「過剰、余分」「赦《ゆる》し、恩赦」「好意、恩恵」等の意味であり、また、聖典『クルアーン』のなかにも八度出てきており、いずれも「罪を犯した者の悔い改めに対して神が赦しを与える」内容で用いられている。これゆえにアル・アフウ al-ʿafw とは「罪を消し給う者」を意味し、神アッラーの美称九九のうちの一つに数えられている。税の用語としては「免除」の義として一般化しているが、家畜頭数の時には課税のランク付けにおける「各最少頭数」の意味で用いられている。家畜の場合、その定まった頭数の中から取り出されるために、このような算段をせねばならないわけである。もし他のものが代価とされればこうした考え方は不要である。税とは無関係な場合、「群れ」単位として既に述べた大まかな頭数別の名称でこと足りたはずである。こうした数値をあからさまに出して「群れ」の概念から「頭数」の概念に移行していったことは、「管理」の諸層で砂漠的粗放性から都市的集中性への移行の歴史性の一端をうかがわせるものである。

6　家畜の頭数と税

ラクダの税に言及する前に他の家畜と税について触れておき、比較の参考にしてみよう。

〔**表7**〕ラクダのザカート税

ラクダ頭数	ザカート税	
1〜4頭	ザカート無し	
5〜9頭	ガナム（羊または山羊，2歳未満）	1頭
10〜14頭	同上	2頭
15〜19頭	同上	3頭
20〜24頭	同上	4頭
25〜35頭	ラクダ bint makhāḍ（2歳雌）	1頭
36〜45頭	〃 bint labūn（3歳雌）	1頭
46〜60頭	〃 ḥiqqah（4歳雌）	1頭
61〜75頭	〃 jadha"ah（5歳雌）	1頭
76〜90頭	〃 bint labūn（3歳雌）	2頭
91〜120頭	〃 ḥiqqah（4歳雌）	2頭

いずれもサワーイム（放牧家畜）の範疇にあるものである。ガナム（羊または山羊、両者は同等）の場合、四〇頭以下は免税である。四一〜一二〇頭はガナム一頭、一二一〜二〇〇頭はガナム二頭、以下一〇〇頭毎に一頭を加える。サワーイムの牛（及び水牛）は三〇頭以下は免税（これには異説あり）。三一〜三九頭は二歳雌一頭、四〇〜四九頭は三歳雌一頭、五〇〜五九頭は四歳雌一頭、六〇〜六九頭は二歳雌二頭、以降同様な算定法である。サワーイムの馬の場合、一頭につきその価額の五パーセント、標準的には一ディナールと定められている。

ラクダの場合は表7のように微細にザカート税は決められている。

このように一二〇頭まではイスラム法ではどの学派も同じであるが、これ以上になると説が分かれる。一二〇頭を超えた場合、同じ算定をくり返す学派と、より大まかな算定で処理する学派とがある。例えば一二九頭の場合、前者ならば一二〇（hiqqah 二）＋九（ガナム一）、後者は四〇（bint labūn）×三、一三九頭の場合前者一二〇（hiqqah 二）＋一九（ガナム三）、後者は五〇（ḥiqqah 一）＋四〇（bint labūn）×二の如くになる。

7　ラクダ＝本位貨幣、ガナム＝補助貨幣

前記の例でも明らかのように、我々の概念だと、一二九頭の場合でも、一三九頭の場合でも、前者ではラクダ二頭、羊一〜二に対して、後者ではラクダ三頭であって、後者の方が損をしているように思える。しかし実際はそうではなく、ラクダの年齢が一歳異なると価値が随分異なることが分かる。この一歳の年齢の差異は以下の点でもっと明らかになる。

(1)　jadhaʿah（五歳雌）を支払うべき者、即ちラクダ六一〜七五頭の所有者が五歳雌を持たず、hiqqah（四歳雌）を持っており、それを代わりに税として差し出す場合、その四歳雌に加えてガナム二頭または銀貨二〇ディルハムを添えなければならない。

(2)　hiqqah（四歳雌）一頭を支払うべき者、即ち、四六〜六〇頭のラクダ所有者が四歳雌を持たず jadhaʿah（五歳雌）を持っており、それを税として差し出す場合、徴収者はガナム二頭か二〇ディルハムを見返りに支払わねばならない。

(3)　(2)と同じ納税者が bint labūn（三歳雌）で代用する場合には、それにガナム二頭ま

たは銀貨二〇ディルハムを添えなければならない。

(4) bint labūn（三歳雌）一頭を支払うべき者、即ち三六～四五頭のラクダ所有者がそれを持たず四歳雌を持っており、それで代用する場合、徴税者はガナム二頭または銀貨二〇ディルハムを渡さねばならない。

(5) (4)と同じ納税者が bint makhāḍ（二歳雌）しか持たず、それを納める場合ガナム二頭または銀貨二〇ディルハムを添えなければならない。

(6) bint makhāḍ（二歳雌）一頭を支払うべき者、即ち二五～三五頭のラクダ所有者が、それを持たず三歳雌で代用する場合、徴税者はガナム二頭か銀貨二〇ディルハムを返却しなければならない。

(7) (6)と同じ納税者が ibn labūn（三歳雄）を所有する場合はそれで代用でき、他に何も支払わなくても良い。

ここで述べたザカートの細則は、ラクダ所有一二〇頭以下のいわばラクダ飼育に関しては裕福とは言えない所有者に適用された。一二〇頭を超えるほどのラクダ所有者ならば、上に挙げた二歳雌から五歳雌の各々一頭を所有していないケースはあり得ないからである。頭数毎の税及び税となるラクダの補足的説明は、それが税制という経済的基本制度であるだけに税を徴収する方にも、納める方にも共通の合意がなければならないはずのものである。従ってこれは民意の反映と受け取れるわけである。先にラクダの成長段階別名称、及び齢年別名称の検討を行なったが、なにゆえにそのような細かな厳然とした順序だった名称が存在しているのか、またいかにそれが現実的な拘束力を実生活に及ぼしているのかを、異文化の我々にここで改めて分からせてくれるわけである。前記の税則の方でもいくつかの特徴を開示してくれている。

(a) thaniyyah（六歳雌）以上のラクダは税制に関与しないこと。即ち七五頭まで所有している場合 jadha"ah（五歳雌）一頭であるのに対して、七六頭以上は bint labūn（三歳雌）二頭に変わる、また jadha"ah 一頭納入すべき者がそれを持たない場合、(1)のように四歳雌一頭プラスガナム二頭とあるが、六歳雌を差し出し、見返りにガナム二頭という記述のないこと。

(b) ラクダの年齢が一歳異なると羊、山羊二頭分の価値の相違のあること。別の表現をすれば、一年間の放牧によるラクダの経費及びその成長は羊・山羊二頭分に当たるわけである。

(c) 羊、山羊一頭分は貨幣に換算すると銀貨一〇ディルハムになること。先の血讐のところでみた如く、ラクダ一頭に対して一〇〇～一二〇ディルハムであったから、イスラム初期の換算だとラクダ一に対してガナム一〇～一二に当たることになる。

(d) 雄ラクダは一歳下の雌ラクダと同価。同価といってもどの年齢の雄に対しても当てはまるわけではない。例証としては(7)が挙げられるわけであり、若ラクダに限定されるが、これは次の(e)とも関連する。

(e)　雄ラクダは ibn labūn までは成育された。雄ラクダは種ラクダか、去勢して駄用にするしか用途がなく、折あれば屠殺されて肉料理に供されてしまう。従って、雄は肉が食用として美味となる「若ラクダ」の段階までは生き延ばされていた。そしてこの税制のなかにも右記のような記述として登場しているわけである。

なお huwār 乳呑みラクダは離乳するまでは頭数の中に算定されない。ただし、それも二五頭以下までである（ガナムは四〇頭、牛は三〇頭まで）。乳呑みラクダが二五頭を超える場合はその中の一頭を、七六頭を超える場合は二頭を、一四五頭を超える場合は三頭を納税として差し出さねばならないことになっている。ここではラクダの単位的側面として、貨幣的側面を税制のなかに追究してみたわけであるが、こうした「ラクダと税」の関係を探ってみて、異文化圏の我々には意外であったことがある程度の納得をもって理解できる点があった。既にラクダの成長段階、年齢別のところで一歳毎に、またその雄雌毎に名称があったが、それと現実に持つ重みを、現実感あふれるものをここで開示してくれたからである。

最後に、ラクダ所有者が頭数をごまかし、脱税をした場合、来世でどんな罰を受けるか、というエピソードがあるのでそれを紹介しておこう。

ラクダ所有者は誰であれ、ラクダに課せられる税を正当に支払わなかったならば、最後の審判の日に、石砂利の敷かれた一画がしつらえられ、その中に彼の飼育したラクダがすべて、どんな幼ない子であっても洩らすことなく、連れて来られるであろう。そして彼はその中に横たえられ、ラクダ達に踏みつけられ、嚙みつかれることになろう（『ブハーリー』Ⅱ一四五、『ムスリム』Ⅲ六八）。

第24章　ラクダを信じる――ラクダに関する俗信

1　砂漠の舟

「砂漠の舟」をアラビア語ではサフィーナト・ル・バッル Safīnat al-barr と言うのが最も一般的に知られている。サフィーナが「船」であり、ラクダの表記が複数ならば舟も複数になり、スフン sufun とかサファーイン safā'in とかという語形が連接語の形で用いられる。またバッル barr はバフル baḥr（海）との対義語であり、第一義には「陸」であり、従ってアラビア語では「砂漠」の前に「陸の」が直義であるが、baḥr が「海→大河→河辺地域」と意味の拡大を示すのと同様、barr も「陸→内陸→砂漠」と拡大された意味を持つことから「砂漠の舟」の意味も当然ながら存在するわけである。「砂漠」という語はアラブ世界では余りに生活領域に近接しているために思考分化しており、アラビア語では九〇余りも存在し、従って「砂漠の舟」の「砂漠」も定まった語であるわけではないのである。

ラクダが「砂漠の舟」に喩えられるのは、世界的に知られている。そしてこの語感には驚きとロマン性の響きを持っている。アラブもこれは同じである。この喩えの源はどこか知らないが、砂漠を海とか大河に見たてる比喩化はアラブには古くからあった。アラビア半島の南に広大な砂砂漠ルブウ・ル・ハーリー al-Rubʻ al-Khālī が広がっている。文字通り半島全域の「四分の一」を占めるほどの巨大な砂砂漠であるが、ここは古くから別名をバフル・ル・サーフィー al-Baḥr al-Ṣāfī「清浄なる海」ともいわれている。平坦な砂地と百メートルをも超える砂丘の果てしない連続はさざ波持つ大海原のイメージと合致しており、言い得て妙である。こうした大海原への舟出はラクダのみが可能であって、他のどんな駄用、乗用動物も不可能なことであった。

砂漠を海や大河（アラビア語の「海」を意味する baḥr は同時に「大河」をも意味する）に見立て、ラクダをその上に浮かぶ舟とみたてる発想は、アラビア語の資料をあさると、イスラム期以前からアラブにあって口承で伝えられていた詩の中にも存在しているのである。現在のイラクで活躍した詩人アビードの詩集のなかに、砂漠行のラクダを叙した次のような詩行がある。

おお友よ想わずや、荷乗せしラクダの／砂漠を突き進むを、
その歩むさまは／沖行く舟の泳ぎさながらに。
（『アビード詩集』一三・三）

こうした描写は近景ではあまり効果はない。遠景であるほど、さえぎる物とてない海の上をゆっくり進む舟に見紛うほどに効果があり、聞く者の想像を掻き立てるものとなる。同じくこの詩人は同詩集八：四～五の詩行で、女性達を乗せたラクダ駕籠《かご》が砂漠中に揺れる様をティグリス河で風を受けて揺れる舟になぞらえている。己の乗るラクダが首を長く高く伸ばしている様はティグリス河のブースィー舟の方向舵に似ている、と謳ったのはプレ・イスラム期最大の詩人タラファであった（第5章第7節の訳詩、二八詩行参照）。

『クルアーン』第八八章第一七～二〇節には、神が人間のために創造した四つの驚異が記されている。「天」を地から高く離してかかげ、「山」を大地に据えて地の支えとし、「大地」を横に限りなく広げた。そして「ラクダ」である。「ラクダ」はこの大地を、どんな不毛な地、危険と思われる地、広大な砂漠へも通行を可能とし人間の能力、活動を飛躍させてくれている動物というわけである。ラクダが特筆されているのも、イスラムが砂漠地帯に宗教的背景を持つゆえにこそであろう。

これにとどまらず、ラクダと舟が同一発想で記されている内容が『クルアーン』の中にも看取できる。第二三章第二一～二二節には「家畜にはあなた達にとって教訓がある。我ら（神）はそれらの腹の中にあるものをあなた達に飲ませている。あなた方は多くの利益をそれらの中から得て、食糧ともしている。あなた方はそれらの上に乗り、また舟に乗り、運ばれている」との記述がある。家畜は人間に乳を飲ませ、肉を食べさせ、乗り物となるなどほかにも有用である旨が述べられているが、これらすべての基礎にラクダが想定されているのは明らかである。それだからこそ最後に「舟」が割り込んできているのである。家畜の利益について述べる内容で舟が関連上記されるのは、ラクダの乗用、荷駄用の機能の概念の介在がなければ不可解なこととなろう。

ラクダが驚異の動物として、舟と比肩されるのは人間の体力のみでは海や砂漠に隔てられていて到達し得ない遠隔地への到達をも可能とする能力がまずあってのことであるが、他にもあれほどに大きな体をしているのに、手綱操縦でいとも簡単に従えることができる点、また重荷を負っても運び得る点も挙げられている。また首の長い動物は長ければ忍耐力、耐久力があって良いとされ、それは舟の舳先にもいえる、と考えられている。

2　ジンとラクダ

イスラム期以前からアラブではジンと呼ばれる精霊の存在が信じられており、俗信ではこのジンはさまざまな有形の動物に変化して人間と接触すると言われてきた。ジンにとりつかれて超能力を発揮する人は詩人や占い師、巫子《みこ》などになって尊崇されるが、悪性のジンにとりつかれた人間はマジュヌーン（ジンにつかれた人）と呼ばれ狂人扱いされる。ジンの中でも最も凶悪なものをグールといい、主に砂漠や人間の居住区の境界地にいて、人間に悪さをしかける。グールが化ける動物は蛇やトカゲが最も普通だが、人間の姿やラクダにもよく化けると言われる。乗っていたラクダが死んでしまったり、衰弱して動けなくなってしまって、旅に難儀している折、迷いラクダのように旅人の前に現われる。ほっとしてそのラクダに乗り換えて旅を続けていくと、到着すべき地点とはおよそかけ離れた荒野の只中にいることに気付く。気付いた時には既に遅く、置き去りにされ死を待つ他はない。砂漠中で消息を絶った者、死んだ旅人は、グールの仕業《しわざ》だとされるのも、このようなグールの仕業で、ラクダに化けてその人間をだましたためだと信じられている。しかし、グールが化けたラクダは、普通のラクダと異なるところがあり、それは普通のラクダならば時折首を左右に振るが、グールの化けたものはそれをしないこと、坂を上る折や疲れてきた折には鼻息を荒く吐くがそれがないこと、さらに外見的特徴として気付きにくいが、砂漠向きの平たい足のひらをしておらず、鳥の、それも駝鳥のような足のうらであるということである。

グールがラクダに化けるというアラブの発想は、グールがさまざまあるジンの種類の中でも砂漠地帯に出没すること、及び、ラクダが砂漠においては有用この上なく、人間にはなくてはならない動物であって、砂漠的実生活での密着した関係があること、それゆえに、砂漠ではどんな動物にも優る能力の保持者であり、その点ではジンと共通した人間よりも超能力的存在であることを示している（第1章～第3章参照）。

3 民間療法

民間療法に関しては、アラブといえどもイスラム法の水面下深くに多くの迷信を宿している。それぞれの動物に効用があり、こうした分野はハッワース khawwāṣ と呼ばれている。「特効」とでも訳せるものである。今ここにラクダのハッワースを『動物誌』及び『動物の書』、『ヌズハ』の記述を中心に述べていってみよう。

ラクダの肉は「乾」にして「暑」、体を温めると信じられ、寒い冬期に食用にするのが最も良い食肉の利用法であった。また憂うつ症を払い、精力がつくものとされ、特に性交後の体力、気力の萎えをふせぐものと考えられている。往時の賭矢マイシルは冬期に好んで催されるギャンブルであったが、その賭徳として好まれたのはラクダであって、それはラクダの肉が寒気を払ってくれるものと当然思われたからであった。肉の脂味は痔病に効能あり、と考えられた。

内臓のなかでも肺はソバカス除けとされたし、また肝臓は肺病患者に効果ありとされた。特に雄の生の肝臓を食べるのが良いと考えられた。また肝臓は「占い」によくその予兆を示すと考えられた。

ラクダの毛は、左股に巻きつけると糖尿病に効くとされた。また止血剤になり、毛を焼いて灰にしたものを傷口にふりかけると出血を止めるとされている。

ラクダの尿はいろいろに効用あるものとして利用された。水の乏しい遊牧民の間では、尿をするしぐさ及び断続的放尿とから、それと悟って容器に受け止めては、洗髪に、養毛剤、のみ・しらみの駆除剤に用いたのは当然のこととして、また酔さまし、肝臓剤、強精剤としても飲まれた。普通の酔さましではなく酒乱の者には特に雄ラクダの尿を飲ませると効き目があった。また肝臓が膨れたり炎症を起こしたりした時、ラクダの尿を飲めば癒るとされた。胸を患っている者は朝起きるとすぐに椀一杯のラクダの尿を飲むと効果があると信じられていた。

ラクダのすねの髄は懐妊を促すのに効用ありと考えられた。また、すねの骨はつき砕いて粉にし、水と混ぜて巣穴に流し込むとネズミ退治になると信じられているものだが、そのすねの髄については別に不妊の女性が斎戒沐浴後、すねの髄を木綿または羊毛に包んで三日間持ち運ぶと身ごもることができる、と考えられた。特に月経閉鎖後の女性についてはこの効果ありとされた。

恋煩いにはラクダにつくダニ（五二四頁図55参照）が効能あると考えられた。それゆえ、恋の病いが重く、恋狂いになった者には、ラクダのダニをその着用する衣類の袖に付着させると正気に戻るとされた。

多様な民間療法のなかにあっては、人間だけが対象ではない。人間の療法を家畜に流用したり、家畜のみの独自な療法を案出している場合も意外に多い。人間にあてはまるものをそのまま流用するケース、人間を除いた家畜動物全般に共通するケース、ないし限定された種の動物のみにしかあてはまらないケースがみられる。有畜文化圏においては、その人間との近接性からして最後者の事例も多いことと思う。以下の療法事例は、アラブがラクダの病気に対して行なってきたものである。先の例は人間がラクダを利用してのものであったが、今度はラクダが人間を利用してのものと言える。

病気で弱っているラクダに、オークの葉を与えるか、人糞をまだ温かいうちに古い酒と混ぜて与えると体が回復する。

「かすみ目ラクダが足で地面を打つように」とは、目がかすんで見えないラクダが（手さぐりのようにして）前足で地面をけりながら前へ進むさまをいったもので、これは行き先の情報も前もった知識もなく出かけていく、無謀な者の喩えとされる。「運命とはかすみ目のラクダの踏み足の如《ごと》、その足に踏みつけられし者は死に、それに逆《そ》れた者は生き永らえる」とはムアッラカート詩で有名なズハイルの詩（『ムアッラカート』四七詩行目）であるが、こうしたラクダに対しては、人糞を燃やし細かく砕いて、塩とハザンバル ḫazanbal（甘草《かんぞう》の一種）とを加えてよくかき混ぜてから、ラクダの目にふきかけるとその病気の処方になるといわれている。人間の白内障にはラクダの肝臓が効ありとされた。

カーシム kāshim（大茴香《だいういきょう》科の植物）を細かく砕き、それに成年に達していない男児の小便を加えた液をのどの中に流し込む。これはラクダの腹痛、疝痛《せんつう》、しぶり腹、土を食べる悪癖を癒す。毒蛇に噛まれると、ラクダは甲虫、特にかにを食べようとし、それで毒消しを行なう、と信じられている。

以上はことラクダの病気に限定した場合である点を留意されたい。多くが糞尿譚になっているが、こうした話題が日常次元になっている点、及び動物の糞尿を利用する文化的特徴があれば当然その逆の人間の糞尿利用もあって良いわけで、我々の考え方より合理的といえよう。

ジャーヒズの著わした『動物の書』の中に「香《か》ぐわしきラクダ」の記述が見られる。麝《じゃ》香《こう》ネズミの香りの源泉である液胞のことをファウラ fa"rah と言う。このネズミのようにラクダにも時折芳香を標わすものがあるという。そして、こうした香ぐわしさをラクダの液胞 fa"rah al-ibil と称しており、ベドウィンはその香ぐわしさを珍重している。この芳香

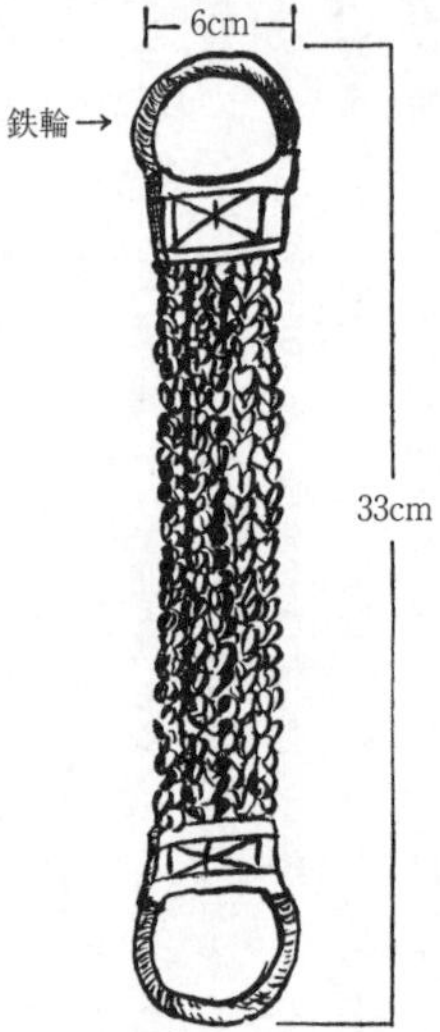

図54 頭絡の中の鼻の上に渡す鼻革。輪は鉄製、色とりどりの綿糸にナツメ椰子の繊維を編み込んである。

図55 ラクダのダニ。大型家畜に寄生するだけにダニの中でも最も大きい。前部、縁部は濃い茶色、他は白色。

はどこから来るかといえば、鹿やネズミのそれが性腺を臓した液胞そのものにあるのに対して、ラクダの場合は全く異なり、体表からである。体の表面、体毛から発するわけである。春先の一時期、地域によっては草花が咲き乱れ、そうした牧地でラクダが新鮮で芳《こう》ばしい草花をはみ、また膝をおったり、体を地につけて休んだり、また砂浴びなどして体表をこすりつけたりする。やがて給水地にやってきて水を飲む。そのこぼれ水が足や胸、腹や首を濡らした時、その芳香がただようわけである。この芳香の代表は一説にはフザーマー khuzāmā であり、いわばラベンダーの香りであり、また花の茶としてアラブが親しんでいるカミツレであるわけだからそれは良い香りであろう。

ウマイヤ朝期シリア砂漠に住んだ詩人アッラーイーはこうしたラクダを次のように叙している。

夕方ともなれば来る日も来る日も
ラクダ達麝香ネズミの液胞持ち帰る
その芳ぐわしきはカーフール（樟脳の一種）香に
ミスク（麝香）を混えた麗人の来たるが如し

（『動物の書』V三〇八、Ⅶ二一〇）

4　アラブの夢判断

夢は、理屈抜きにして万人に必ず起こる現象である。そしてそれは人間の何らかの心理的、生理的欲求の現われであり、多くの場合それが未来に起こるであろう予兆であったり、警告であったりして、こうした夢は、夢報《じら》せ、夢の告げとして、世界のどんな民族であろうと必ず信じられ、伝統社会ほどその夢の内容が現実を反映しているものとして信じられた。それゆえ、将来の運、病気治癒、ある出来事の因果を知ろうと、こうした御利益《ごりやく》のある祈禱所に籠もって夢見の中で託宣を受ける者も洋の東西を問わず存在した。

日本では、正月二日に見る初夢が年占いとして重要な意味を持っていたし、またお宝絵やお宝売りの習俗も初夢に結びついたものであった。お宝絵を枕の下に敷いて眠り、吉夢であったら、そのお宝を神棚に収め、縁起の悪い夢であったら、それを川へ流し去ることとしたし、また悪夢であったなら、それを誰にも告げず、ナンテンの木の所に行き、その木に悪夢を語りかけ、その後、木を揺すって、その年に起こるであろう難を転ずるか、または「バクバク」と唱えて想像上の動物にそれを食べてもらうかする習俗は良く知られている。

アラブでは夢は預言の四六番目の部分に当たると比喩的にハディース（預言者の言行録）では記されているが、イスラムの預言者ムハンマドに下った啓示の多くは夢の中であったので、夢見とその解釈は非常に重要視された。一般の信徒の間では子供、狂人、聖者などの夢は確実に起こり得るものとみなされた。というのは、物心がつかなかったり、嘘偽、善悪や私利私欲の介在を持たない純粋無垢の人間の夢の告げであるからである。また動物が夢見に顕われたり、その鳴き声や語りかけがあったりした場合も、それは真理を予兆するものとされた。これも上と同じ理由からである。夢には正夢であったり、逆夢《さかゆめ》であったりすることが多くある。金を拾った夢は、逆に何か損をする前兆であったり、火災にあった夢は逆に水害にあう予兆であったりするのが後者である。こうしたある夢の内容が、その本性や属性と関連したものとする順接判断と、そうではなく正反対のことの予兆とされる逆接判断とがあるために、夢判断の真ぴょう性を難しくしており、こうした判断に通じ、『旧約聖書』の預言者ヨセフの例をひくまでもなく、世間から認められる人もいた。アラブ世界ではこうした夢判断を修練した人、世間的に夢占い者として認められた人、それを職業とした人をムアッビル、また夢占い者達のことをアフル・アル・タアビールまたはムアッビルーンといっており、アラブ世界ではどの地域にも存在した。特にイスラム勃興期においてその頂点に立つのがイブン・シーリーン（七二八／九年歿）である。バスラで学者として令名の高かった彼は、最高権威の称号であるイマームに目され、イマーム・ムアッビリーンと呼ばれ、以降の夢占い師の祖師とされ、その教え、解釈が伝承された。

　夢占いは、夢見に現われたあらゆる物象、心象に対してなされており、こと動物に関してもおそらく他の文化圏の追随を許さないほど豊かである。そこでは動物そのもの、その動物の属性ないし行為、さらに鳴き声や語りかけといった上位分類から下位分類に至るまで体系化されたものをもっている。それは同時に、夢見に現われた動物が、その文化圏ではどう理解されているかを端的に示しているものである。ここではラクダにのみ限ってアラブの夢占いをみていくことにする。

砂漠の舟といわれるラクダは、夢判断の中では、そのイメージが一層強化されているのを看取できる。ラクダが夢に現われた場合、旅、ことにメッカ巡礼に行くであろうとの予兆と解される場合が多い。旅もまた短期のものではなく、長期の、忍耐の要るものとも解される。ラクダが列をなして進む夢を見た場合、近いうちに有難い降雨があろうとされる。これは重荷を運ぶラクダの連なりが、雨を運ぶ重そうな黒雲と直接連想された概念の反映であろう。ラクダを手綱で導いていく夢は、誰か迷った者を正しい道に導いてやることの予兆とされ、宗教的な嚮導者《きょうどう》としての意味合いもこめられている。ラクダを引っ張って行く夢は少し意味合いが異なり、「敵に遭遇し、それに打ち克《か》つ」ことを意味する。そこには反抗するもの、嫌がるものに対して引っ張って行く「力」としての意識の反映がある。ラクダから落ちる夢は、貧困にあえぎ、零落する予兆と考えられる。これはちょうど舟から落ちることとの連想として我々にも解り易い。

アラブ圏にいるラクダはすべてひとコブラクダであり、ふたコブ種はシルクロードに沿って、稀にダマスカス近辺まで荷を運んできたことが知られている。従ってひとコブラクダはアラブ、ふたコブラクダは、①アラブにとっての外国人、特にペルシャ人を指す。ふたコブラクダの夢を見た場合、この意味から外国人またはペルシャ人と接触することがあろうとされる。ふたコブラクダの夢見はまた、②長旅に出ることとの予兆、あるいは③旅慣れた人か商人との邂逅《かいこう》あり、とのお告げとされる。さらに④凡人より傑出した人物とも、あるいは⑤心配事、不幸の種、捕虜になることとの予兆とも、さらには⑥略奪されて財産を失うこととの予兆とも解されている。「ふたコブラクダ《ブフト》」は前述の夢判断からアラブは、いわば「遠い」「見知らぬ」という意味合いが「異人」として、好ましい場合には④の概念に傾き、好ましからざる場合には⑤、⑥の概念に傾くことが推論できる。ラクダを得たという夢は、いくつかの解釈を生んでいる。まず、ラクダは財産であるから、それは「権威《マクディラ》」及び「力づくの富《アトウワ》」を得るであろう。またラクダないしはシャー（羊、山羊）を得たものは将来財産を増やすであろう。同じく、ハジュマ（四十頭以上のラクダ）を自分のものとした夢は、資産を増やすと同時に地位ある人々の長《おさ》になるであろう、とされる。こうした動産、富と異なった判断としては、敬神の念が増し、安心立命の境地になるであろうとされる。これは『クルアーン』の教えを根拠としたもので、それは「ラクダが何故に創造されたかを人々は考えようとしないのですか？」という、砂漠的環境に生活するなかでこの上なく有用な動物を神が創造したことを説いた『クルアーン』第八八章一七節に基づいている。

ラクダを放牧している夢もまた吉兆とされている。既知のラクダ（ひとコブのアラブ種とも）の群れを放牧している夢は、アラブが支配している地域のどこかある広い地域の土地を得るであろうとされている。またラクダ、羊を主体としたアンアーム（家畜）を自ら放牧を行なっている夢をみた者は、目下の難問が解消し安寧が保証されるとされる。これもまたその判断の根拠を『クルアーン』にあおいでいる。「アンアーム、それらを神は創り給うた。あなた方はそれらより暖かい衣、さまざまな有益なものを得ている。またそれらを食べ物としている。あなた方が夕べに牧地より戻り、朝に牧地に駆り行く時、その美しさを感じることでしょう。さらにまたあなた方だけの労苦ではとても行き着きはできない遠い土地にあなた方の重荷を運んでくれるでしょう」。（第一六章五～七節）

以上がラクダを夢見た場合の吉兆であるが、これから記す場合はむしろ凶の判断となる。まずラクダが一か所、または一地方におびただしい数で固まって集まっているのを夢に見た場合、それはその地域に疫病ないし戦争の場と化す前触れとなる。またジャマル（雄ラクダ）が夢のなかに出てくるのを見た場合には将来何か不吉なこと、良くない事態が起こるとされる。大型家畜の雄は人間の生活にあまり益にはならないし、また発情期には手におえないくらい狂暴になるとの連想も反映していようが、直接的には、これも『クルアーン』から由来している、「不信の人々、彼らには天の扉は開かれることはない。ジャマルが針の穴を通り抜けない限りは楽園に入ることはないでしょう」。（第七章四〇節）

ラクダの頭をした人間、ないしはラクダに変化《へんげ》した人間を夢見た場合、それは、未来に困難、苦役が生じ、あるいは他人の重荷を背負い込まされ、それに耐えねばならない予兆とされる。これはラクダが使役用に酷使される直接連想から出たものであろう。

ラクダに関しての夢判断のなかにも、その体の部分を見た場合の意味が付されている。ラクダの足は旅を象徴化しており、その忍耐度を示すものとされる。また足形あるいは足跡は敵、病気、突発事態などの対応を意味し、例えばそれが丸く、しっかりしたものであれば、善処し得ることを示すとされる。さらにラクダの後脚で蹴られる夢をみると、それは病気になる予兆とされる。ラクダの肉を食べた夢をみた者は病いに伏す前兆とされる。また特にラクダの頭を食べる夢を見た場合、それは指導的地位にある人を中傷するであろうと解されている。

引用・参照文献

（二重カコミは本書に用いた引用略号。概略アイウエオ順）

『アダブ・ル・カーティブ』 Ibn Qutaybah : *Adab al-Kātib*, Leiden, 1900.

『アッラーフ』 ″Abd al-Karīm al-″Allāh : *al-Ṭarab ″inda al-″Arab*, Baghdād, 1963.

『アビード詩集』 Charles Lyall : *The Dīwāns of ʻAbīd ibn al-Abras...*, London, 1913. (Gibb Memorial Series, Vol. XXI).

『アフサン（Ahsan）』 M. Manazil Ahsan : *Social Life Under the Abbasids*, Longman London, 1979.

『アラビアのイブン・サウード』 Amīn al-Rīhānī : *Ibn Saoud of Arabia*, London, 1928.

『アリーフ』 Aref el-Aref : *Bedouin Love, Law, and Legend*, New York 1974 (Rep. from 1944. Jerusalem).

『アルアリー』 S. A. al-″Alī : *al-Tanẓīmāt al-Ijtimā″iyyah wa-al-Iqtiṣādiyyah fī al-Baṣra.* （佐々木淑子訳「ヒジュラ一世紀におけるバスラの社会経済制度」『イスラム世界』13、15、17号）

『アンタル物語』 M. F. Abū Ḥadīd : *Abū al-Fawāris*, Cairo (Dār al-Ma″ārif), 1968.

『歌の書』 Abū al-Faraj al-Isfahānī : *Kitāb al-Aghānī*, Cairo, n. d., 24 vols.

『黄金の牧場』 Abū al-Ḥasan al-Mas″ūdī : *Murūj al-Dhahab*, Beirut, 1965, 4 vols.

『ガッザーリー』 Abū Ḥāmid al-Ghazzālī : *Iḥyā″ ″Ulūm al-Dīn*, Cairo, n. d., 2 vols.

『カームース』 al-Fīrūzābādī : *al-Qāmūs al-Muḥīṭ*, Cairo, 1935, 4 vols.
『カリフ史』 Jalāl al-Dīn al-Suyūṭī : *Taʾrīkh al-Khulafāʾ*, Cairo, 1964.
『偶像の書』 Hishām ibn al-Kalbī : *Kitāb al-Aṣnām*.（池田修訳『西アジア史研究』東京大学出版会、一九七四年所収）
『クルトゥビー』 Ibn Aḥmad al-Qurṭubī : *Tafsīr al-Qurṭubī*, Cairo (Dār al-Shaʿab), n. d., 8 vols.
『古代歌謡集』 日本古典文学大系3、古代歌謡集、岩波書店。
『サアディー』 Ibn Muṣliḥ Saʿdī : *Ghulistān*（グリスターン） 蒲生礼一訳、平凡社。
『砂漠の文化』 堀内勝、砂漠の文化、教育社、一九七九年。
『詩と詩人の書』 Ibn Qutaybah : *al-Shiʿr wa al-Shuʿarāʾ*, Cairo, 1966, 2 vols.
『シハーフ』 Abū Naṣr al-Jawharī : *al-Ṣiḥāḥ Tāj al-Lughah*, Cairo (Dār al-Kitāb al-ʿArabī), n. d., 6 vols.
『シャウキー』 Aḥmad Shawqī : *Majnūn Laylā*. Cairo, n. d.
『情報の泉』 Ibn Qutaybah : *ʿUyūn al-Akhbār*, Cairo, 4 vols.
『諸国誌』 Shihāb al-Dīn Yāqūt : *Muʿjam al-Buldān*, Beirut (Dār Ṣādir), 1975, 5 vols.
『シーラージー』 Majd al-Dīn al-Shīrāzī : *al-Qāmūs al-Muḥīṭ*, Damascus (Maktabah al-Nūrī), n. d., 4 vols.
『新聖書大辞典』 キリスト新聞社、新聖書大辞典、一九八四年版。
『セシガー』 Wilfred Thesiger : *Arabian Sands*, Penguin Books, 1977.
『セム族の宗教』(1) W. R. Smith : *Lectures on the Religion of the Semites*, Edinburgh, 1889.

(2) 永橋卓介訳、岩波文庫、上下巻。

『セム族の魔術』 R. C. Thompson : *Semitic Magic*, London, 1908.

『千一夜物語』 *Alfu Laylah wa Laylah*, Beirut (Dār al-Tawfīq), 1983. 2 vols (6 parts), 『アラビアン・ナイト』（前嶋信次訳）平凡社、東洋文庫、十二巻本。

『タージュ』 Murtaḍā al-Zabīdī : *Tāj al-"Arūs*, Cairo, n. d., 10 vols.

『タバリー』 Ibn Jarīr al-Ṭabarī : *Ta'rīkh al-Rusul wa al-Mulūk*, Cairo (Dār al-Ma'ārif), 1977, 17 vols.

『知恵の七柱』 T. E. Lawrence : *Seven Pillars of Wisdom*（柏原俊三訳）、平凡社、東洋文庫、三巻本。

『ディクソン』 H. R. P. Dickson : *The Arab of the Desert*, London, 1959 (3rd ed.).

『ティリンマーフ詩集』 Charles Lyall : *The Dīwāns of "Abīd...and aṭ-Ṭirimmāḥ ibn Ḥakīm*, London, 1913 (Gibb Memorial Series, vol. XXI).

『ドウティー』 Charles M.Doughty : *Travels in Arabia Desert*, New York (Dover ed.), 1979, 2 vols.

『トゥファイル詩集』 F.Krenkow : *The Poems of Ṭufail ibn "Auf al-Ghanawī...*, London, 1927 (Gibb Memorial Series, vol. XXL).

『動物誌』 M. Ibn Mūsā al-Damīrī : *Ḥayāt al-Ḥayawān*, Cairo (Dār al-Taḥrīr), 2 vols. 1965.

『動物と西欧思想』 山下正男、動物と西欧思想、中公新書、一九七四年。

『動物の書』 Abū 'Uthmān al-Jāḥiẓ : *Kitāb al-Ḥayawān*, Cairo, 1968 (2nd ed.), 7 vols.

『動物物語』 Aḥmad Bahjat : *Qiṣaṣ al-Ḥayawān fī al-Qur'ān*, Beirut (Dār al-Shurūq), 1983.

『ニコルソン』 R. A. Nicholson : *A Literary History of the Arabs*, Cambridge, 1962.
『ヌズハ』 Ḥamdullāh al-Qazwīnī : *Nuzhatu-l-Qulūb* (tr. into English by J. Stephenson), London (The Royal Asiatic Society), Oriental Translation Fund New Series Vol. XXX.
『ハッリカーン』 Ibn Khallikān : *Wafayāt al-A"yān* (Biographical Dictionary) (tr. into English by de. Slane), 1970, Beirut (Librairie du Liban), 4 vols.
『バートン⑴』 R. F. Burton : *The Book of the Thousand Nights and a Night*, the Burton Club (U.S.A) n. d., 10 Vols. with Supple. 6 vols.
『バートン⑵』 : *Personal Narrative of a Pilgrimage to al-Madinah & Mecca*, Dover Publications (New York), 2 vols.
『バヤーンの書』 Abū "Uthmān al-Jāḥiẓ : *al-Bayān wa al-Tabyīn*, Cairo (al-Khānjī), n. d., 4 vols.
『ヒダーヤ』 (tr. by) Charles Hamilton : *The Hedaya, Commentary on the lslamic Law*, New Delhi, 1979.
『ファーリス』 N. A. Fāris : *The Book of Idols* (Being a translation of the *Kitāb al-Asnām*), Princeton Univ., 1952 (Princeton Oriental Studies vol. 14)
『フジュウィーリー』 al-Hujwīrī : *Kashf al-Maḥjūb* (tr. into English by R. A. Nicholson), London, 1959 (Gibb Memorial Series XVII).
『ブハーリー』 Abū "Abdullāh al-Bukhārī : *al-Ṣaḥīḥ*, Cairo (Dār al-Sha"ab), n. d., 3 vols.
『ブルックバルト』 J. L. Burckhardt : *Notes on the Bedouins and Wahābys*, London, 1967 (Johnson Repr.), 2 vols.

『文学者列伝』 Shihāb al-Dīn Yāqūt : *Mu"jam al-Udabā'* London, 1931, 7 vols. (Gibb Memorial Series, vol. VI).

『マガージー』 M. Ibn "Umar al-Wāqidī : *Kitāb al-Maghāzī* (ed. by Marsden Jones), London, 1966, 3vols.

『マカーマート』 al-Qāsim al-Ḥarīrī : *al-Maqāmāt*, Beirut (Dār Ṣādir), 1965.

『ムアッラカート』 Abū Zakariyā' al-Tibrīzī : *Sharḥ al-Qaṣā'id al-"Ashr*, England, 1965.

『ムスリム』 Ibn al-Ḥajjāj Muslim : *al-Ṣaḥīḥ*, Cairo (Dār al-Taḥrīr), A. H. 1383 4vols.

『ムスリム研究』 Ignaz Goldziher : *Muslim Studies* (tr. into English by C. R. Barker, S. M. Stern), London, 1967, 2 vols.

『目録書』 Ibn al-Nadīm : (1) *al-Fihrist*, Cairo, A. H. 1347.
(2) Eng. tr. by B. Dodge. Columbia Univ.Press, 1970, 2 vols.

『ユアール』 C. Huart : *A History of Arabic Literature*, Beirut (Khayāts), 1966.

『唯一の首飾り』 Ibn "Abd Rabbihi : *al-"Iqd al-Farīd*, Cairo (al-Maṭba"ah al-Jamāliyyah), 1913, 4 vols.

『夢判断』 Muḥammad ibn Sīrīn : *Asrār al-Manām fī Tafsīr al-Aḥlām*, Cairo (Dār al-Ṭibā"ah al-Ḥadīthah), n. d.

『預言者伝』 Ibn Hishām : (1) *al-Sīrah al-Nabawiyyah*, Cairo (al-Bābī al-Ḥalbī), 1955, 2vols.
(2) English tr. by A. Guillaum: *The Life of Muhammad*, Oxford Univ. Press, 1968 (2nd ed.).

『預言者物語』 Ismā"īl lbn Kathīr : *Qiṣaṣ al-Anbiyā'*, Alexandria (Dār "Umar ibn Khaṭṭāb), 1981.

『ラクダと車』 R. W. Bulliet : *The Camel and the Wheel*, Harvard Univ. Press, London, 1977 (2nd ed.).

『俚諺集』 Aḥmad al-Maydānī : *Mujma" al-Amthāl*, Cairo (Alsunah Muḥammadiyah), 1955, 2 vols.
『リサーラ』 Abū al-Qāsim al-Qushayrī : *al-Risālah al-Qushayriyyah*, Cairo (al-Maṭba"ah al-Sunniyyah), n. d.
『リサーン』 Ibn Manẓūr : *Lisān al-"Arab*, Cairo (al-Dār al-Miṣriyyah), 1891, 20 vols.
『ルズーミーヤート』 Abū al-"Alā' al-Ma"arrī : *Luzūmiyyāt*, (Eng. tr. by R. A. Nicholson in *Studies in Islamic Poetry*) Cambridge, 1969.
『ルワラ』 Alois Musil : *The Manners and Customs of the Rwala Bedouins*, NewYork, 1928 (Oriental Explorations and Studies No. 6).
『レキシコン』 W. Lane : *Arabic-English Lexicon*, London, 1863, 8 parts.

おわりに

一冊の本という制約上、積み残しも多く出てしまった。特にラクダの砂漠適応理由で知られる生態学的特徴の関連で、本書で扱ったのはコブと蹄のみで終わってしまった。鼻、兎唇《としん》、まつ毛、タコ、反芻胃、代謝水等々こうした生態的特徴にもまたアラブならではの民俗概念もあるし、さらに体の部位としてそのほとんどが綿密に語彙化されている。その一部は第5章に記したが、その部位の一つ一つまでが「美」とも「実用」とも絡んで概念化されているのである。

次には食糧としての文化項目についても積み残す結果となった。「ラクダを食べる」ということで、ラクダ肉のことについて、美味な肉、干し肉、肉料理といった点を、また「ラクダを飲む」ということで、ラクダの乳、乳ラクダ、さらに血の食としての利用も触れねばならない。これとは逆に「ラクダが食べる」「ラクダが飲む」ということで、ラクダの牧草、飲み物、飲む量、給水周期、羊・山羊との「食い分け」との関連の追究がある。また「毛」に関しては二つに大別でき、一つはその体毛「色」の民俗語彙、その「色」

の持つ概念の追究であり、他は「毛の利用」としての諸層であって、衣住に占められる役割と具体例の追究である。

またラクダの生殖行為、即ち交尾、妊娠、出産といった面、これは飼育者にとっては増財となる最大の関心事でもある。交尾から出産までの「孕みラクダの時期別名称」の存在などは彼らの新たなラクダの誕生を待つ楽しみと、孕みラクダへの慈しみの顕われの最たるものと言えよう。

その他「雄ラクダ」「種ラクダ」のことについても、人間の生理や活動の平行概念が汲みとれて面白い（去勢、宦官、盛りの時期等）ところである。

『砂漠の文化』を出版してから六年が経った。その間毎年二、三か月砂漠地帯へ出かけ、遊牧民の生活に触れ、知見を深めてきた。ラクダに関してはアラビア半島にしぼって（エジプト、シナイ半島も含めて）の調査のためか、ラクダ遊牧民本来の姿は見えなくなってしまった。モータリゼイションの急速な普及はラクダのみの牧畜の存在基盤を今や失わせてしまい、羊遊牧に転換するか定住化して完全に解体してしまっているのである。本書はある意味ではそうしたアラブのラクダ遊牧民の挽歌ともいえる。今後もラクダの文化誌的側面は追究していくが、同時に二つの平行的研究も進めていきたい。一つは同一文化圏での異種家畜との概念の構造化である。他は異文化における同一家畜の実態把握である。前者に関しては、今やアラブ遊牧の主体となっている羊・山羊、また遊牧民のステータス・

シンボルであったアラビア馬についての関連も重要なキーコンセプトである。他方、こうしたアラブ遊牧民のトータルな家畜概念の構造化と同時に、他の文化圏における同種家畜の実体の把握も家畜文化を考える上では欠かせない領域である。

本書を上梓するにあたってさまざまな方からご意見、ご協力をいただいた。この種の本を書くよう、ことある毎に勧めてくれ、出版社を紹介してくれたのは牟田口義郎氏である。博学な氏は、会えば遊牧民、アラビア半島の旅行家の話になり実りある一時を与えてくれた。大学の同僚井上紘一氏はトナカイ遊牧民の研究家で、全く対照的なみかた、思考法を多々教示していただいた。犬山市にあるリトルワールドにはふたコブラクダ、木曽馬、各二頭が飼育され、調教されている。この担当官、中川亜耶人、後藤一夫両氏は生態学的知識の師であり、週に一度参観させていただいている。ラクダも馬も今年中には適齢期となり、客を乗せる姿が見られることだろう。学部創設に伴なうあわただしさにもかかわらず、閑職と研究費補助の便宜を計って下さった中部大学当局の配慮にもお礼申し上げたい。その他名前はあげないがご協力をいただいた方々には感謝する次第である。当初、グロッサリー及び索引をも付す予定であったが、紙幅の関係上それもかなわなくなってしまった。平にご容赦願いたい。なお本書のカバー装画及び本文中のカットは多くの調査行を共にした妻、堀内敏子が担当した。

また本書のいくつかは以下に記すように初出のあるものである。

第2章第5節「ヌウマーン王とラクダ」日本クウェイト協会報No.一〇七（一九八三年八月号）
第3章第2、3、5、6節「サムードの神聖ラクダ」日本サウディアラビア協会報No.九九（一九八二年三月号）
第5章第1～7節「アラブの詩の特色について――ジャーヒリーヤ時代の叙景歌を中心に――」月刊シルクロード第四巻第七号（一九七八年八・九月号）
第9章第12節「動物の死の概念」日本クウェイト協会報No.一〇四（一九八三年二月号）
第12・13章「人語獣声(1)(2)(3)」日本クウェイト協会報No.一〇一～一〇三（一九八二年八・一〇・一二月号）
第18章「Ḥudā'（キャラバンソング）について」オリエント第一四巻第一号（一九七一年八月）
第19章「アラブのラクダ鞍についての考察(1)(2)」日本クウェイト協会報No.九三・九四（一九八一年四・六月号）
第24章第3節「アラブの夢判断」日本サウディアラビア協会報No.一〇八（一九八三年九月号）

一九八六年二月

堀内　勝

文庫版あとがき

法藏館のご厚意により、絶版となっている『ラクダの文化誌』が、文庫本で再版されることになった。もっとも老舗の出版社から新たに送り出されること、幸甚に尽きる。思えば、初版の校正期間中、筆者は海外調査に出かけることが多く、ある程度校正が出来ている章と、そうでない校正が不十分で誤植が多い章とが著しく出てしまっている。海外調査で留守中の三か月の間に出版されていた！　出版を遅らせても、校正をしっかりすべきだったとの反省の思いがある。

今回の新版では、校正すべき点も含めて法藏館編集部の満田みすずさん及び校正担当スタッフの方がチェックと直しも入れてくれて、新たに組み直していただいた。ローマナイズを入れた部分も多く、大変な作業であったろうと、感謝の念が一杯である。

初版の「おわりに」にも記したように、ラクダへの積み残しの内容物が多く出てしまった。この本を出版以降、折に触れラクダ文化の深層を追究し、そうした積み残しの内容を調べ吟味してきた。そして定年退職後の、二〇一五年一月に『ラクダの跡――アラブ基層文化を求めて――』を第三書館から出版した。本書『ラクダの文化誌』の「おわりに」で触れた「積み残し」の多くが言及されている。

『ラクダの跡』は前著『ラクダの文化誌』を踏まえての新たな知見の書である。『ラクダの文化誌』は品切れとなっているし、出版社も無くなってしまった。第三書館の北川氏からは、それならば合冊の形で如何ですか、と勧められた。しかし分量的にも双方とも大分であるから、分冊の体裁にならざるを得ない。経費も掛かり、「日に新た」に生かされている筆者の時間的余裕もない。それ故実現も危ぶまれるので無理であるとして、新たな知見を優先する形で『ラクダの跡』として一書とした経緯がある。

従って『ラクダの文化誌』とは内容的にも通底してはいるが、それ以外の異なった、ないしは深まった（＝具体化された）新たな「ラクダの分野」であることを申し上げておかねばならない。

『ラクダの跡』の内容を、目次でここに知らせて、せめて章題だけでもこの場を借りて紹介しておくことは著者の義務であろう。

『ラクダの跡』は二十一章構成で、章末にはコラムとして一般向けのエッセイを挿入してある。ここでその目次を記しておく：

『ラクダの跡――アラブ基層文化を求めて――』目次

第4章　ラクダが座る――ラクダの胼胝（タコ）について
1　アラブの胼胝観／2　ラクダの胼胝の部位と名称／3　胼胝の病気／4　胼胝の象徴化／5　坐り胼胝／6　詩に叙された胼胝
コラム④　オマーンのラクダ文化
第5章　ラクダが連なる――ラクダの行列
1　「隊商」／2　「趾間腺」のこと／3　「胆のう」がないと……／4　先行するラクダ／5　「ラクダの列」の進め方／6　じゅずつなぎ／7　じゅずつなぎ→ロープ綱／8　何百、何千と行進すると
コラム⑤　湾岸諸国に存続する「趣味のラクダ」
第6章　ラクダで旅する――旅は連れだちラクダに乗って
1　夜旅の存在／2　旅人＝道の息子／3　一人旅は避ける／4　徒歩でなく、動物に乗って／5　旅団の組織化／6　旅日和／7　旅出の儀礼／8　道中、宿泊、隊商宿／9　旅の終り
コラム⑥　ラクダの諺四題　ラクダとラクダ追い　スハイル（カノプス）星とラクダ
第7章　ラクダを追う――〈ラクダ追い〉のこと
1　ラクダ追いとは／2　①アッバール abbāl（巧みなラクダ追い）／3　②代表語ジャッマール jammāl（ラクダに関することを職とする者）／4　③ラッファーダ raffāḍah（ラクダを追い放つ者）／5　④ザーイド dhāʾid（ラクダを駆り出す者）／6　⑤シャッラール

初出一覧

後書き

砂漠をば　陸の舟にて　夜旅する　饒舌な星たち　蹄音《おと》と響《ひ》き交《か》う

二〇二二四年六月二二日　世界ラクダの日に寄せて

堀内　勝

堀内　勝（ほりうち　まさる）

1942年６月山梨県甲府市生まれ。甲府第一高校卒業、東京外国語大学アラビア語科卒業、カイロ・アメリカ大学M.A.取得、同大学フェロー、中部大学国際関係学部教授、現在同大学名誉教授。アラブ・イスラム世界や遊牧民文化を中心に、言語人類学、民族誌、エスノサイエンス、口承文化・文芸を専門とする。著書『砂漠の文化』（教育社）、『ラクダの文化誌』（リブロポート。86年サントリー学芸賞）。翻刻注解・校定編著『鷹の書』（取扱い 信州イスラーム勉強会）。『ラクダの跡』（第三書館）。訳書T.アル・ハキーム著『オリエントからの小鳥』（河出書房新社）、アル・ハリーリー著『マカーマート』（３巻本、平凡社）など。

ラクダの文化誌《ぶんかし》
アラブ家畜《かちく》文化《ぶんか》考《こう》

二〇二四年九月一五日　初版第一刷発行

著　者　堀内　勝
発行者　西村明高
発行所　株式会社 法藏館
京都市下京区正面通烏丸東入
郵便番号　六〇〇-八一五三
電話　〇七五-三四三-〇〇三〇（編集）
〇七五-三四三-五六五六（営業）

装幀者　熊谷博人
印刷・製本　中村印刷株式会社

ISBN 978-4-8318-2676-3 C0139

法蔵館文庫既刊より

価格税別

ほ-2-1
中世寺院の風景
中世民衆の生活と心性
細川涼一著
中世寺院を舞台に、人々は何を願いどのように生きたのか。小野小町伝説の寺、建礼門院の尼寺、法隆寺の裁判権、橋勧進等の史料に色濃く残る人々の生活・心情を解き明かす。
1300円

さ-3-2
縁起の思想
三枝充悳著
縁起とは何か、縁起の思想はいかに生まれたのか。そして誰が説いたのか。仏教史を貫く根本思想の起源と展開を探究し、その本来の姿を浮き彫りにする。解説＝一色大悟
1400円

さ-5-2
死者の結婚
慰霊のフォークロア
櫻井義秀著
人間社会は結婚をどのようなものとして考え、儀礼化してきたのか。東アジアの死者に対する結婚儀礼の種々の類型を事例に、その社会構造や文化動態の観点から考察する。
1300円

ほ-3-1
ラクダの文化誌
アラブ家畜文化考
堀内勝著
アラブ遊牧民はラクダをどう扱い、共に生きてきたのか。砂漠の民が使うラクダに関する様々な言葉、伝説や文献等の資料、現地調査から、ラクダとアラブ文化の実態を描き出す。
1850円

か-7-1
中世文芸の地方史
川添昭二著
中世九州を素材に地方文芸の展開を中央との政治関係に即して解読。中世文芸を史学の俎上に載せ、政治・宗教・文芸が一体をなす中世社会の様相を明らかにする。解説＝佐伯弘次
1700円